U0158380

高职高专机电类专业系列教材

机械制造技术基础

主　编　金晓华

副主编　陈艳辉　顾佳超

参　编　徐恒斌　张雪瑶　王　爽

机械工业出版社

"机械制造技术基础"是机械设计制造类专业的专业基础课程，主要涉及金属切削原理与刀具、机械加工工艺规程制订、机械加工质量及装配精度、机床夹具及定位四个方面，内容广，综合性比较强。

本书从工艺实施的生产实际出发，遵循教学规律，以学生为中心，根据学生的认知规律及技术应用重组教学内容。采用项目式体例，以企业真实典型产品零件为载体，以零件的机械加工工艺过程为主线，介绍机械加工工艺原理和技术方法的实际应用，并紧紧围绕先进制造技术的内涵进行编写。

本书包含 8 个项目，充分体现了项目课程设计的思想，理论知识遵循"够用为度"，突出实用性，符合专业教学改革和课程教学发展的要求。

本书可作为高职高专机械设计制造类（机械设计与制造、机械制造与自动化、数控技术、模具设计与制造等）专业基础课教材，也可作为中等专业学校、职工大学和成人教育学院相关专业的专业教材和企业技术人员的参考用书。

为方便教学，本书配套电子课件等教学资源，凡使用本书作为教材的老师，均可登录机械工业出版社教育服务网（www.cmpedu.com）注册后免费下载。咨询电话：010-88379375。

图书在版编目（CIP）数据

机械制造技术基础/金晓华主编. —北京：机械工业出版社，2020.10
（2021.8 重印）

高职高专机电类专业系列教材

ISBN 978-7-111-66355-3

Ⅰ.①机… Ⅱ.①金… Ⅲ.①机械制造工艺-高等职业教育-教材
Ⅳ.①TH16

中国版本图书馆 CIP 数据核字（2020）第 154162 号

机械工业出版社（北京市百万庄大街 22 号　邮政编码 100037）
策划编辑：王　丹　责任编辑：陈　宾　王　丹　王海峰
责任校对：樊钟英　封面设计：张　静
责任印制：常天培
固安县铭成印刷有限公司印刷
2021 年 8 月第 1 版第 3 次印刷
184mm×260mm · 15.75 印张 · 385 千字
2001—3500 册
标准书号：ISBN 978-7-111-66355-3
定价：48.00 元

电话服务　　　　　　　　　网络服务
客服电话：010-88361066　　机　工　官　网：www.cmpbook.com
　　　　　010-88379833　　机　工　官　博：weibo.com/cmp1952
　　　　　010-68326294　　金　书　网：www.golden-book.com
封底无防伪标均为盗版　　机工教育服务网：www.cmpedu.com

前言 PREFACE

　　本书的编写对标职业教育机械设计制造类专业人才培养目标，充分总结并体现了参编院校教学改革的研究成果与实践经验。

　　本书内容主要涉及金属切削原理与刀具、机械加工工艺规程制订、机械加工质量及装配精度、机床夹具及定位四个方面。采用项目式体例，以机械制造所需要具备的知识与技能点为基础，以企业真实典型产品零件为载体，介绍各种机械加工方法及其所能达到的加工精度，所涉及的机床、夹具、刀具及切削参数。

　　本书内容配置充分体现理论知识"够用为度"的原则，注重实用性、适用性和可行性，知识点设置均为工作任务目标服务，避免了对概念的死记硬背，更强调理解和运用。通过项目具体实施过程的介绍和学习，培养学生掌握金属切削原理与刀具、机械加工工艺规程制订、机械加工质量及装配精度、机床夹具及定位的相关知识点与技能点。

　　本课程的学习要求学生具备机械制图、金属材料与热处理、公差配合与测量技术、机械基础等专业基础知识，同时注重金工实习环节中综合知识与技能的运用。

　　本书具有如下特点：

　　1）采用项目式编写体例，根据零件结构特点划分加工方法，内容设置注重机床、刀具、夹具、工艺知识与技能的融合。

　　2）项目配置考虑了学生知识发展的可持续性和教材内容的时效性，适应教学计划的多元化和灵活性。

　　3）突出知识的应用性、实践性和前瞻性。

　　4）内容完整，层次结构明确，语言通俗易懂，综合性强。

　　本书包含绪论和8个项目：项目1　金属切削基本知识概述；项目2　金属切削机床与加工方法认知；项目3　工件的定位与夹紧；项目4　机械加工工艺规程制订；项目5　机械加工质量分析；项目6　机械装配精度；项目7　典型汽车零件加工工艺制订；项目8　机床夹具设计。

　　本书由长春汽车工业高等专科学校金晓华担任主编，陈艳辉、顾佳超担任副主编，徐恒斌、张雪瑶、王爽参加编写。其中，金晓华编写绪论、项目8，陈艳辉编写项目1、项目7，王爽、金晓华编写项目2，徐恒斌、金晓华编写项目3，顾佳超编写项目4，张雪瑶编写项目5，徐恒斌编写项目6。

　　本书在编写过程中参考了很多文献资料，在此向原作者表示诚挚的感谢。由于编者水平有限，书中不妥或错漏之处在所难免，恳请广大读者批评指正。

编　者

CONTENTS 目录

绪论

CHAPTER 0

一、机械制造技术在工业生产中的应用

机械制造技术在工业生产的各个部门和行业中都有应用，尤其对于制造业更是具有举足轻重的作用。制造业涵盖机械制造、运输工具制造、电气设备、仪器仪表、食品工业、服装、家具、化工、建材、冶金等诸多领域，在整个国民经济中占有很大的比重。它是国民经济的支柱产业和主要组成部分，是经济高速增长的发动机，近年来，我国制造业产值占国内生产总值（GDP）的比例约 30%。作为制造业的一项基础的和主要的生产技术，机械制造技术在国民经济中占有十分重要的地位，并且在一定程度上代表着一个国家的工业和科技发展水平。占全世界总产量将近一半的钢材是通过焊接制成构件或产品后投入使用的；机床和通用机械中铸件质量占 70%~80%，农业机械中铸件质量占 40%~70%；汽车中铸件质量约占 20%，锻压件质量约占 70%；飞机上的锻压件质量约占 85%；发电设备中的主要零件，如主轴、叶轮、转子等均为锻件；电器和通信产品中 60%~80% 的零部件是冲压件和塑料成型件。先进制造技术是传统制造业不断吸收机械、电子、信息、材料及现代管理等方面的最新成果，将其综合应用于制造的全过程，以实现优质、高效、低消耗、敏捷及无污染生产的前沿制造技术的总称。它是制造技术向自动化、集成化和智能化、柔性化、高精度、绿色环保的方向发展的基础和保证。我国是世界上少数几个拥有运载火箭、人造卫星和载人飞船发射实力的国家，这些航天飞行器的建造离不开先进的机械制造技术，其中，火箭和飞船的壳体都是采用高强轻质的材料，通过先进的特种焊接和胶接技术制造的。可以说，没有先进的机械制造技术，就没有现代制造业。

二、本课程的性质、地位和作用

1. 本课程的性质

机械制造技术基础是高职高专机械设计与制造、机械制造与自动化、模具设计与制造、机电一体化技术、数控技术等专业的必修课，主要介绍机械产品的生产过程、机械加工工艺装备（机床、刀具、夹具）的基本知识、金属切削过程及其基本规律、机械加工和装配工艺规程设计、典型零件加工、机械加工精度与表面质量的分析与控制，以及制造技术发展趋势等。

2. 本课程的地位和作用

本课程在培养学生掌握专业所需制造工艺及实施的相关知识和技能方面起核心作用。前导课程包括：机械制图、公差配合与测量技术、机械设计基础、数控加工编程；后续课程包括：车、铣工实训，课程设计，数控机床加工技术及实训，顶岗实习与毕业实践。

通过本课程的学习，学生应能正确选择、使用机床和刀具，并具有一般零件机械加工工艺规程的编制能力和参与生产技术准备、组织生产的能力。

三、本课程的学习目的和学习方法

1. 本课程的学习目的

学生学习本课程后，应了解金属切削加工过程的基本规律和金属切削机床的结构；熟悉各种刀具的结构、材料、使用场合；掌握机械制造过程中常用加工方法及其工艺装备的基本知识和基本理论，掌握工艺特点和应用场合；掌握机械加工、装配等工艺规程设计的方法，初步掌握工艺装备选用和夹具设计的方法；具有综合运用工艺知识解决机械制造过程中工艺技术问题的能力和产品质量控制的能力。

2. 本课程的学习方法

（1）抓住主线　本课程是一门体系较为庞杂、知识点多而分散的课程，因此在学习中要注意抓好课程的主线。其内容基本上都是以项目的形式展开，以零件的机械加工工艺过程为主线，注重机床、刀具、夹具、工艺知识与技能的融合。按照主线对知识点进行归纳整理，将有利于在学习中保持清晰的思路，有利于对本课程内容的总体把握。

（2）融会贯通　在抓好主线的同时，还要注意比较不同的加工工艺的特点，建立相关知识点之间的联系，这将有利于在学习中保持开阔的思路，有利于将所学的知识融会贯通，在分析和解决问题的时候，做到触类旁通，举一反三。

（3）结合实践　本课程是一门实践性、综合性很强的课程，因此在学习中要十分重视实践环节的学习，如试验、顶岗实习、现场教学，要了解工艺问题的综合性和灵活性，学会全面地、辨证地看待问题的方法，避免对概念死记硬背，而更强调理解和运用。

项目 1
CHAPTER 1

金属切削基本知识概述

【学习目标】

1. 知识目标

1）掌握金属切削的基本概念。

2）掌握各种刀具角度的绘制。

3）了解切削变形、切削力、切削热对切削的影响。

4）了解常用刀具材料及基本选用原则。

2. 技能目标

1）具有标注车床刀具角度的能力。

2）具有分析刀具角度对切削过程影响的能力。

3）能画出车削加工三个切削分力的方向关系。

4）会选择粗车与精车的切削用量。

任务 1　金属切削过程认知

一、工件表面的成形方法

机械零件的表面形状无论多么复杂，基本都由平面、圆柱面、圆锥面等各种成形面组成。当加工精度和表面粗糙度要求较高时，需要在机床上用刀具切削加工。

机械零件的任何表面都可以看成是一条线（称为母线）沿着另一条线（称为导线）运动的轨迹，如图 1-1 所示。图 1-1a 所示平面是一条直线（母线 1）沿着一条直线（导线 2）运动而形成的；图 1-1b 所示圆柱面是一条直线（母线 1）沿着一个圆（导线 2）运动而形成的；图 1-1c 所示圆锥面是一条直线（母线 1）沿着一个圆（导线 2）运动而形成的。其中，形成表面的母线与导线统称为发生线。

切削加工中的发生线是由刀具的切削刃和工件的相对运动得到的，根据使用的刀具、切

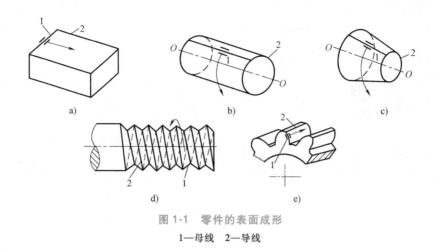

图 1-1　零件的表面成形
1—母线　2—导线

削刃形状和采用的加工方法的不同，形成发生线的方法可以归纳为以下四种。

1. 轨迹法

轨迹法是利用刀具做一定规律的轨迹运动对工件进行切削的方法。如图 1-2 所示的车削工件，用尖头车刀加工时，切削刃与被加工表面为点接触，发生线为接触点的轨迹线（轨迹 3）。

2. 成形法

成形法是采用成形刀具对工件进行加工，切削刃与所需成形的发生线完全吻合，如图 1-3 所示，成形切削刃 1 就是发生线。

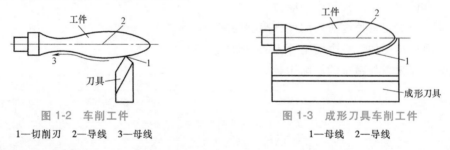

图 1-2　车削工件
1—切削刃　2—导线　3—母线

图 1-3　成形刀具车削工件
1—母线　2—导线

3. 相切法

相切法是利用刀具边旋转边做轨迹运动对工件进行加工的方法。在垂直于刀具旋转轴线的截面内，切削刃也可看作是点，当该切削点绕着刀具轴线做旋转运动时，刀具轴线沿着发生线的等距线做轨迹运动（轨迹 2），如图 1-4 所示。

4. 展成法

展成法是利用刀具和工件之间的展成切削运动对工件进行切削的方法。如图 1-5 所示，齿轮齿形轮廓是由许多刀齿包络而形成的，齿形就是导线，而平行于工件轴线的线就是母线。

二、切削运动

在切削加工中，刀具与工件之间的相对运动称为切削运动。切削运动分为主运动与进给运动。

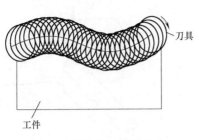

图 1-4 旋转铣刀铣削工件

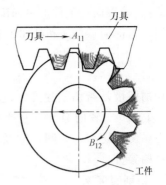

图 1-5 插齿刀、齿轮滚刀加工齿轮

1. 主运动

主运动是切削工件时切下金属层所需要的速度最高的运动。例如，车削工件外圆表面时工件的旋转运动，如图 1-6a 所示；钻削工件时，钻头的旋转运动，如图 1-6b 所示；刨削时刨刀的直线运动，如图 1-6c 所示。

主运动的特点是：速度最高，机床只有一个主运动。

2. 进给运动

进给运动是使金属层不断投入切削的运动。例如，车削工件外圆表面时刀具的直线运动，如图 1-6a 所示；钻削工件时，钻头的轴向直线运动，如图 1-6b 所示；刨削工件时，工件的直线间歇运动，如图 1-6c 所示。

进给运动的特点是：速度较低，进给运动可以有多个。

3. 合成运动

当主运动与进给运动同时进行时，刀具上某一点相对工件的运动即为合成运动。

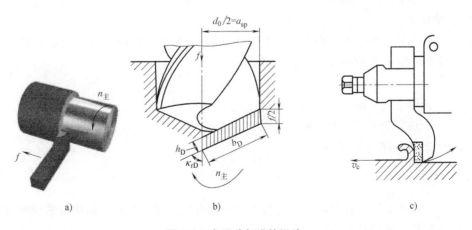

a)   b)   c)

图 1-6 主运动与进给运动

4. 加工表面

在切削过程中，工件上有三个不断变化着的表面，如图 1-7 所示。

1）待加工表面：工件上有待切除切削层的表面。

2）已加工表面：工件上经刀具切削后产生的表面。

3）过渡表面：工件上由切削刃正在加工形成的表面，是待加工表面和已加工表面之间的表面。

三、切削用量

切削用量是指切削速度、进给量和切削深度（背吃刀量）三者的总称，它是调整机床，计算切削力、切削功率、时间定额及核算工序成本等所必需的参量。

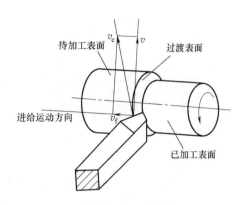

图 1-7　加工表面

1. 切削速度 v_c

切削速度是切削刃上选定点相对工件主运动的线速度。当主运动为旋转运动时，其切削速度可表示为

$$v_c = \frac{\pi d n}{1000} \tag{1-1}$$

式中　d——完成主运动的工件或刀具的最大直径（mm）；

　　　n——主运动的转速（r/min）；

　　　v_c——切削速度（m/min）。

2. 切削深度（背吃刀量）a_p

切削深度是切削时，工件上待加工表面与已加工表面的垂直距离。外圆切削时

$$a_p = (d_w - d_m)/2 \tag{1-2}$$

式中　d_w——待加工表面直径（mm）；

　　　d_m——已加工表面直径（mm）；

　　　a_p——背吃刀量（mm）。

3. 进给量 f

进给量是当主运动旋转一周时，刀具（或工件）在进给方向上的相对位移量。进给量的大小反映着进给速度 v_f 的大小，关系式为

$$v_f = fn \tag{1-3}$$

式中　f——进给量（mm/r）；

　　　n——主运动的转速（r/min）；

　　　v_f——进给速度（mm/min）。

四、切削层参数

切削刃在一次走刀过程中从工件上切下的一层材料称为切削层。切削层的截面尺寸参数称为切削层参数，通常在与主运动方向相垂直的平面内度量。

1. 切削层公称厚度 h_D

它是在过渡表面法线方向测量的切削层尺寸，即相邻两过渡表面之间的距离。反映了切削刃单位长度上的切削负荷。

车外圆时，由图 1-8 得

$$h_D = f \sin \kappa_r \tag{1-4}$$

式中 κ_r——车刀主偏角;

　　　 f——进给量（mm）;

　　　 h_D——切削层公称厚度（mm）。

2. 切削层公称宽度 b_D

它是沿过渡表面测量的切削层尺寸,反映了切削刃参加切削的工作长度。车外圆时,由图1-8得

$$b_D = a_p / \sin\kappa_r \qquad (1-5)$$

式中 a_p——背吃刀量（mm）;

　　　 κ_r——车刀主偏角;

　　　 b_D——切削层公称宽度（mm）。

3. 切削层公称横截面积 A_D

它是切削层公称厚度与切削层公称宽度的乘积。车外圆时,可得

$$A_D = h_D b_D = f a_p \qquad (1-6)$$

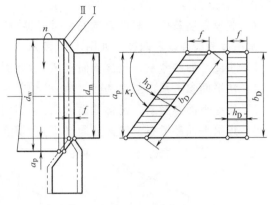

图1-8　车外圆的切削层参数

任务2　刀具几何角度认知

一、刀具切削部分的构成

刀具上承担切削工作的部分称为刀具的切削部分。外圆车刀的切削部分由前刀面、主后刀面、副后刀面、主切削刃、副切削刃、刀尖组成,如图1-9所示。

（1）前刀面　切屑沿其流出的刀具表面。

（2）主后刀面　刀具上与工件上过渡表面相对的表面。

（3）副后刀面　刀具上与工件上已加工表面相对的表面。

（4）主切削刃　前刀面与主后刀面的交线,承担主要切削工作。

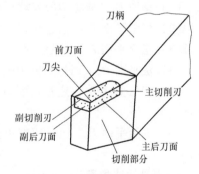

图 1-9　外圆车刀的切削部分

（5）副切削刃　前刀面与副后刀面的交线。

（6）刀尖　主切削刃与副切削刃连接处的一段切削刃。这段切削刃可以是直线,也可以是圆弧。

二、刀具标注角度

1. 刀具标注角度参考系

标注刀具几何角度的目的是为了确定刀具各切削部分之间的相互位置。要确定刀具几何

角度，需要在一定的坐标系中标注，这个坐标系的各个坐标面是在下列假定条件下建立的：

1）假定切削刃上的选定点与工件中心等高。

2）假设运动条件：假设不考虑进给运动，以切削刃选定点位于工件中心高时的主运动方向作为假定主运动方向。

3）假设安装条件：假设刀具安装时刀尖与工件的轴线等高，刀杆与工件的轴线垂直。

常用参考系有以下四种，如图 1-10 所示。

1）正交平面参考系，包含基面（P_r）、切削平面（P_s）、正交平面（P_o）。

2）法平面参考系，包含基面（P_r）、切削平面（P_s）、法平面（P_n）。

3）切深平面参考系，包含基面（P_r）、切削平面（P_s）、切深平面（P_p）。

4）进给平面参考系，包含基面（P_r）、切削平面（P_s）、进给平面（P_f）。

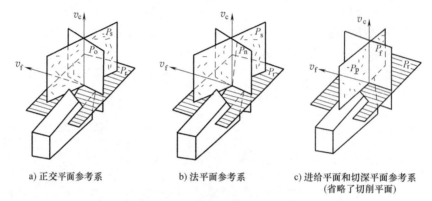

a) 正交平面参考系　　　b) 法平面参考系　　　c) 进给平面和切深平面参考系
（省略了切削平面）

图 1-10　刀具标注角度参考系

2. 刀具标注角度参考系各参考平面定义

（1）基面 P_r　通过切削刃选定点，与主运动方向垂直的平面。基面与刀具底面平行。

（2）切削平面 P_s　通过切削刃选定点，与主切削刃相切且垂直于基面的平面。

（3）正交平面 P_o　通过切削刃选定点，垂直于基面和切削平面的平面。

（4）法平面 P_n　通过切削刃选定点，垂直于主切削刃的平面。

（5）切深平面 P_p　通过切削刃选定点，垂直于基面和切削平面，并与切削深度一致的平面。

（6）进给平面 P_f　通过切削刃选定点，垂直于基面和切削平面，并与进给方向一致的平面。

3. 刀具标注角度

一把普通的外圆车刀有六个标注角度，如图 1-11 所示。

（1）前角 γ_o

1）在正交平面内测量，是前刀面与基面的夹角。通过选定点的基面位于刀头实体之外时定义为正值，位于刀头实体之内时定义为负值。

2）影响切削难易程度。增大前角可使刀具锋利，切削轻快；但前角过大，切削刃和刀尖强度下降，刀具导热体积减小，影响刀具寿命。

3）硬质合金车刀切削钢件时，前角 γ_o 取 $10° \sim 20°$，切削灰铸铁时，前角 γ_o 取 $5° \sim 15°$，切削铝及铝合金时，前角 γ_o 取 $25° \sim 35°$，切削高强度钢时，前角 γ_o 取 $-10° \sim -5°$。

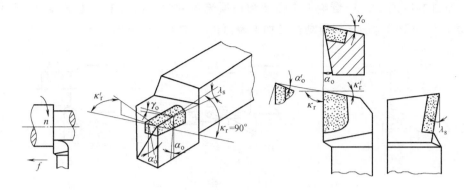

图 1-11 外圆车刀的六个标注角度

（2）后角 α_o

1）后角在主剖面内测量，是主后刀面与切削平面的夹角。

2）后角的作用是减小主后刀面与工件加工表面之间的摩擦以及主后刀面的磨损。但后角不宜过大，否则会使切削刃强度下降，刀具导热体积减小，反而会加快主后刀面的磨损。

3）粗加工和承受冲击载荷的刀具，为了使切削刃有足够强度，后角可选小些，一般为 $4° \sim 6°$；精加工时，切深较小，为保证加工的表面质量，后角可选大一些，一般为 $8° \sim 12°$。

（3）主偏角 κ_r

1）在基面内测量，是主切削刃在基面上的投影与假定进给方向之间的夹角。

2）主偏角的大小影响刀具寿命。减小主偏角，主切削刃参加切削的长度增加，负荷减轻，同时加强了刀尖，增大了散热面积，使刀具寿命提高。

3）主偏角的大小还影响切削分力。减小主偏角，会使吃刀抗力增大，当加工刚性较弱的工件时，易引起工件变形和振动。

（4）副偏角 κ_r'

1）在基面内测量，是副切削刃在基面上的投影与假定进给反方向之间的夹角。

2）副偏角的作用是减小副切削刃与工件已加工表面之间的摩擦，以防止切削时产生振动。副偏角的大小影响刀尖强度和工件表面粗糙度。

3）在切削深度、进给量和主偏角相同的情况下，减小副偏角可使残留面积减小，工件表面粗糙度降低。

（5）刃倾角 λ_s

1）在切削平面内测量，是主切削刃与基面之间的夹角。当刀尖是切削刃最高点时，λ_s 定为正值，反之为负；当主切削刃在基面内时，λ_s 为零，如图 1-12 所示。

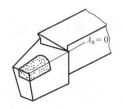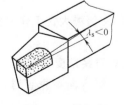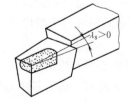

图 1-12 刃倾角 λ_s

2）如图 1-13 所示，λ_s 影响刀尖强度和切屑流动方向。粗加工时为增强刀尖强度，λ_s 常取负值；精加工时为防止切屑划伤已加工表面，λ_s 常取正值或零。

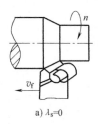 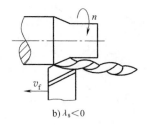 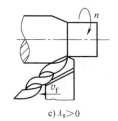

a) $\lambda_s=0$ b) $\lambda_s<0$ c) $\lambda_s>0$

图 1-13 λ_s 的正负影响切屑流向

（6）副后角 α_o'

1）在副主剖面内测量，是副后刀面与副切削平面之间的夹角，一般与后角相等。

2）副后角的作用是减小副后刀面与工件已加工表面之间的摩擦以及副后刀面的磨损。但副后角不宜过大，否则会使切削刃强度下降，刀具导热体积减小，反而会加快副后刀面的磨损。

三、刀具的工作角度

刀具的标注角度是在假定运动条件和假定安装条件下建立的角度，而刀具在切削过程中不仅有主运动还有进给运动，刀具在机床上的安装位置也有可能发生变化，所以刀具的参考系也会发生变化。为了合理描述刀具在实际工作中的角度，应按合成切削运动方向来定义和确定刀具的参考系及其角度。下面介绍刀具工作角度。

1. 进给运动对刀具角度的影响

以车削外圆时横向进给切断工件为例，刀具工作角度如图 1-14 所示。

图中，P_r、P_s 为标注角度参考平面，当考虑进给运动后，参考平面变为 P_{re}、P_{se}，标注角度由 γ_o、α_o 变为实际工作角度 γ_{oe}、α_{oe}，其大小为

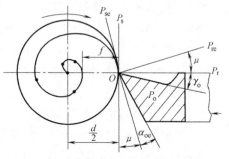

图 1-14 横向进给运动时的刀具角度

$$\gamma_{oe}=\gamma_o+\mu \tag{1-7}$$

$$\alpha_{oe}=\alpha_o-\mu \tag{1-8}$$

$$\tan\mu=v_f/v_e=f/(\pi d_w) \tag{1-9}$$

式中 d_w——工件待加工表面直径（mm）；

f——进给量（mm/r）。

工件直径减小或进给量增大，都使 μ 值增大，工作后角过小会使后刀面与工件表面摩擦加剧。

2. 刀杆中心线与进给方向不垂直对刀具角度的影响

如图 1-15 所示，当刀杆中心线与进给方向不垂直时，工作主偏角 κ_{re} 与工作副偏角 κ_{re}' 将发生变化。

3. 刀尖安装高低对刀具角度的影响

如图 1-16 所示，刀尖安装高于工件中心，工件实际切削平面 P_{se} 与实际基面 P_{re} 相对标注切削平面 P_s 与基面 P_r 的位置发生变化，导致实际工作前角 γ_{oe} 与后角 α_{oe} 相对标注前角 γ_o 与后角 α_o 发生变化。

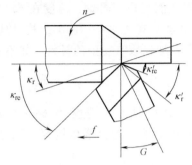

图 1-15　刀杆中心线与进给方向不
垂直时的刀具角度

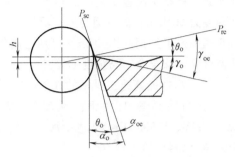

图 1-16　刀尖安装高低对刀具角度的影响

任务3　刀具材料的认识及选用

刀具的切削性能取决于刀具材料、切削部分的几何形状以及刀具的结构。刀具材料的选择对刀具寿命、加工质量、生产效率影响极大。刀具材料应具备以下性能：

1）较高的硬度和耐磨性。刀具材料必须具有高于工件材料的硬度，否则无法切入工件，常温硬度要在 60HRC 以上。

2）足够的强度和韧性。刀具材料要能够承受冲击和振动，且不发生崩刃和断裂。

3）较高的耐热性。刀具材料在高温作用下应具有足够的硬度、耐磨性、强度和韧性。

4）良好的导热性和耐热冲击性。刀具材料要有利于散热，且应在热冲击下不产生裂纹。

5）良好的工艺性和经济性。刀具材料要有良好的锻造性能、热处理性能、刃磨性能、焊接性能等，便于加工制造且价格低廉。

一、常用刀具材料

刀具材料有高速工具钢、硬质合金、陶瓷、立方氮化硼和金刚石等。目前，在生产中主要采用高速工具钢和硬质合金。碳素工具钢（如 T10A、T12A）用于制作锉刀、锯条等手动工具，合金工具钢（如 9SiCr、CrWMn）用于制作丝锥、铰刀等低速成形刀具。

1. 高速工具钢

高速工具钢是以钨（W）、铬（Cr）、钒（V）、钴（Co）为主要合金元素的高合金含量的合金工具钢，其硬度为 63~70HRC，温度达到 540~600℃时仍能保持高硬度，俗称"高速钢"。其强度好，工艺性好，可用来制作钻头、丝锥、成形刀具、拉刀、齿轮刀具等复杂刀具。

（1）高速工具钢的分类　高速工具钢按性能分为普通型高速工具钢和高性能高速工具钢；按化学成分分为钨系、钨钼系、钼系；按工艺分为熔炼高速工具钢和粉末冶金高速工具钢。

高性能高速工具钢是在普通型高速工具钢中增大含碳量、含钒量，还增加了钴、铝等合金元素，提高了高速工具钢的耐磨性和耐热性。这些高性能高速工具钢，温度在 650℃ 时，其硬度为 60HRC，而普通高速工具钢（如 W18Cr4V）硬度只有 49~49.2HRC；其刀具寿命为普通高速工具钢的 1~3 倍。可用它制作各种切削刀具，加工较难切削的材料，如不锈钢、高温合金、钛合金、高强度钢等。

（2）高性能高速工具钢的性能、牌号与用途

1）高碳高速工具钢：硬度为 67~68HRC，在 625℃ 时，其硬度为 64~65HRC。9W18Cr4V、W6Mo5Cr4V2 适于加工不锈钢、高温合金、钛合金、超高强度钢等，其刀具寿命为 W18Cr4V 的 2~3 倍。

2）高钴高速工具钢：硬度为 67HRC；耐热性为 640~650℃，其刀具寿命为普通高速工具钢的 1.5~3 倍。W6Mo5Cr4V2Co5 适于加工奥氏体不锈钢、高温合金、钛合金等。

3）高钒高速工具钢：硬度为 65~67HRC，耐热性为 637~640℃，适用于切削不锈钢、耐热合金、高强度钢，其刀具寿命为普通高速工具钢的 2~4 倍。我国研制的无钴超硬高速工具钢 V3N（W12Mo3Cr4V3N），比一般高速工具钢硬度高，耐磨性好，可用于制作工作条件更苛刻的冷作模具，加热时间为相同条件下 W18Cr4V 钢的 1.5~2 倍。

4）含钴超硬高速工具钢：硬度为 69~70HRC。W2Mo9Cr4VCo8（M42）常温硬度 69~70HRC，刃磨性能好，含钴多，成本较高。可用于中硬（400HBW）硬齿面加工，刀具寿命为普通高速工具钢 2~4 倍。

5）含铝超硬高速工具钢：常见的 W6Mo5Cr4V2Al（501 钢）和 W10Mo4Cr4V3Al（5F-6 钢），其特点是：在高温下，和空气中的氮和氧反应生成氧化铝和氮化铝，起润滑作用，降低摩擦因数，减轻切屑与刀具黏结。切削难切削材料时，刀具寿命可提高 3~4 倍。

2. 硬质合金

硬质合金是由高硬度、高熔点金属碳化物（WC、TiC、TaC、NbC）和金属黏结相（Co、Ni）经粉末冶金方法制成。

切削工具用硬质合金牌号按使用领域不同分成 P、M、K、N、S、H 六类，见表 1-1，每个类别按耐磨性和韧性的不同分成若干组，用 01、10、20 等两位数字表示组号。常用硬质合金牌号、性能及用途见表 1-2。

表 1-1　硬质合金分类

类别	使用领域
P	长切屑材料的加工，如钢、铸钢、长切屑可锻铸铁等的加工
M	通用合金，用于不锈钢、铸钢、锰钢、可锻铸铁、合金钢、合金铸铁等的加工
K	短切屑材料的加工，如铸铁、冷硬铸铁、短切屑可锻铸铁、灰铸铁等的加工
N	有色金属、非金属材料的加工，如铝、镁、塑料、木材等的加工
S	耐热和优质合金材料的加工，如耐热钢，含镍、钴、钛的各类合金材料的加工
H	硬切削材料的加工，如淬硬钢、冷硬铸铁等材料的加工

表 1-2　常用硬质合金的牌号、性能及用途

类别	牌号	力学性能		用　途
		抗弯强度/MPa, 不小于	硬度 HRA, 不小于	
P 类	P01	700	92.3	适用于加工钢、铸钢。高切削速度、小切屑截面,无振动条件下精车、精镗
	P10	1200	91.7	适用于加工钢、铸钢。高切削速度,中、小切屑截面条件下的车削、仿形车削、车螺纹和铣削
	P20	1400	91.0	适用于加工钢、铸钢、长切屑可锻铸铁。中等切削速度、中等切屑截面条件下的车削、仿形车削和铣削、小切屑截面的刨削
	P30	1550	90.2	适用于加工钢、铸钢、长切屑可锻铸铁。中、低等切削速度,中等或大切屑截面条件下的车削、铣削、刨削和不利条件下的加工
M 类	M01	1200	92.3	适用于加工不锈钢、铁素体钢、铸钢。高切削速度、小载荷,无振动条件下精车、精镗
	M10	1350	91.0	适用于加工不锈钢、铸钢、锰钢、合金钢、合金铸铁、可锻铸铁。中、高等切削速度,中、小切屑截面条件下的车削
	M20	1500	90.2	适用于加工不锈钢、铸钢、锰钢、合金钢、合金铸铁、可锻铸铁。中等切削速度,中等切屑截面条件下的车削、铣削
	M30	1650	89.9	适用于加工不锈钢、铸钢、锰钢、合金钢、合金铸铁、可锻铸铁。中、高等切削速度,中等或大切屑截面条件下的车削、铣削、刨削
K 类	K01	1350	92.3	适用于加工铸铁、冷硬铸铁、短屑可锻铸铁的车削、精车、铣削、镗削、刮削
	K10	1460	91.7	适用于加工布氏硬度高于 220 的铸铁、短切屑的可锻铸铁的车削、拉削、铣削、镗削、刮削
	K20	1550	91.0	适用于加工布氏硬度低于 220 的灰铸铁、短切屑的可锻铸铁,用于中等切削速度下,轻载荷粗加工、半精加工的车削、铣削、镗削等
	K30	1650	89.5	适用于加工铸铁、短切屑的可锻铸铁,用于在不利条件下可能采用大切削角的车削、铣削、刨削、切槽加工,对刀片的韧性有一定要求
N 类	N10	1560	91.7	适用于较高切削速度下有色金属铝、铜、镁,以及塑料、木材等精加工和半精加工
	N20	1650	91.0	适用于中等切削速度下有色金属铝、铜、镁,以及塑料等半精加工或粗加工

（续）

类别	牌号	力学性能		用　途
		抗弯强度/MPa，不小于	硬度 HRA，不小于	
S 类	S10	1580	91.5	适用于耐热和优质合金,含镍、钴、钛的各类合金在低切削速度下的半精加工或粗加工
	S20	1650	91.0	适用于耐热和优质合金,含镍、钴、钛的各类合金在较低切削速度下的半精加工或粗加工
H 类	H10	1300	91.7	适用于低切削速度下,淬硬钢、冷硬铸铁的连续轻载精加工、半精加工
	H20	1650	91.0	适用于较低切削速度下,淬硬钢、冷硬铸铁的连续轻载半精加工、粗加工

3. 其他刀具材料

（1）陶瓷　有氧化铝（Al_2O_3）基陶瓷和氮化硅（Si_3N_4）基陶瓷两大类,硬度可达91~95HRA,耐磨性好,耐热温度可达1200℃。

陶瓷刀具的特点是:高硬度、高强度、高抗高温氧化性、良好的断裂韧性、高抗热振性及优良的化学稳定性和低摩擦因数等。为了使陶瓷既耐高温又不容易破碎,可在制作陶瓷的黏土里加入些金属粉,制成金属陶瓷。金属陶瓷既具有金属的韧性、高导热性和良好的热稳定性,又具有陶瓷的耐高温、耐腐蚀和耐磨损等特性,常用于制造飞机和导弹的结构件、发动机活塞、化工机械零件等。

（2）人造金刚石　硬度可达10000HV,耐热性较低（700~800℃）。目前人造金刚石主要用于制作磨具及磨料,用于对有色金属进行高速精细切削。由于金刚石中的碳原子和铁有很强的化学亲和力,故不宜加工钢铁材料。

（3）立方氮化硼（CBN）　硬度可达800~900HV,耐热温度达1400℃,一般用于高温合金、淬硬钢、冷硬铸铁等材料的半精加工和精加工。

二、刀具材料的选择

刀具材料主要根据被加工工件材料、刀具形状和类型,以及加工要求等进行选择。

高速工具钢的特点是强度高、韧性好、工艺性好、刃磨性好,常用于制作复杂、小型、刚性差（如钻头、丝锥、成形刀具、拉刀、齿轮刀具等）及中、低速切削的各种刀具和精加工的刀具。

硬质合金的特点是硬度高、热硬性高、耐磨性好,但较脆,常用于制作刚性好、刃形简单的刀具。

陶瓷的特点是硬度高、耐高温、可高速切削,但脆性大,常用于钢、铸铁、有色金属材料的精加工、半精加工。

人造金刚石的特点是硬度高、与金属间的摩擦因数小,但不太耐高温、不宜切削钢铁材料,常用于高硬度耐磨材料、有色金属、非金属的超精加工或制作磨具。

立方氮化硼的特点是硬度高、耐高温,磨削性也较好,但焊接性能稍差,抗弯强度较硬质合金低些，常用于加工高温合金、淬硬钢、冷硬铸铁。

三、刀具的磨损和寿命

1. 刀具磨损形式

（1）前刀面磨损　切削塑性金属时，如果切削速度很高，进给量较大，前刀面上会磨出一个月牙洼状凹坑。

（2）后刀面磨损　切削脆性金属，或用较低的切削速度和较小的进给量切削塑性金属时，在后刀面靠近切削刃的部位会磨出一个小棱面。

（3）边界磨损　前、后刀面同时磨损。

刀具的磨损形式如图 1-17 所示。

2. 刀具磨损原因

（1）磨粒磨损　工件上的硬质点或脱落的积屑瘤碎片等在刀具表面上易划出沟痕。

（2）黏结磨损　由于高温高压，刀具与工件材料分子相吸附，切削运动时刀具上材料被带走。

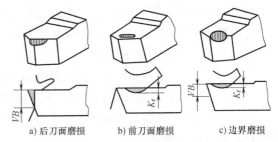

a) 后刀面磨损　　b) 前刀面磨损　　c) 边界磨损

图 1-17　刀具磨损的形式

（3）相变磨损　温度超过刀具材料相变温度，致使刀具硬度下降，迅速磨损。

（4）扩散磨损　金属元素扩散，刀具材料化学成分变化，使刀具硬度下降。

（5）氧化磨损　例如，空气中的氧与硬质合金中的钴和碳化钨发生氧化作用，产生组织疏松、脆弱的氧化物。

在低、中速范围内，磨粒磨损和黏结磨损是刀具磨损的主要原因，通常，拉削、铰孔和攻螺纹加工时的刀具磨损主要属于这类磨损。在以中等以上切削速度加工时，热效应使高速工具钢刀具产生相变磨损，使硬质合金刀具产生黏结、扩散和氧化磨损。

3. 刀具磨损过程

刀具磨损分为初期磨损阶段、正常磨损阶段、剧烈磨损阶段三个阶段，以后刀面磨损为例，磨损量与时间的对应关系如图 1-18 所示。

4. 刀具磨钝标准

刀具磨损到一定限度就不能继续使用，这个磨损限度称为磨钝标准。规定将后刀面上均匀磨损区的平均磨损量 VB 值作为刀具的磨钝标准。常用加工条件下硬质合金车刀的磨钝标准见表 1-3。

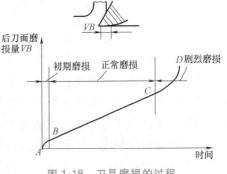

图 1-18　刀具磨损的过程

表 1-3　硬质合金车刀的磨钝标准

加工条件	磨钝标准 VB/mm	加工条件	磨钝标准 VB/mm
精车	0.1~0.3	精车铸铁	0.8~1.2
粗车合金工具钢、粗车刚性较差的工件	0.4~0.5	低速粗车钢及铸铁大件	1.0~1.5
粗车钢料	0.6~0.8		

生产中磨钝标准应根据加工要求制订：粗加工磨钝标准是以使刀具切削时间与可磨（或可用）次数的乘积最大为原则确定的，这样能充分发挥刀具的切削性能，该标准亦称为经济磨钝标准。精加工磨钝标准是在保证零件加工精度和表面粗糙度条件下制订的，因此 VB 值较小，该标准亦称为工艺磨钝标准。

5. 刀具寿命

（1）刀具寿命的概念　刀具寿命是指刃磨后的刀具从开始切削到磨损量达到磨钝标准为止所用的切削时间，用 T（单位为 min）表示。刀具寿命还可以用达到磨钝标准所经过的切削路程或加工出的零件数量来表示。

刀具寿命的高低是衡量刀具切削性能好坏的重要标志，利用刀具寿命来控制磨损量 VB 值，比用测量 VB 来判别是否达到磨钝标准要简便。

（2）影响刀具寿命 T 的因素

1）工件材料。工件材料的硬度或强度越高，则切削温度越高，刀具磨损加大，刀具寿命 T 下降。工件材料的延伸率越大或导热系数越小，则切削温度越高，刀具寿命 T 下降。

2）切削用量。在切削用量中，对刀具寿命 T 影响最大的是切削速度，其次是进给量，影响最小的是切削深度。

3）刀具几何角度。前角对刀具寿命的影响呈"驼峰形"。主偏角 κ_r 减小时，使切削宽度增大，散热条件改善，故切削温度下降，刀具寿命 T 提高。

4）刀具材料。刀具材料的高温硬度越高、越耐磨，刀具寿命 T 越高。刀具材料的延伸率越大或导热系数越小，则切削温度越高，刀具寿命 T 下降。

刀具寿命并不是越高越好。刀具寿命越高，切削用量将减小，零件加工时间越长。刀具寿命越小，切削用量将加大，刀具换刀、磨刀、调刀时间延长，刀具成本就会增高。生产中，一般根据最低加工成本来确定寿命。

任务4　金属切削过程的基本规律

金属切削过程是指将工件上多余的金属层通过切削加工被刀具切除，形成切屑，使工件获得几何形状、尺寸精度和表面粗糙度都符合要求的零件的过程。在这一过程中，始终存在着刀具切削工件和工件材料抵抗切削的矛盾，从而产生一系列物理现象，如切削变形、切削力、切削热与切削温度，以及有关刀具的磨损与刀具寿命、卷屑与断屑等。对这些现象进行研究，揭示其内在的机理，探索和掌握金属切削过程的基本规律，从而主动地加以有效的控制，对保证工件加工精度和表面质量，提高切削效率，降低生产成本和劳动强度，具有十分重要的意义。

一、金属的切削变形

在切削塑性金属材料时，通常将切削刃作用范围内的切削层划分为三个变形区，如图1-19所示。

1. 第Ⅰ变形区

金属受到刀具前表面的挤压作用，产生弹性变形，随着外力的增大，当切应力达到金属材料屈服强度时，金属产生塑性变形。切削层上各点移动至 OA 线开始滑移、离开 OM 线终止滑移，沿切削宽度范围内，称 OA 是始滑移面，OM 是终滑移面。OA、OM 之间为第Ⅰ变形区。由于切屑形成时应变速度很快、时间极短，故 OA、OM 面相距很近，一般约为 0.02~0.2mm，所以常用 AOM 滑移面来表示第Ⅰ变形区，AOM 面亦称为剪切面。

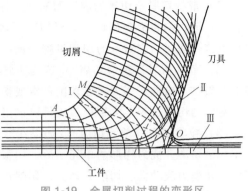

图 1-19 金属切削过程的变形区

第Ⅰ变形区就是形成切屑的变形区，其变形特点是切削层产生剪切滑移变形。

2. 第Ⅱ变形区

切屑沿刀具前表面排出时会进一步受到前刀面的阻碍，在刀具和切屑底面之间存在强烈的挤压和摩擦，使切屑底部靠近前刀面处的金属"纤维化"，产生第二次变形，此区域称为第Ⅱ变形区。此变形区的变形是造成前刀面磨损和产生积屑瘤的主要原因。应该指出，第Ⅰ变形区与第Ⅱ变形区是相互关联的。前刀面上的摩擦力大时，切屑排出不顺，挤压变形加剧，将导致第Ⅱ变形区的剪切滑移变形增大。

3. 第Ⅲ变形区

已加工表面上与刀具后表面挤压、摩擦形成的变形区域，称为第Ⅲ变形区。由于刀具刃口不可能绝对锋利，钝圆半径的存在使切削参数中设定的公称切削厚度不可能完全切除，会有很小一部分被挤压到已加工表面上，与刀具后刀面发生摩擦，并进一步产生弹、塑性变形，从而影响已加工表面质量。经切削产生的变形使得已加工表面层的金属晶格产生扭曲、挤紧和碎裂，造成已加工表面的硬度增高，这种现象称为加工硬化。

硬化程度高的材料使得切削变得困难，有时还会造成已加工表面出现裂纹和残余应力，使材料的疲劳强度降低。

二、切屑的类型及控制

1. 切屑类型

由于工件材料不同，切削条件各异，切削过程中形成的切屑形状是多种多样的。切屑的形状主要分为带状、节状、粒状和崩碎四种类型，如图 1-20 所示。

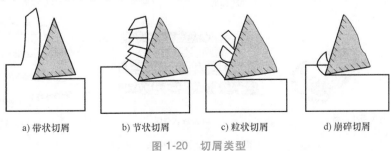

| a) 带状切屑 | b) 节状切屑 | c) 粒状切屑 | d) 崩碎切屑 |

图 1-20 切屑类型

（1）带状切屑　切屑的内表面光滑，外表面毛茸。加工塑性金属材料（如碳素工具钢、合金工具钢、铜和铝合金）时，当切削厚度较小、切削速度较高、刀具前角较大时，一般常得到这类切屑。它对应的切削过程平衡，切削力波动较小，已加工表面粗糙度较小。

（2）节状切屑（挤裂切屑）　这类切屑与带状切屑的不同之处在于外表面呈锯齿形，内表面有裂纹。这种切屑大多在切削黄铜或切削速度较低、切削厚度较大、刀具前角较小时产生。对应的切削过程不太平稳，工件已加工表面粗糙度较大。

（3）粒状切屑（单元切屑）　如果在节状切屑的剪切面上，裂纹扩展到整个面上，则整个单元被切离，成为梯形的单元切屑。用很低的速度切削钢时可得到这类切屑。粒状切屑在切削时切削力波动大、切削振动大、切削过程不平稳、工件表面粗糙度大，生产中应避免出现此种切屑。

以上三种切屑只有在加工塑性材料时才可能得到。在生产中最常见的是带状切屑，有时得到节状切屑，粒状切屑则很少见。切屑的形态是可以随切削条件转化的，掌握了它的变化规律，就可以控制切屑的变形、形态和尺寸，以达到卷屑和断屑的目的。

（4）崩碎切屑　这是属于脆性材料（如铸铁、黄铜等）的切屑。这种切屑的形状是不规则的，加工表面是凹凸不平的。

从切削过程来看，崩碎切屑在破裂前变形很小，和塑性材料的切屑形成机理不同。它的脆断主要是由于材料所受应力超过了它的抗拉极限。加工脆硬材料，如高硅铸铁、白口铸铁等，特别是当切削厚度较大时，常得到这种切屑。

由于它对应的切削过程很不平稳，容易破坏刀具，也有损于机床，已加工表面又粗糙，因此在生产中应力求避免。方法是减小切削厚度，使切屑成针状或片状；同时适当提高切削速度，以增加工件材料的塑性。

2. 切屑的控制

切屑控制就是控制切屑的类型、流向、卷曲和折断。切屑的控制对切削过程的正常、顺利、安全进行具有重要意义，不同切屑的形态如图 1-21 所示。

切屑经第 Ⅰ、第 Ⅱ 变形区的剧烈变形后，硬度增加，塑性下降，性能变脆。在切屑排出

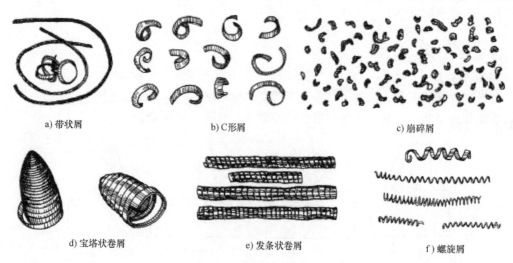

a) 带状屑　　　　　　　b) C形屑　　　　　　　c) 崩碎屑

d) 宝塔状卷屑　　　　　e) 发条状卷屑　　　　　f) 螺旋屑

图 1-21　切屑的形态

过程中，当碰到刀具后刀面、工件上的过渡表面或待加工表面等障碍时，若某一部位的应变超过了切屑材料的断裂应变值，切屑就会折断，如图 1-22 所示。

a) 切屑碰到工件折断　　b) 切屑碰到刀具后刀面折断

图 1-22　切屑碰到工件或刀具后刀面折断

研究表明，工件材料脆性越大（断裂应变值越小）、切屑厚度越大、切屑卷曲半径越小，切屑就越容易折断。可采取以下措施对切屑实施控制。

（1）采用断屑槽　通过设置断屑槽对流动中的切屑施加一定的约束力，使切屑应变增大，切屑卷曲半径减小。

断屑槽的尺寸参数应与切削用量的大小相适应，否则会影响断屑效果。常用的断屑槽截面形状有折线形、直线圆弧形和全圆弧形，如图 1-23 所示。

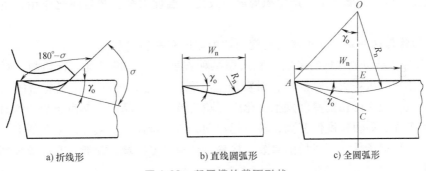

a) 折线形　　　　　b) 直线圆弧形　　　　　c) 全圆弧形

图 1-23　断屑槽的截面形状

刀具前角较大时，采用全圆弧形断屑槽的刀具强度较好。断屑槽位于前刀面上，形式有平行、外斜、内斜三种。外斜式断屑槽常形成 C 形屑和 6 字形屑，能在较宽的切削用量范围内实现断屑；内斜式断屑槽常形成长紧螺卷形屑，但断屑范围窄；平行式断屑槽的断屑范围居于上述两者之间，如图 1-24 所示。

a) 平行式　　　　　b) 外斜式　　　　　c) 内斜式

图 1-24　前刀面断屑槽的形式

（2）改变刀具角度　改变刀具角度，主要是增大刀具主偏角，使切削厚度变大，有利于断屑。减小刀具前角可使切屑变形加大，切屑易于折断。刃倾角 λ_s 可以控制切屑的流向，λ_s 为正值时，切屑常在卷曲后碰到后刀面折断形成 C 形屑，或自然流出形成螺旋屑；λ_s 为负值时，切屑常在卷曲后碰到已加工表面折断形成 C 形屑或 6 字形屑。

（3）调整切削用量　提高进给量 f 使切削厚度增大，对断屑有利；但 f 增大会增大加工表面粗糙度；适当地降低切削速度使切削变形增大，也有利于断屑，但这会降低材料切除效率。因此，需根据实际条件适当选择切削用量。

3. 积屑瘤

在切削速度不高而又能形成连续切屑，加工一般钢材或其他塑性材料时，常在前刀面切削处黏着一块剖面呈三角状的硬块，称为积屑瘤，如图 1-25 所示。其硬度很高，为工件材料的 2~3 倍，处于稳定状态时可代替刀尖进行切削。

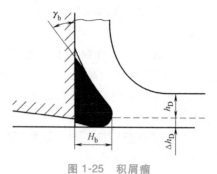

图 1-25 积屑瘤

（1）形成积屑瘤的条件 形成积屑瘤的条件主要决定于切削温度，此外，接触面间的压力、粗糙程度、黏结强度等因素都与形成积屑瘤的条件有关。

1）一般来说，塑性材料的加工硬化倾向越强，越易产生积屑瘤。

2）温度与压力太低，不会产生积屑瘤；反之，温度太高，产生弱化作用，也不会产生积屑瘤。

3）进给量保持一定时，积屑瘤高度与切削速度有密切关系。

（2）积屑瘤对切削过程的影响 积屑瘤某种程度上可代替刀具进行切削，对切削刃有一定的保护作用，可增大实际前角，对粗加工有利。如图 1-26 所示，积屑瘤的顶端从刀尖伸向工件内层，使实际切削厚度发生变化，影响工件的尺寸精度；又由于积屑瘤时而生长时而破裂，使工件表面粗糙度值变大，易引起振动，所以精加工要避免产生积屑瘤。

合理控制切削条件，调节切削参数，尽量不形成中温区域，就能较有效地抑制或避免积屑瘤的产生。

以中碳钢切削为例，由图 1-27 所示的曲线可知，低速（$v_c \leq 3\text{m/min}$）切削时，产生的切削温度很低；高速（$v_c > 60\text{m/min}$）切削时，产生的切削温度较高，这两种情况的摩擦因数均小，故不易形成积屑瘤。

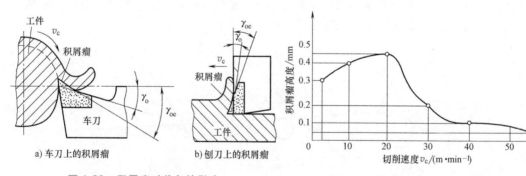

图 1-26 积屑瘤对前角的影响

图 1-27 切削速度与积屑瘤的关系

（3）防止积屑瘤产生的主要方法

1）降低切削速度，使温度较低，黏结现象不易发生。

2）采用高速切削，使切削温度高于积屑瘤消失的相应温度。

3）采用润滑性能好的切削液，减小摩擦。

4）增加刀具前角，以减小切屑与前刀面接触区的压力。

5）适当提高工件材料硬度，降低加工硬化倾向。

三、切削力

金属切削时，刀具切入工件，使被加工材料发生变形并成为切屑的力，称为切削力。

1. 切削力的来源

切削力来源于三个方面：①克服被加工材料对弹性变形的抗力；②克服被加工材料对塑性变形的抗力；③克服切屑与前刀面之间的摩擦力、刀具后刀面与过渡表面和已加工表面之间的摩擦力。

2. 切削力的合成与分解

如图1-28所示，上述各力的总和形成作用在刀具上的合力 F。根据实际应用，F 可分解为相互垂直的 F_f、F_p 和 F_c 三个分力。在车削时：

F_c——主切削力或切向力。它切于过渡表面并与基面垂直。F_c 是计算车刀强度、设计机床零件、确定机床功率所必需的。

F_f——进给抗力或轴向力、进给力。它是处于基面内、与工件轴线平行、与进给方向相反的力，是设计进给（走刀）机构、计算车刀进给功率所必需的。

F_p——吃刀抗力或切深抗力、背向力、径向力。它是处于基面内并与工件轴线垂直的力。F_p 用来确定与工件加工精度有关的工件挠度，计算机床零件和车刀强度。它与工件在切削过程中产生的振动有关。

各切削力间的关系式为

$$F = \sqrt{F_D^2 + F_c^2} = \sqrt{F_f^2 + F_p^2 + F_c^2} \tag{1-10}$$

式中，$F_p = F_D \cos\kappa_r$，$F_f = F_D \sin\kappa_r$。

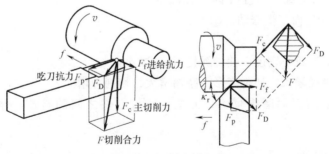

图 1-28　切削力的合成

3. 影响切削力的因素

实践证明，切削力的影响因素很多，主要有工件材料、切削用量、刀具几何角度、刀具材料、刀具磨损状态和切削液等。

（1）工件材料

1）硬度或强度提高，剪切屈服强度 τ_s 增大，切削力增大。

2）塑性或韧性提高，切屑不易折断，切屑与前刀面间摩擦力增大，切削力增大。

（2）切削用量

1）切削深度（背吃刀量）。进给量增大，切削层面积增大，变形抗力和摩擦力增大，切削力增大。由于背吃刀量 a_p 对切削力的影响比进给量对切削力的影响大，所以在实践中，当需切除一定量的金属层时，采用大进给切削比大切深切削更省力、省功率，可提高生产率。

2）切削速度 v_c。如图 1-29 所示，加工塑性金属时，切削速度 v_c 对切削力的影响规律和对切削变形的影响一样，都是通过积屑瘤与摩擦作用产生影响的。

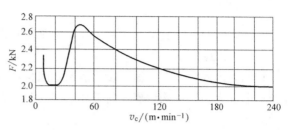

图 1-29　切削速度对切屑力的影响

切削脆性金属时，因为变形和摩擦均较小，故切削速度 v_c 改变时切削力变化不大。

（3）刀具几何角度

1）前角 γ_o。前角增大，变形减小，切削力减小。

2）主偏角 κ_r。主偏角在 $30° \sim 60°$ 范围内增大时，切削厚度的影响起主要作用，将使主切削力 F_c 减小；主偏角在 $60° \sim 90°$ 范围内增大时，刀尖处圆弧和副前角的影响更为突出，将使主切削力 F_c 增大。一般地，$\kappa_r = 60° \sim 75°$，所以主偏角 κ_r 增大时，主切削力 F_c 增大。

在车削轴类零件时，尤其是细长轴，为了减小切深抗力 F_p 的作用，往往采用较大主偏角（$\kappa_r > 60°$）的车刀切削，如图 1-30 所示。

3）刃倾角 λ_s。λ_s 对 F_c 影响较小，但对 F_f、F_p 影响较大。λ_s 由正向负转变，则 F_f 减小、F_p 增大。实践应用中，从切削力观点分析，切削时不宜选用过大的负刃倾角 λ_s。特别是在工艺系统刚度较差的情况下，往往因负刃倾角 λ_s 增大了切深抗力 F_p 而产生振动。

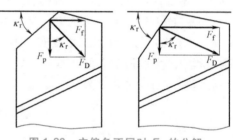

图 1-30　主偏角不同时 F_D 的分解

（4）其他因素

1）刀具棱面应选较小宽度，使切深抗力 F_p 减小。

2）刀具圆弧半径增大，切削变形、摩擦增大，切削力增大。

3）刀具磨损。后刀面磨损增大，刀变钝，与工件之间的挤压、摩擦增大，切削力增大。

四、切削热与切削温度

切削热除少量散逸到周围介质中外，其余均传入刀具、切屑和工件中，并使它们的温度升高，引起工件变形、加速刀具磨损。因此，研究切削热与切削温度具有重要的实际意义。

1. 切削热的产生和传导

切削热是由切削功转变而来的。如图 1-31 所示，切削热包括剪切区变形功形成的热 Q_D（Q_W）、切屑与前刀面的摩擦功形成的热 Q_J、已加工表面与后刀面的摩擦功形成的热 Q_a。因此，切削时共有三个发热区域，即剪切面、切屑与前刀面接触区、后刀面与已加工表面接触区，三个发热区与三个变形区相对应。所以，切削热的来源就是切屑变形功和前、后刀面的摩擦功。

实验表明：切削过程中产生的总切削热，分别传入切屑、刀具、工件和周围介质，比例分别为 50%~80%、10%~40%、3%~9% 和 1% 左右。切削塑性金属时，切削热主要由剪切区变形热和前刀面摩擦热组成；切削脆性金属时，则是后刀面摩擦热占的比例较高。

如图 1-32 所示，切削温度的分布：前刀面和后刀面上的最高温度点都不在切削刃上，而是在离切削刃有一定距离的地方。这是摩擦热沿前刀面逐渐增加的缘故。

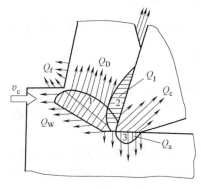

图 1-31 切削热的产生

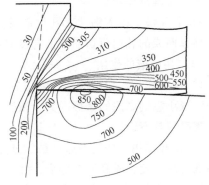

图 1-32 切削温度分布图

2. 影响切削温度的主要因素

（1）工件材料的影响　工件材料的强度（包括硬度）和导热系数对切削温度的影响是很大的。

（2）切削用量的影响　切削用量是影响切削温度的主要因素，通过测温实验可以找出切削用量对切削温度的影响规律。

切削速度提高一倍，切削温度增高 30%~45%；进给量提高一倍，切削温度增高 15%~20%；切削深度提高一倍，温度增高 5%~8%。所以，切削速度对切削温度影响最大，随切削速度的提高，切削温度迅速上升；进给量对切削温度的影响次之，而背吃刀量对切削温度的影响很小。

（3）刀具几何参数的影响　一般地，切削温度随前角的增大而降低。但前角大于 20° 后，对切削温度的影响减弱，这是因为楔角变小而使散热体积减小的缘故。

主偏角减小时，切削宽度增大，切削厚度减小，因此，切削变形和摩擦增大、切削温度升高。当切削宽度继续增大后，散热条件改善，此时散热起主要作用，故随着主偏角的减小，切削温度下降。

（4）刀具磨损的影响　后刀面的磨损值达到一定数值后，对切削温度的影响增大；切削速度越高，影响就越显著。合金钢的强度大，导热系数小，所以刀具磨损在切削合金钢时对切削温度的影响比切削碳素钢时大。

（5）切削液的影响　切削液对切削温度的影响与切削液的导热性能、比热容、流量、浇注方式以及本身的温度有很大的关系。从导热性能来看，油类切削液不如乳化液，乳化液不如水基切削液。

五、切削液、刀具几何参数及切削用量的选择

1. 切削液的合理选用
（1）切削液的分类

1）水溶性切削液。主要成分为水，并加入防锈剂，也可加入适量的表面活性剂和油性添加剂，使其具有一定的润滑性能。

2）非水溶性切削液。主要是切削油，有各种矿物油，如机械油、轻柴油、煤油等；还有动、植物油，如猪油、豆油等；以及加入油性剂、极压添加剂配制的混合油。非水溶性切削液主要起润滑作用。

3）乳化液。由矿物油、乳化剂及其他添加剂配制的乳化油加95%～98%（质量分数）的水稀释而成的乳白色切削液，有良好的冷却性能和清洗作用。

（2）切削液的作用

1）润滑作用。切削液渗入到切屑、刀具、工件的接触面间，黏附在金属表面上形成润滑膜，减小它们之间的摩擦因数、减轻黏结现象、抑制积屑瘤，并改善已加工表面的表面质量，提高刀具寿命。

2）冷却作用。切削液通过最靠近热源的刀具、切屑和工件表面带走大量的切削热，从而降低切削温度，提高刀具寿命，并减小工件与刀具的热膨胀，提高加工精度。水的冷却性能最好，油类最差，乳化液介于两者之间。

3）清洗作用。切削液可冲走切削时产生的细屑、砂轮脱落下来的微粒等，防止加工表面、机床导轨面受损，有利于精加工、深孔加工、自动生产线加工中的排屑。

4）防锈作用。加入防锈添加剂的切削液，还能在金属表面上形成保护膜，使机床、工件、刀具免受周围介质的腐蚀。

（3）切削液的选用　切削液的使用效果不仅取决于切削液的性能，还与刀具材料、加工要求、工件材料、加工方法等因素有关，应综合考虑，合理选用。

1）依据刀具材料、加工要求。高速工具钢刀具耐热性差，粗加工时应选用以冷却为主的切削液，如3%～5%（质量分数）的乳化液或水溶液；精加工时，主要是获得较好的表面质量，可选用润滑性好的极压切削油或高浓度极压乳化液。

硬质合金刀具耐热性好，一般不用切削液，如必要，也可用低浓度乳化液或水溶液，但应连续、充分地浇注，以免高温下刀片因冷热不均产生热应力，而导致裂纹、损坏等。

2）依据工件材料。加工钢等塑性材料时，需用切削液；而加工铸铁等脆性材料时，一般则不用，原因是使用效果不如加工钢明显，又易污染机床、工作地；对于高强度钢、高温合金等，应选用极压切削油或极压乳化液；对于铜、铝及铝合金，可采用10%～20%（质量分数）的乳化液、煤油，或煤油与矿物油的混合液。

3）依据加工方法。钻孔、攻螺纹、铰孔、拉削等排屑方式为半封闭、封闭状态，宜选用乳化液、极压乳化液和极压切削油；磨削加工常选用半透明的水溶液和普通乳化液。

2. 刀具几何参数的合理选择

刀具的切削性能主要由刀具材料的性能和刀具的几何参数两方面决定。刀具几何参数主要包括：刀具角度、切削刃的刃形、刃口形状、前刀面与后刀面形式等。

（1）前角的功用与选择　前角影响切削过程中的变形和摩擦，同时也影响刀具的强度。在刀具强度许可条件下，尽可能选用大的前角。

（2）前刀面的功用与选择　前刀面有平面型、曲面型和带倒棱型三种。

1）平面型前刀面：制造容易，重磨方便，刀具廓形精度高。

2）曲面型前刀面：起卷刃作用，并有助于断屑和排屑。主要用于塑性金属粗加工刀具和孔加工刀具，如丝锥、钻头。

3）带倒棱型前刀面：该种刀面可有效提高刀具强度和刀具寿命。

（3）后角的功用与选择　后角主要是减小后刀面与工件间的摩擦和后刀面的磨损，其大小对刀具寿命和加工表面质量都有很大影响，同时也影响刀具的强度。后角的选用原则：粗加工时以确保刀具强度为主，可在 4°~6° 范围内选取；精加工时以确保加工表面质量为主，可在 8°~12° 之内选取。

一般地，切削厚度越大，刀具后角越小；工件材料越软，塑性越大，刀具后角越大。工艺系统刚性较差时，应适当减小后角（切削时起支承作用，增加系统刚性并起消振作用）；尺寸精度要求较高的刀具，后角宜取小值。

（4）主偏角、副偏角的功用与选择

1）主偏角 κ_r 的大小影响切削条件（切削宽度和切削厚度的比例）和刀具寿命。在工艺系统刚性很好时，减小主偏角可提高刀具寿命、减小已加工表面的表面粗糙度，所以 κ_r 宜取小值；在工件刚性较差时，为避免工件的变形和振动，κ_r 应选用较大值。

2）副偏角 κ_r' 影响加工表面的粗糙度和刀具强度。其作用是可减小副切削刃和副后刀面与工件已加工表面之间的摩擦，防止切削振动。κ_r' 的大小主要根据表面粗糙度的要求选取。通常，在不产生摩擦和振动的条件下，应选较小的 κ_r'。

（5）刃倾角的功用与选择　刃倾角 λ_s 主要影响刀头的强度和切屑流动的方向。刃倾角 λ_s 的选用主要根据刀具强度、流屑方向和加工条件而定：粗加工时，为提高刀具强度，λ_s 宜取负值；精加工时，为避免切屑划伤已加工表面，λ_s 常取正值或0。

3. 切削用量的合理选择

切削用量选择原则：能达到零件的加工质量要求（主要指表面粗糙度和加工精度），并在工艺系统强度和刚性条件允许下，及充分利用机床功率和发挥刀具切削性能的前提下，选取一组最大的切削用量。

制订切削用量时，考虑的因素主要有切削加工生产率、机床功率、刀具寿命及加工表面粗糙度。

（1）背吃刀量 a_p 的选择　根据加工余量的多少而定，留出下道工序的余量后，其余的粗车余量尽可能一次切除，以使走刀次数最小；当粗车余量太大，或加工的工艺系统刚性较差时，则加工余量分两次或数次走刀切除。

（2）进给量 f 的选择

粗加工时的选择原则如下。

1）根据加工系统的刚性确定。如刚性好，进给量可选大些，反之应选小些。

2）根据切屑是卷屑还是断屑确定。若为断屑，进给量可选大些；若为卷屑，则进给量应选小些。

3）根据切削过程是断续还是连续确定。断续切削有冲击，考虑刀具的强度，进给量应选小些；连续切削进给量可适当选大些。

精加工时主要考虑工件表面粗糙度的要求。Ra 值越小，进给量也相应越小。

表1-4、表1-5给出了实际生产中部分常用进给量参考值。

表 1-4　硬质合金车刀粗车外圆及端面的进给量参考值

工件材料	刀杆尺寸 /(mm×mm)	工件直径/ mm	背吃刀量 a_p/mm				
			≤3	3～5	5～8	8～12	>12
			进给量 f/(mm·r^{-1})				
碳素结构钢 合金结构钢 耐热钢	16×25	20	0.3～0.4				
		40	0.4～0.5	0.3～0.4			
		60	0.5～0.7	0.4～0.6	0.3～0.5		
		100	0.6～0.9	0.5～0.7	0.5～0.6	0.4～0.5	
		400	0.8～1.2	0.7～1.0	0.6～0.8	0.5～0.6	
	20×30 25×25	20	0.3～0.4				
		40	0.4～0.5	0.3～0.4			
		60	0.5～0.7	0.5～0.7	0.4～0.6		
		100	0.8～1.0	0.7～0.9	0.5～0.7	0.4～0.7	
		400	1.2～1.4	1.0～1.2	0.8～1.0	0.6～0.9	0.4～0.6
铸铁 铜合金	16×25	40	0.4～0.5				
		60	0.5～0.8	0.5～0.8	0.4～0.6		
		100	0.8～1.2	0.7～1.0	0.6～0.8	0.5～0.7	
		400	1.0～1.4	1.0～1.2	0.8～1.0	0.6～0.8	
	20×30 25×25	40	0.4～0.5				
		60	0.5～0.9	0.5～0.8	0.4～0.7		
		100	0.9～1.3	0.8～1.2	0.7～1.0	0.5～0.8	
		400	1.2～1.8	1.2～1.6	1.0～1.3	0.9～1.1	0.7～0.9

注：1. 加工断续表面及有冲击的工件时，表内进给量应乘系数 $K=0.75～0.85$。

　　2. 在无外皮加工时，表内进给量应乘系数 $K=1.1$。

　　3. 加工耐热钢及其合金时，进给量不大于 1mm/r。

　　4. 加工淬硬钢时，进给量应减小。当钢的硬度为 44～56HRC 时，乘系数 $K=0.8$；当钢的硬度为 57～62HRC 时，乘系数 $K=0.5$。

　　（3）切削速度 v_c 的确定　按刀具寿命 T 所允许的切削速度 v_c 来计算。除了用计算方法确定外，生产中经常根据实践经验和有关手册资料选取切削速度。

　　（4）提高切削用量的途径

　　1）采用切削性能更好的新型刀具材料。

　　2）在保证工件力学性能的前提下，改善工件材料的可加工性。

　　3）改善冷却、润滑条件。

　　4）改进刀具结构，提高刀具制造质量。

　　（5）选择切削用量时应注意的问题　主轴转速应根据零件上被加工部位的直径，并按零件和刀具的材料及加工性质等条件所允许的切削速度来确定，根据切削速度可以计算出主轴转速。

　　切削用量除了计算和查表选取外，还可根据实践经验确定，表 1-6 列出了部分常用推荐值。需要注意的是，交流变频调速数控车床低速输出力矩小，因此切削速度不能太低。

表 1-5 根据表面粗糙度选择进给量参考值

车刀形式	表面粗糙度 Ra/μm	工件材料	副偏角 κ′ᵣ/(°)	切削速度范围 vc/(m·min⁻¹)	刀尖圆弧半径 r/mm	
					1.5	2
					进给量 f/(mm·r⁻¹)	
κ′ᵣ>0°	Ra6.3	钢	5	<50	0.25~0.35	0.3~0.45
				50~100	0.35~0.4	0.4~0.55
				>100	0.4~0.5	0.5~0.6
			10~15	<50	0.25~0.3	0.3~0.4
				50~100	0.3~0.35	0.35~0.5
		铸铁及青铜	5	不限	0.3~0.5	0.45~0.65
			10~15		0.25~0.4	0.4~0.6
	Ra3.2	钢	≥5	30~50	0.11~0.15	0.14~0.22
				50~80	0.14~0.2	0.17~0.25
				80~100	0.16~0.25	0.23~0.35
		铸铁及青铜	≥5	不限	0.15~0.25	0.2~0.35
	Ra1.6	钢	≥5	<100	0.12~0.17	0.14~0.17
				100~130	0.13~0.18	0.17~0.23
κ′ᵣ=0°	Ra6.3	钢	0	≥50	≤5	
		铸铁		不限		
	Ra3.2、Ra1.6	钢	0	≥100	2.0~3.0	
	Ra3.2	铸铁	0	不限	≤4	

表 1-6 常用切削用量推荐值

工件材料	加工内容	背吃刀量 aₚ/mm	切削速度 vc/(m·min⁻¹)	进给量 f/(mm·r⁻¹)	刀具材料
碳素工具钢 Rₘ>600MPa	粗加工	5~7	60~80	0.2~0.4	P类
	粗加工	2~3	80~120	0.2~0.4	
	精加工	2~6	120~150	0.1~0.2	
碳素工具钢 Rₘ>600MPa	钻中心孔		500~800		高速工具钢
	钻孔		25~30	0.1~0.2	
	切断 (宽度<5mm)	70~110	0.1~0.2		M类
铸铁 <200HBW	粗加工		50~70	0.2~0.4	K类
	精加工		70~100	0.1~0.2	
	切断 (宽度<5mm)	50~70	0.1~0.2		

项目小结

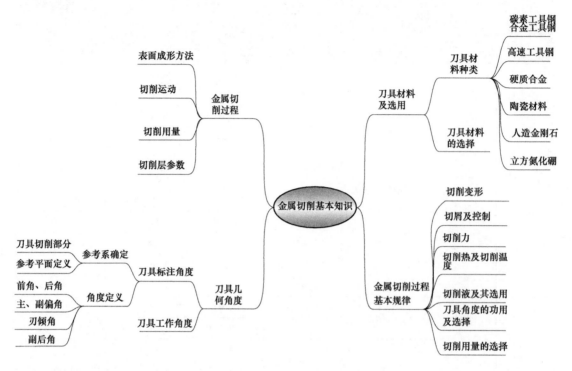

练习思考题

一、选择题

1. 主切削刃即将切削的表面称为（   ）表面。

   A. 已加工　　　　　B. 待加工　　　　　C. 过渡　　　　　D. 加工

2. 切屑沿其流出的刀面是（   ）。

   A. 后刀面　　　　　B. 前刀面　　　　　C. 主后刀面　　　　　D. 副后刀面

3. 定义刀具标注角度的参考系是（   ）。

   A. 标注参考系　　　B. 工作参考系　　　C. 直角坐标系　　　D. 笛卡尔坐标系

4. 刃倾角是在（   ）内测量的基本角度。

   A. 基面　　　　　　B. 切削平面　　　　C. 正交平面　　　　D. 主剖面

5. 能够反映切削刃相对于基面倾斜程度的刀具标注角度为（   ）。

   A. 主偏角　　　　　B. 副偏角　　　　　C. 前角　　　　　D. 刃倾角

6. 车削刚性较差的工件外圆时，车刀主偏角 κ_r 宜选（   ）。

   A. 30°　　　　　　B. 45°　　　　　　C. 75°　　　　　　D. 90°

7. 车削内孔，当车刀刀尖安装低于工件中心时，其工作角度与标注角度相比，发生的变化为：（   ）。

   A. γ_{oe} 增大　　　B. γ_{oe} 减小　　　C. α_{oe} 增大　　　D. α_{oe} 减小

8. 车床上镗内孔，当刀尖安装高于工件回转中心时，其工作角度与标注角度相比，前角（   ）。

　　A. 增大　　　　　　　　B. 减小　　　　　　　　C. 不变

9. 外车槽刀在安装时，如果刀尖低于工件回转中心，与其标注角度相比，其工作角度将会（　　　）。

　　A. 前角不变，后角减小　　　　　　　B. 前角变大，后角变小

　　C. 前角变小，后角变大　　　　　　　D. 前、后角均不变

10. 制造复杂刀具宜选用（　　　）。

　　A. 高速工具钢　　　B. 硬质合金　　　C. 陶瓷材料

11. 当主偏角增大时，刀具寿命（　　　）；切削温度升高时，刀具寿命（　　　）。

　　A. 增加、减少　　　B. 增加、增加　　　C. 减少、增加　　　D. 减少、减少

12. 在车削细长轴时，为了减小工件的变形和振动，应采用较大（　　　）的车刀进行切削，以减小径向切削分力。

　　A. 主偏角　　　　　B. 副偏角　　　　　C. 后角

13. 进行精加工时，应选择（　　　）进行冷却。

　　A. 水溶液　　　　　B. 切削油　　　　　C. 乳化液

14. 进给量越大，表面粗糙度（　　　）。

　　A. 越高　　　　　　B. 越低　　　　　　C. 不变

15. 当切削速度提高时，切削变形（　　　）。

　　A. 增大　　　　　　B. 不变　　　　　　C. 减小

16. 当切削塑性材料、切削速度极低、刀具前角较小时，往往产生（　　　）切屑。

　　A. 节状切屑　　　　B. 粒状切屑　　　　C. 带状切屑

17. 金属切削过程中存在三个变形区，分别为第Ⅰ变形区、第Ⅱ变形区和第Ⅲ变形区，其中使已加工表面处产生晶粒纤维化和冷作硬化区域的是（　　　）。

　　A. 第Ⅰ变形区　　　B. 第Ⅱ变形区　　　C. 第Ⅲ变形区

18. 切削用量三要素中，对刀具寿命影响最大的是（　　　）。

　　A. 切削深度　　　　B. 切削速度　　　　C. 进给量

19. 车削加工时，切削热大部分是由（　　　）传散出去的。

　　A. 切屑　　　　　B. 工件　　　　　C. 机床　　　　　D. 刀具

二、简答题

1. 分析图 1-33a、b 中螺纹与齿轮表面的发生线。

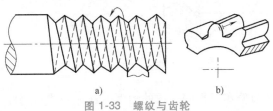

a)　　　　　　　　　　b)

图 1-33　螺纹与齿轮

2. 发生线的形成是如何实现的？形成发生线的方法有哪几种？

3. 工件在切削过程中会形成哪三个不断变化的表面？

4. 切削运动有哪些？

5. 车外圆时切削速度的计算公式是什么？

6. 切削用量三要素是什么？

7. 一把普通车刀的切削组成部分有哪些？

8. 描述刀具主切削刃及前刀面的作用。

9. 指出图1-34中切断刀各角度的名称。

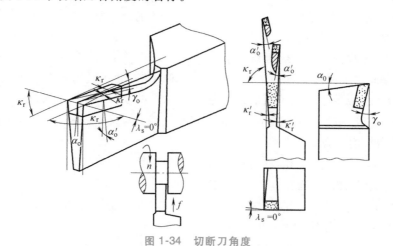

图 1-34　切断刀角度

10. 画出45°外圆车刀切削工件端面时的六个标注角度。

11. 画出内孔车刀的六个标注角度。

12. 分析图1-35所示外圆车刀工作角度的变化。

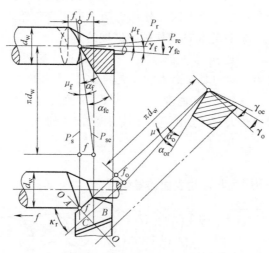

图 1-35　外圆车刀工作角度的变化

13. 主偏角即主切削刃偏离刀具中心线的角度，这一表述对吗？

14. 前角即前刀面与基面间的夹角，是在切削平面内测量的吗？

15. 刀尖在切削刃的最高位置时，刃倾角为正还是为负？

16. 常用的硬质合金有哪几类？如何选用？

17. 刀具材料应具备哪些性能？

18. 刀具的磨损形式有哪些？简述影响刀具磨损的原因。

19. 什么是刀具寿命？影响刀具寿命的因素有哪些？

20. 什么是刀具的磨钝标准？制订刀具磨钝标准要考虑哪些因素？

21. 试分析切削用量三要素对刀具寿命的影响规律。

22. 说明金属切削的三个变形区及其特点。

23. 切屑的形态有哪几种？控制切屑的方法有哪些？

24. 防止积屑瘤的主要方法有哪些？

25. 切削力的来源有几方面？影响切削力的因素有哪些？

26. 切削热的来源有哪些方面？影响切削温度的因素有哪些？

27. 切削用量的选择原则是什么？

28. 切削液有何作用？

29. 刀具前角、后角的功用及选择原则是什么？

项目 2

CHAPTER 2

金属切削机床与加工方法认知

【学习目标】

1. 知识目标
1）掌握常用金属切削机床的分类和代号。
2）掌握外圆表面车削加工方法和加工方案的选择。
3）掌握内圆面加工方法和加工方案的选择。
4）掌握内圆面的精密加工方法及其所能达到的尺寸精度与表面粗糙度。
5）掌握平面加工方法和加工方案的选择。

2. 技能目标
1）能够进行外圆面车削加工方案的选择。
2）能够进行内圆面加工方案的选择。
3）能够进行平面加工方案的选择。

任务 1　机床的分类与型号认识

一、机床的分类

1. 按加工性质分类

根据工作原理，目前将机床分为 11 大类，见表 2-1。

表 2-1　机床的类别和代号

类别	车床	钻床	镗床	磨床			齿轮加工机床	螺纹加工机床	铣床	刨插床	锯床	其他机床	拉床
代号	C	Z	T	M	2M	3M	Y	S	X	B	G	Q	L
读音	车	钻	镗	磨	二磨	三磨	牙	丝	铣	刨	割	切	拉

2. 按机床工作精度分类

1) 普通机床，指普通级别的机床，包括普通车床、普通钻床、普通镗床、普通铣床、普通刨床、普通插床等。

2) 精密机床，主要包括磨床、齿轮加工机床、螺纹加工机床和其他各种精密机床。

3) 高精度机床，主要包括坐标镗床、齿轮磨床、螺纹磨床、高精度滚齿机、高精度刻线机和其他高精度机床。

3. 按机床自身重量分类

机床根据自身重量的分类见表2-2。

表2-2 按机床自身重量分类

类别	机床自身重量/t	类别	机床自身重量/t
特重型机床	>100	大型机床	10~30
重型机床	30~100	中、小型机床	<10

4. 按机床通用性分类

（1）通用机床（万能机床） 这类机床的加工范围广泛，可以加工多种零件的不同工序。由于其通用范围较广，它的结构往往比较复杂，适用于单件、小批生产。例如，卧式车床（图2-1a）、万能升降台铣床（图2-1b）、摇臂钻床（图2-1c）等均属于通用机床。

a) 卧式车床   b) 万能升降台铣床   c) 摇臂钻床

图2-1 通用机床

（2）专门化机床（专门机床） 这类机床专门用于加工不同尺寸的一类（或几类）零件的某一特定工序。例如，精密丝杠车床、凸轮轴车床、曲轴车床、连杆轴颈车床等都属于专门化机床，适用于成批大量生产场合。

（3）专用机床 专门用于加工某一类零件的特定工序的机床称为专用机床。专用机床加工范围小，被加工零件稍有变动就不能适应；结构较通用机床简单，但生产率高，机床自动化程度往往也比较高。所以，专用机床一般在成批大量生产中选用。图2-2所示为阀门专用机床。

图2-2 阀门专用机床

二、机床型号的编制

机床型号是机床产品的代号，用于表达机床的类型、主参数、性能和结构特点等。GB/T 15375—2008《金属切削机床 型号编制方法》是现行机床型号编制标准。其中规定，机床型号由汉语拼音字母和阿拉伯数字按一定的规律组合而成。机床的通用型号由基本部分和辅助部分组成，中间用"/"隔开，读作"之"。基本部分统一管理，辅助部分是否纳入型号由生产厂家自定。

机床通用型号的表示方法如下所示：

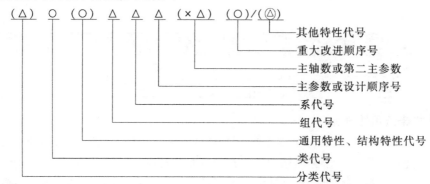

说明：①有"（ ）"的代号或数字，当无内容时，不表示，若有内容则不带扩号；②有"〇"符号者，为大写的汉语拼音字母；③有"△"符号者，为阿拉伯数字；④有"◬"符号者，为大写的汉语拼音字母或阿拉伯数字，或两者兼有之。

在整个型号规定中，最重要的是类代号、组代号、主参数及通用特性代号、结构特性代号。

1. 机床的类代号

普通机床的类代号见表2-1。

2. 机床通用特性、结构特性代号

（1）通用特性代号 当某类型机床（除普通型外）还有某种通用特性时，可在类代号之后加通用特性代号予以区分。机床的通用特性代号见表2-3。

表2-3 机床的通用特性代号

通用特性	高精度	精密	自动	半自动	数控	加工中心（自动换刀）	仿形	轻型	加重型	柔性加工单元	数显	高速
代号	G	M	Z	B	K	H	F	Q	C	R	X	S
读音	高	密	自	半	控	换	仿	轻	重	柔	显	速

（2）结构特性代号 对主参数值相同，而结构、性能不同的机床，在型号中增加结构特性代号予以区分，并用汉语拼音字母表示。

结构特性代号用汉语拼音字母（通用特性代号已用的字母和"I""O"两个字母不能用）表示，如A、B、C、D、E、L、N、P、T、Y等字母。当不够用时，可将两个字母组合起来使用，如AD、AE等。当型号中有通用特性代号时，结构特性代号排在通用代号之后；当型号中无通用特性代号时，结构特性代号排在类代号之后。

3. 机床的组别和系别

机床的组别和系别代号用两位阿拉伯数字表示，每类机床分为十个组，每组又分为十个系。在同一类机床中，主要布局或使用范围基本相同的机床划为同一组；在同一组机床中，主参数相同、主要结构及布局形式相同的机床划为同一系，部分车床的组别、系别划分见表2-4。

表2-4　部分车床的组别、系别

组		系		组		系	
代号	名称	代号	名称	代号	名称	代号	名称
0	仪表小型车床	0	仪表台式精整车床	5	立式车床	0	
		1				1	单柱立式车床
		2	小型排刀车床			2	双柱立式车床
		3	仪表转塔车床			3	单柱移动立式车床
		4	仪表卡盘车床			4	双柱移动立式车床
		5	仪表精整车床			5	工作台移动单柱立式车床
		6	仪表卧式车床			6	
		7	仪表棒料车床			7	定梁单柱立式车床
		8	仪表轴车床			8	定梁双柱立式车床
		9	仪表卡盘精整车床			9	
1	单轴自动车床	0	主轴箱固定型自动车床	6	落地及卧式车床	0	落地车床
		1	单轴纵切自动车床			1	卧式车床
		2	单轴横切自动车床			2	马鞍车床
		3	单轴转塔自动车床			3	轴车床
		4	单轴卡盘自动车床			4	卡盘车床
		5				5	球面车床
		6	正面操作自动车床			6	主轴箱移动型卡盘车床
		7				7	
		8				8	
		9				9	

4. 主参数的代号

反映机床规格大小的主要数据称为第一主参数，简称主参数。不同的机床，主参数内容各不相同。机床的主参数用阿拉伯数字表示。机床型号中在组、系代号后面的数字，一般表示机床主参数或主参数的1/10或1/100。常用机床主参数及折算系数见表2-5。

表2-5　常用机床主参数及折算系数

机床名称	主参数名称	折算系数
普通车床	床身上最大工件回转直径	1/10
自动车床	最大棒料直径或最大车削直径	1/1
立式车床	最大车削直径	1/100
立式钻床、摇臂钻床	最大钻孔直径	1/1
卧式镗床	主轴	1/10
牛头刨床、插床	最大刨削或插削长度	1/10
龙门刨床	工作台宽度	1/100

（续）

机床名称	主参数名称	折算系数
卧式及立式升降台铣床 龙门铣床	工作台工作面宽度 工作台工作面宽度	1/10 1/100
外圆磨床、内圆磨床 平面磨床 砂轮机	最大磨削外径或孔径 工作台工作面的宽度或直径 最大砂轮直径	1/10 1/10 1/10
齿轮加工机床	（大多数是）最大工件直径	1/10

注：拉床的主参数是额定拉力。

5. 主轴数或第二主参数

机床主轴数应以实际数据列入型号，位于主参数或设计顺序号之后，用乘号"×"分开。第二主参数是指最大跨距、最大工件长度、最大模数等。在型号中表示第二主参数，一般折算成两位数为宜。

6. 机床的重大改进顺序号

当机床结构、性能有重大改进和提高，并需按新产品重新设计、试制和鉴定时，才在机床型号中按改进的先后顺序选用 A、B、C 等汉语拼音字母加在型号基本部分的尾部，以区别原机床型号。

重大改进设计不同于完全的新设计，它是在原有的机床基础上进行改进设计，因此，重大改进后的产品应代替原来的产品。

7. 其他特性代号

其他特性代号置于辅助部分之首。其他特性代号主要用以反映各类机床的特性。

8. 机床型号示例

（1）CA6140A

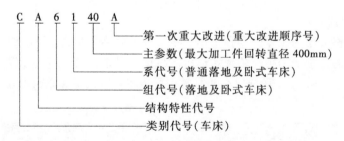

（2）XKA5032A

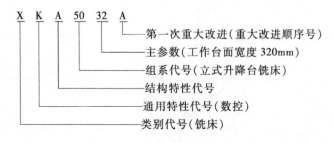

（3）MGB1432

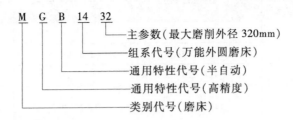

（4）C2150×6

任务2　外圆表面加工

一、外圆表面的加工方法及加工方案

轴类、套类和盘类等回转体零件的主要表面均为外圆表面。外圆表面的主要技术要求有尺寸精度、形状精度、位置精度、表面质量。

尺寸精度主要涉及直径和长度，几何精度是指形状精度和位置精度，如圆度、圆柱度、与其他外圆表面的同轴度、与规定表面的垂直度、轴向圆跳动和径向圆跳动等。

表面质量主要指表面粗糙度，涉及表层的加工硬化和加工应力、金相组织变化等。

1. 外圆表面常用加工方法

外圆表面常用的机械加工方法有车削、磨削和各种光整加工。

车削加工以主轴带动工件的旋转为主运动，以刀具的直线运动为进给运动。车削螺纹表面时，还需要机床实现复合运动——螺旋运动。车削加工适用于粗加工和半精加工。

磨削加工切削速度高、切削用量小，是外圆表面最主要的精加工方法。磨削加工适用于高硬度材料和淬火后零件的精加工。

光整加工（滚压、抛光、研磨）是在精加工后进行的超精密加工方法，适用于精度和表面质量要求很高的零件。

2. 外圆表面加工方案及其选择

对于零件上一些精度要求较高的面，仅用一种方法加工往往是达不到其规定的技术要求的，必须顺序地对其进行粗加工、半精加工和精加工，以逐步提高其表面精度。不同加工方法的有序组合即为加工方案。考虑工件材料、热处理状态、尺寸精度、表面粗糙度等要求，常用外圆表面加工方案见表2-6。

表 2-6　外圆表面加工方案

加工方案	经济精度(公差等级)	表面粗糙度 $Ra/\mu m$	适用范围
粗车	IT11~IT12	12.5~50	适用于淬火钢以外的各种金属
粗车—半精车	IT9~IT10	3.2~6.3	
粗车—半精车—精车	IT7~IT8	0.8~1.6	
粗车—半精车—精车—滚压(或抛光)	IT7~IT8	0.025~0.2	
粗车—半精车—磨削	IT6~IT8	0.4~0.8	主要用于淬火钢或未淬火钢,但不宜加工有色金属
粗车—半精车—粗磨—精磨	IT6~IT7	0.1~0.4	
粗车—半精车—粗磨—精磨—超精加工(或轮式超精磨)	IT5	0.012(或 $Rz0.1$)~0.1	
粗车—半精车—精车—精细车(金刚车)	IT6~IT7	0.025~0.4	主要用于要求较高的有色金属加工
粗车—半精车—粗磨—精磨—超精磨(或镜面磨)	IT5 以上	0.025~0.06(或 $Rz0.1$)	用于极高精度的外圆加工
粗车—半精车—粗磨—精磨—研磨	IT5 以上	0.012(或 $Rz0.1$)~0.1	

二、外圆表面的车削加工

车削加工是机械加工方法中应用最广泛的方法之一,主要用于回转体零件上回转面的加工,如轴类、盘套类零件上的内外圆柱面、圆锥面、台阶面及各种成形回转面等。采用特殊装置或技术后,利用车削还可以加工非圆零件表面,如凸轮面、端面螺纹等。借助于标准夹具或专用夹具,在车床上还可完成非回转零件上的回转表面的加工,如图 2-1 所示。

车削加工是在由车床、车刀、车床夹具和工件共同构成的车削工艺系统中完成的,车削一般可以分为粗车、半精车、精车等。在普通精度的卧式车床上加工外圆柱表面,可达IT6~IT7 级精度,表面粗糙度达 $Ra0.8~1.6\mu m$;在精密和高精密机床上,采用合适的工具及合理的工艺参数,还可完成对高精度零件的超精加工。车床所能完成的典型加工如图 2-3所示。

1. 加工方法

(1) 荒车　当毛坯为自由锻造件或大型铸件时,通常采用此方法。荒车后尺寸公差等级为 IT13~IT18 级,表面粗糙度 Ra 大于 $50\mu m$。

(2) 粗车　粗车时,车刀应选取较大的主偏角,以减小背向力,防止工件的弯曲变形和振动;应选取较小的前角、后角和负刃倾角,以增强车刀切削部分的强度。粗车所能达到的尺寸公差等级为 IT11~IT12,表面粗糙度 Ra 为 $12.5~50\mu m$。

(3) 半精车　尺寸精度要求不高的工件或精加工之前安排半精加工。半精车所能达到的尺寸精度为 IT9~IT10 级,表面粗糙度 Ra 为 $3.2~6.3\mu m$。

(4) 精车　主要任务是保证零件所要求的加工精度和表面质量。精车外圆表面一般采用较小的背吃刀量、进给量和较高的切削速度。精车的尺寸精度可达 IT7~IT8 级,表面粗糙

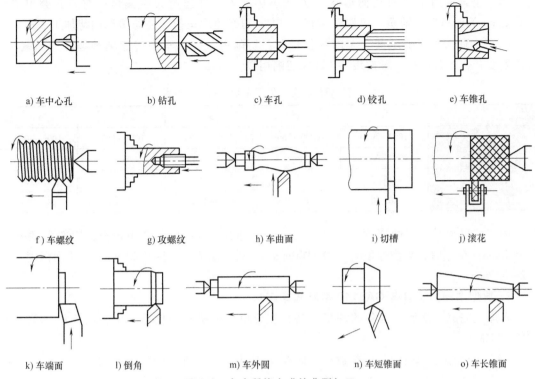

a) 车中心孔　　b) 钻孔　　c) 车孔　　d) 铰孔　　e) 车锥孔

f) 车螺纹　　g) 攻螺纹　　h) 车曲面　　i) 切槽　　j) 滚花

k) 车端面　　l) 倒角　　m) 车外圆　　n) 车短锥面　　o) 车长锥面

图 2-3　车床所能完成的典型加工

度 Ra 可达 $0.8\sim1.6\mu m$。

（5）精细车　精细车的特点是：背吃刀量和进给量取值极小，切削速度高达 2000m/min。精细车一般使用立方氮化硼（CBN）、金刚石等超硬材料的刀具，尺寸公差等级可达 IT6 级以上，表面粗糙度 Ra 可达 $0.025\sim0.4\mu m$。

2. 细长轴的车削加工

长度与直径之比大于 25 的轴称为细长轴，如车床上的丝杠、光杠等。由于细长轴刚性较差，车削加工时受切削力、切削热和振动的影响，极易产生变形，出现直线度、圆柱度等加工误差，因此，必须从夹具、机床辅具、工艺方法、操作技术和切削用量等方面采取措施。

（1）改进工件的装夹方法　如图 2-4 所示，反向进给车削细长轴，采用"一夹一顶"的装夹方法。用卡盘装夹工件时，在卡爪和工件之间套上开口垫圈，以减小工件与卡爪轴向接触长度，并在尾座上采用弹性顶尖。

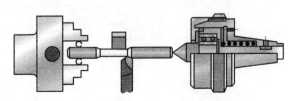

图 2-4　反向进给车削细长轴

（2）采用跟刀架　跟刀架为车床通用附件，它用来在刀具切削点附近支承工件并与刀架溜板一起做纵向移动。跟刀架与工件接触的支承块一般用耐磨的球墨铸铁或青铜制成，支承爪的圆弧在粗车后与外圆研配。采用跟刀架能抵消加工时径向切削分力和工件自重的影响，从而减少切削振动和工件变形。

（3）合理选用车刀的几何形状　为减小切削力，宜选用大主偏角；前刀面磨出 $R = 1.5 \sim 3mm$ 的断屑槽，前角一般取 $\gamma_o = 15° \sim 30°$；刃倾角取正值，使切屑流向待加工表面。

（4）合理选用切削用量　车削细长轴时，切削用量应比车削普通轴类零件适当减小。若用硬质合金车刀粗车，可按表 2-7 选择切削用量。

表 2-7　硬质合金车刀粗车细长轴切削用量

工件直径/mm	20	25	30	35	40
工件长度/mm	1000~2000	1000~2500	1000~3000	1000~3500	1000~4000
进给量 $f/(mm \cdot r^{-1})$	0.3~0.5	0.35~0.4	0.4~0.45	0.4	0.4
切削深度 a_p/mm	1.5~3	1.5~3	2~3	2~3	2.5~3
切削速度 $v_c/(mm \cdot s^{-1})$	40~80	40~80	50~100	50~100	50~110

例如，粗车时，切削速度 $v_c = 50 \sim 60mm/s$；进给量 $f = 0.3 \sim 0.4mm/r$；切削深度 $a_p = 1.5 \sim 2mm$；精车时，切削速度 $v_c = 60 \sim 100mm/s$；进给量 $f = 0.15 \sim 0.25mm/r$；切削深度 $a_p = 0.2 \sim 0.5mm$。

3. 典型车削加工设备 CA6140 型卧式车床

车床是完成车削加工必备的加工设备，在金属切削机床中比重最大，约为机床总数的 $20\% \sim 35\%$。

CA6140 型卧式车床的主参数——床身上最大工件回转直径，为 400mm，第二主参数——最大加工长度，有 750mm、1000mm、1500mm、2000mm 四种。

（1）CA6140 型卧式车床的主要组成部件及功用　CA6140 型卧式车床外形图如图 2-5 所示。

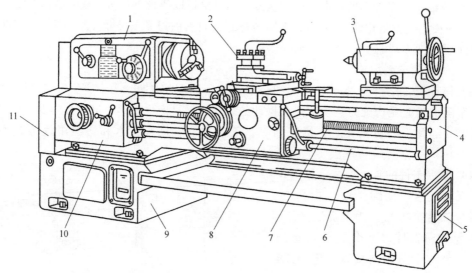

图 2-5　CA6140 型卧式车床外形图

1—主轴箱　2—刀架　3—尾座　4—床身　5—右床腿　6—光杠　7—丝杠　8—溜板箱
9—左床腿　10—进给箱　11—交换齿轮变速机构

1）主轴箱：主轴箱 1 固定在床身 4 左上部。其功用是支承主轴部件，使主轴按规定的转速带动工件转动。

2）刀架：刀架部件 2 位于床身 4 中部。它的功用是装夹刀具，并使刀具做纵向、横向或斜向进给。

3）进给箱：进给箱 10 固定在床身 4 左端前壁。进给箱中装有用于进给运动的变换机构，用于改变机动进给的进给量或被加工螺纹的导程。

4）溜板箱：溜板箱 8 安装于刀架部件 2 的底部。溜板箱通过光杠或丝杠把进给箱传来的运动传递给刀架，使刀架实现纵向进给、横向进给或车螺纹运动。

5）尾座：尾座 3 安装于床身 4 右侧尾座导轨上，可沿导轨纵向调整位置。尾座上可安装后顶尖，以支承长工件；在尾座上还可以安装钻头等孔加工刀具，进行孔加工。

6）床身：床身 4 固定在左、右床腿（9 和 5）上，用以支承其他部件，并使它们保持准确的相对位置。

（2）机床的传动系统　CA6140 型卧式车床的传动系统如图 2-6 所示。整个传动系统由主运动传动链、螺纹进给传动链、纵向进给传动链、横向进给传动链及快速移动传动链组成。

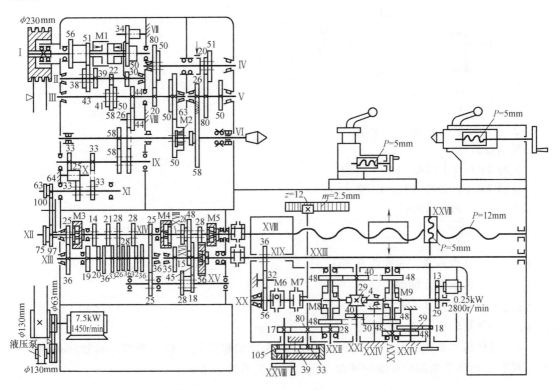

图 2-6　CA6140 型卧式车床的传动系统

1）主运动。由主电动机（7.5kW、1450r/min）经 V 带传动主轴箱内的轴 I 而输入主轴箱。轴 I 上安装有双向多片式摩擦离合器 M1，以控制主轴的起动、停转及旋转。M1 左边摩擦离合器结合时，主轴正转；右边结合时，主轴反转。当两边摩擦片都脱开时，主轴停转。轴 I 的运动经离合器 M1 和双联滑移齿轮变速装置传至轴 II，再经三联滑移齿轮变速装置传至轴 III，轴 III 的运动可由两种传动路线传至主轴 VI。当主轴 VI 上的滑移齿轮 z50 处于左边位置时，轴 III 的运动直接由齿轮 z63 传至与主轴用花键连接的滑移齿轮 z50，从而带动主轴高速旋转；当滑移齿轮 $z50$ 右移，脱开与轴Ⅲ上齿轮 $z63$ 的啮合，并通过其内齿轮与主轴上大齿轮 $z58$ 的左端齿轮啮合（即 M2 结合）时，轴Ⅲ运动经轴Ⅲ—Ⅳ及轴Ⅳ—Ⅴ间的两组双联齿轮变速装置传至轴Ⅴ，再经齿轮副 $\dfrac{26}{58}$ 使主轴获得中、低转速。当轴Ⅰ上摩擦离合器 M1 右边结合时，轴Ⅰ经 M1 和 $\dfrac{50}{34}\times\dfrac{34}{30}$ 两级齿轮副使轴Ⅱ反转，从而使主轴得到反转转速。

2）主传动系统的分析。

① 传动路线表达式：

$$
\text{主电动机}\rightarrow\frac{\phi130}{\phi230}-\mathrm{I}-
\begin{cases}
\text{M1 左（正转）}\begin{cases}\dfrac{56}{38}\\[4pt]\dfrac{51}{43}\end{cases}-\\[20pt]
\text{M1 右（反转）}-\dfrac{50}{34}\mathrm{VII}-\dfrac{34}{30}
\end{cases}
-\mathrm{II}-
\begin{cases}\dfrac{39}{41}\\[4pt]\dfrac{30}{50}\\[4pt]\dfrac{22}{58}\end{cases}
-\mathrm{III}-
$$

$$
\begin{cases}
\text{M2 右}-\begin{cases}\dfrac{20}{80}\\[4pt]\dfrac{50}{50}\end{cases}-\mathrm{IV}-\begin{cases}\dfrac{20}{80}\\[4pt]\dfrac{51}{50}\end{cases}-\mathrm{V}-\dfrac{26}{58}\\[30pt]
\text{M2 左}-\dfrac{63}{50}
\end{cases}
-\mathrm{VI}\text{（主轴）}
$$

② 主轴转速值和级数的计算。

转速级数：

正转 2×3×（1+2×2-1）= 24 级。

反转 3×（1+2×2-1）= 12 级。

③ 转速运动平衡式：

$$
n_{\pm}=n_{\text{电}}\times\frac{130}{230}\varepsilon u_{\,\mathrm{I\text{-}II}}\,u_{\,\mathrm{II\text{-}III}}\,u_{\,\mathrm{III\text{-}IV}}
$$

式中　ε——打滑系数，一般取 0.98；

$u_{\,\mathrm{I\text{-}II}}$——Ⅰ轴至Ⅱ轴的传动比；

$u_{\,\mathrm{II\text{-}III}}$——Ⅱ轴至Ⅲ轴的传动比；

$u_{\,\mathrm{III\text{-}IV}}$——Ⅲ轴至Ⅳ轴的传动比。

3）进给传动系统的分析。CA6140 型卧式车床的螺纹进给传动系统，可加工米制、寸制、模数制和径节制四种标准的螺纹，相关换算关系见表 2-8。

表 2-8　螺距参数及其与螺距、导程的换算关系

螺纹种类	螺距参数	螺距/mm	导程/mm
米制	螺距 P/mm	P	$P_{\mathrm{b}}=KP$
模数制	模数 m/mm	$P_{\mathrm{m}}=\pi m$	$P_{\mathrm{hm}}=KP_{\mathrm{m}}=K\pi m$
寸制	每英寸牙数 a/（牙·in^{-1}）	$P_{\mathrm{a}}=\dfrac{25.4}{a}$	$P_{\mathrm{ha}}=KP_{\mathrm{a}}=\dfrac{25.4K}{a}$
径节制	径节 DP/（牙·in^{-1}）	$P_{\mathrm{DP}}=\dfrac{25.4\pi}{DP}$	$P_{\mathrm{hDP}}=KP_{\mathrm{DP}}=\dfrac{25.4K\pi}{DP}$

① 米制螺纹加工。

a. 传动路线：

$$主轴 VI — \frac{58}{58} — IX — \begin{cases} \frac{33}{33}（右螺纹） \\ \frac{33}{25} — X — \frac{25}{33}（左螺纹） \end{cases} — XI — \frac{63}{100} \times \frac{100}{75} — XII — \frac{25}{36} — XIII — u_j — XIV —$$

$$\frac{25}{36} \times \frac{36}{25} — XV — u_b — XVII — M5（啮合）— XVIII（丝杠）— 刀架$$

b. 运动平衡式。当主轴转 1 转时，刀架的移动导程为

$$P_h = 1_{（主轴）} \times \frac{58}{58} \times \frac{33}{33} \times \frac{63}{100} \times \frac{100}{75} \times \frac{25}{36} \times u_j \times \frac{25}{36} \times \frac{36}{25} \times u_b \times 12 \text{mm}$$

式中 u_j——基本组传动比；

u_b——增倍组传动比。

根据基本组和增倍组传动比取值的不同，整理 CA6140 型卧式车床的米制螺纹导程见表 2-9。

表 2-9   CA6140 型卧式车床米制螺纹导程   （单位：mm）

基本组 u_j 导程 P_h 增倍组 u_b	$\frac{26}{28}$	$\frac{28}{28}$	$\frac{32}{28}$	$\frac{36}{28}$	$\frac{19}{14}$	$\frac{20}{14}$	$\frac{33}{21}$	$\frac{36}{21}$
$u_{b1}=\frac{18}{45}\times\frac{15}{48}=\frac{1}{8}$	—	—	1	—	—	1.25	—	1.5
$u_{b2}=\frac{28}{35}\times\frac{15}{48}=\frac{1}{4}$	—	1.75	2	2.25	—	2.5	—	3
$u_{b3}=\frac{18}{45}\times\frac{35}{28}=\frac{1}{2}$	—	3.5	4	4.5	—	5	5.5	6
$u_{b4}=\frac{28}{35}\times\frac{35}{28}=1$		7	8	9		10	11	12

② 扩大导程传动路线：

$$主轴 VI — \begin{cases} （扩大导程）\frac{58}{26} — V — \frac{80}{20} — IV — \begin{cases} \frac{50}{50} \\ \frac{80}{20} \end{cases} — III — \frac{44}{44} \times \frac{26}{58} \\ （正常导程）\frac{58}{58} \end{cases} — IX — 正常螺纹导程传动路线$$

③ 进给传动系统。实现一般车削时，刀架机动进给的纵向和横向进给传动链，与主轴至进给箱中轴 XVIII 的传动路线相同，与车米制或寸制常用螺纹的传动路线相同，其后运动经齿轮副 $\frac{28}{56}$ 传至光杠 XIX（此时离合器 M5 脱开，齿轮 z28 与轴 XIX 齿轮 z56 啮合），再由光杠

经溜板箱中的传动机构分别传至光杠齿轮齿条机构和横向进给丝杠 XXVII，使刀架做纵向或横向机动进给，其纵向机动进给传动路线如下：

$$\text{VI(主轴)} - \begin{Bmatrix} \text{米制螺纹导程加工传动路线} \\ \text{寸制螺纹导程加工传动路线} \end{Bmatrix} - \text{XVII} - \frac{28}{56} - \text{XIX(光杆)} - \frac{36}{32} \times \frac{32}{56}$$

$$- \text{M6}-\text{M7}-\text{XX} - \frac{4}{29} - \text{XXI} \begin{Bmatrix} \text{M8}{\uparrow} & - \frac{40}{48} \\ \\ \text{M8}{\downarrow} & - \frac{40}{30} \times \frac{30}{48} \end{Bmatrix} \text{XXII} - \frac{28}{80}$$

$$- \text{XXIII} - z_{12} - \text{齿条} - \text{刀架}$$

a. 纵向机动进给：

$$f_{纵} = 1_{主轴} \times \frac{58}{58} \times \frac{33}{33} \times \frac{63}{100} \times \frac{100}{75} \times \frac{25}{36} \times u_j \times \frac{25}{36} \times \frac{36}{25} \times u_b \times \frac{28}{56} \times \frac{36}{32} \times \frac{32}{36} \times \frac{4}{29} \times \frac{40}{48} \times \frac{28}{80} \times \pi \times 2.5 \times 12 \, \text{mm/r}$$

化简得
$$f_{纵} = 0.711 \quad u_j u_b \, \text{mm/r}$$

b. 横向机动进给。溜板箱中的双向牙嵌离合器 M8、M9 和齿轮传动副组成的两个换向机构，分别用于变换纵向和横向进给运动的方向。利用进给箱中的基本传动机构和增倍传动机构，以及进给传动链的不同传动路线，可获得纵向和横向进给量各 64 种。

纵向和横向进给传动链两端件的计算位移为

纵向进给：主轴转一转，刀架纵向移动 $f_{纵}$（单位为 mm）；

横向进给：主轴转一转，刀架横向移动 $f_{横}$（单位为 mm）。

由传动分析可知，横向机动进给在与纵向机动进给传动路线一致时，所得的横向进给量是纵向进给量的一半，即 $f_{横} = \frac{1}{2} f_{纵}$。

c. 刀架快速机动移动。刀架的快速移动使刀具机动地快速退离或接近加工部位，以减轻工人的劳动强度和缩短辅助时间。当需要刀架快速移动时，可按下快速移动按钮，装在溜板箱中的快速电动机（0.25kW，2800r/min）的运动便经齿轮副传至轴 XX，然后再经溜板箱中与机动进给相同的传动路线传至刀架，使其实现纵向和横向的快速移动。

为了节省辅助时间及简化操作，在刀架快速移动过程中，光杠仍可继续转动，不必脱开进给传动链。这时，为了避免光杠和快速电动机同时传递运动至轴 XX 而导致其损坏，在齿轮 z56 及轴 XX 之间装有超越离合器，以避免二者发生冲突。

（3）CA6140 型卧式车床主要部件及其结构

1）主轴箱。主轴箱的功用是支承主轴和使其旋转，使其实现起动、停止、变速和换向等功能，展开剖切图如图 2-7 所示，传动轴如图 2-8 所示。

① 卸荷式带轮。如图 2-9 所示，带轮与花键套筒用螺钉连接成一体，支承在法兰内的两个深沟球轴承上，而法兰则固定在主轴箱体上。这样，带轮可通过花键套筒带动轴 I 旋转，而传动带的拉力则经法兰直接传至箱体（卸下径向载荷）。从而避免拉力使轴 I 产生弯曲变形，提高了传动平稳性。卸荷式带轮特别适用于传动平稳性要求高的精密机床。

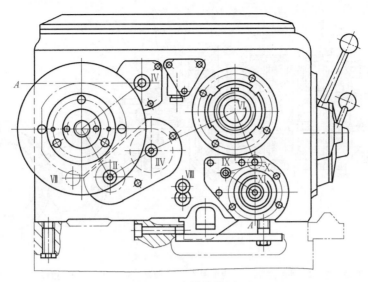

图 2-7　主轴箱外形

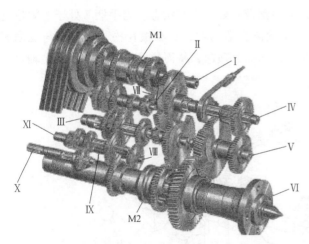

图 2-8　主轴箱中的传动轴

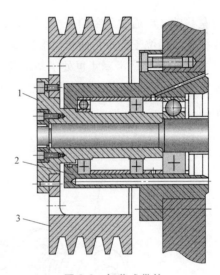

图 2-9　卸荷式带轮

1—花键套筒　2—法兰　3—带轮

　　② 双向多片式摩擦离合器。作用是控制主轴的起动、停止以及换向。由左、右两组摩擦片组成，每一组摩擦片又由若干内、外摩擦片交叠组成，结构如图 2-10 所示。

　　双向多片式摩擦离合器的工作原理是，利用摩擦片在相互压紧时接触面之间所产生的摩擦力传递运动和转矩。

　　对内、外摩擦片的间隙要求是，离合器的内、外摩擦片在松开状态时的间隙要适当。如间隙太大，在压紧时会打滑，不能传递足够的转矩，易产生"闷车"现象，并易使摩擦片磨损；如间隙太小，又易损坏操纵装置中的零件。

　　③ 摩擦离合器制动器及其操纵机构。其结构如图 2-11 所示，工作原理如下。

　　当抬起或压下手柄 7 时，运动通过曲柄 9、连杆 10、曲柄 11 及扇形齿轮 13 使齿条轴 14

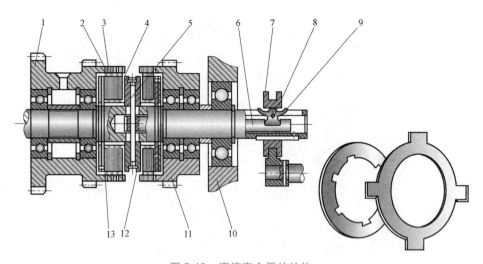

图 2-10　摩擦离合器的结构

1—双联齿轮　2—外摩擦片　3—内摩擦片　4—螺母　5—圆柱销　6—拉杆　7—滑套

8—销轴　9—元宝销　10—箱体　11—齿轮　12—压套　13—止推片

向左移动，再通过元宝销 3、拉杆 16，使左边或右边离合器结合，从而使主轴正转或反转。杠杆 5 下端位于齿条轴的圆弧形凹槽内，制动钢带 6 处于松开状态。当手柄 7 处于中间位置时，齿条轴 14、滑套 4 也处于中间位置，摩擦离合器的左、右摩擦片松开。主轴与运动源断开时，杠杆 5 下端被齿条轴两凹槽之间的凸起部分顶起，从而拉紧制动钢带，使主轴迅速制动。

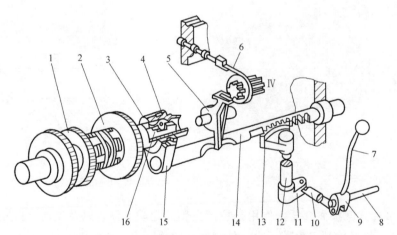

图 2-11　摩擦离合器制动器及其操纵机构

1—双联齿轮　2—齿轮　3—元宝销　4—滑套　5—杠杆　6—制动钢带　7—手柄　8—操作杆

9、11—曲柄　10—连杆　12—转轴　13—扇形齿轮　14—齿条轴　15—滑动套　16—拉杆

④ 主轴部件。主轴箱主要由主轴部件、传动机构、开停与制动装置、操纵机构及润滑装置等组成。

主轴部件及其支承部件主要由主轴、主轴支承及安装在主轴上的齿轮组成（图 2-12）。

主轴是外部有花键、内部空心的阶梯轴。主轴的内孔可通过长棒料，或用于通过气动、

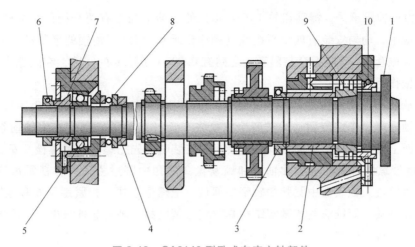

图 2-12　CA6140 型卧式车床主轴部件

1—主轴　2、4—套筒　3、6—锁紧盘　5—角接触球轴承　7、10—锁紧螺母
8—推力球轴承　9—双列短圆柱滚子轴承

液压或电动夹紧机构；在拆卸主轴顶尖时，还可由孔穿过拆卸钢棒。主轴前端加工有莫氏 6 号锥度的锥孔，用于安装前顶尖。

主轴部件采用三支承结构，前后支承分别装有 D3182121 和 E3182115 型号的双列圆柱滚子轴承，中间支承为 E32216 圆柱滚子轴承。双列圆柱滚子轴承具有旋转精度高、刚度好、调整方便等优点，但只能承受径向载荷。前支承处还装有一个接触角为 60°的双向推力角接触球轴承，用以承受两个方向的轴向力。

采用三支承结构的箱体加工工艺性较差，前、中、后三个支承孔很难保证较高的同轴度。主轴安装时，易产生变形，影响传动件精确啮合，工作时噪声及发热较大。所以，目前有的 CA6140 型卧式车床的主轴部件采用两支承结构（图 2-13）。

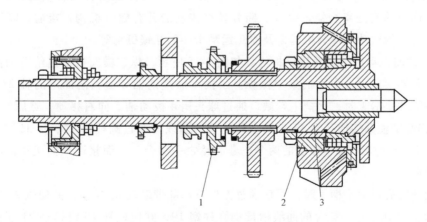

图 2-13　采用两支承结构的主轴部件

1—滑移齿轮　2—减振套　3—隔套

在两支承的主轴部件结构中，前支承仍采用 D3182121 型双列圆柱滚子轴承，后支承采用 D46215 型角接触球轴承，承受径向力及向右的轴向力；向左的轴向力则由后支承中的

D8215 型推力球轴承承受。滑移齿轮 1 （$z = 50$）的套筒上加工有两个槽，左边槽为拨叉槽，在右边燕尾槽中，均匀安装有四块平衡块（图中未示），用以调整轴的平稳性。前支承轴承左侧安装有减振套 2。该减振套与隔套 3 之间有 0.02~0.03mm 的间隙，在间隙中存有油膜，起到阻尼减振作用。

主轴前端与卡盘（或拨盘）等夹具结合部分采用短锥法兰式结构（图 2-14）。主轴 1 以前端短锥和轴肩端面作定位面，通过四个螺栓将卡盘（或拨盘）固定在主轴前端，而由安装在轴肩端面上的两圆柱形端面键 3 传递转矩。安装时，先把螺母 6 及螺栓 5 安装在卡盘座 4 上，然后将带螺母的螺栓从主轴轴肩和锁紧盘 2 的孔中穿过去，再将锁紧盘拧过一个角度，使四个螺栓进入锁紧盘中圆弧槽较窄的部位，把螺母卡住。拧紧螺母 6 和螺钉 7，可把卡盘座紧固在轴端。短锥法兰式轴端结构具有定心精度高、轴端悬伸长度小、刚度好、安装方便等优点，故应用较多。

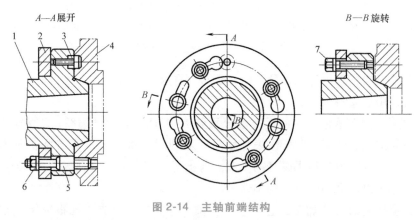

A—A 展开　　　　　　　　　　　　　　　　　　　　B—B 旋转

图 2-14　主轴前端结构

1—主轴　2—锁紧盘　3—圆柱形端面键　4—卡盘座　5—螺栓　6—螺母　7—螺钉

2）溜板箱。溜板箱内包含以下机构：用于实现刀架快慢移动自动转换的超越离合器，起过载保护作用的安全离合器，接通、断开丝杠传动的开合螺母机构，接通、断开和转换纵、横向机动进给运动的操纵机构以及避免运动干涉的互锁机构等。

① 纵、横向机动进给运动操纵机构。如图 2-15 所示，纵、横向机动进给运动操纵机构的接通、断开和换向由一个手柄集中操纵。手柄 1 通过销轴 2 与轴向固定的轴 23 相连接。向左或向右扳动手柄 1 时，手柄下端缺口通过球头销 4 拨动轴 5 向右移动，然后经杠杆 11、连杆 12 及偏心销使圆柱形凸轮 13 转动。凸轮上的曲线槽通过圆柱销 14、轴 15 和拨叉 16，拨动离合器 M8 与空套在轴 XXII 上的两个空套齿轮之一啮合。从而接通纵向机动进给，并使刀架向左或向右移动。

当向前或向后扳动手柄 1 时，手柄通过方形下端部带动轴 23 转动，并使轴 23 左端凸轮 22 随之转动，从而通过凸轮上的曲线槽推动圆柱销 19，并使杠杆 20 绕销轴 21 摆动。杠杆 20 上另一圆柱销 18 通过轴 10 上的缺口带动轴 10 轴向移动，进而通过固定在轴上的拨叉 17，拨动离合器 M9，使之与轴 XXV 上两空套齿轮之一啮合，从而接通横向机动进给。

纵、横向机动进给的操纵手柄扳动方向与刀架进给方向一致，使用方便。手柄在中间位置时，两离合器均处于中间位置，机动进给断开。按下操纵手柄顶端按钮 S，接通快速电动

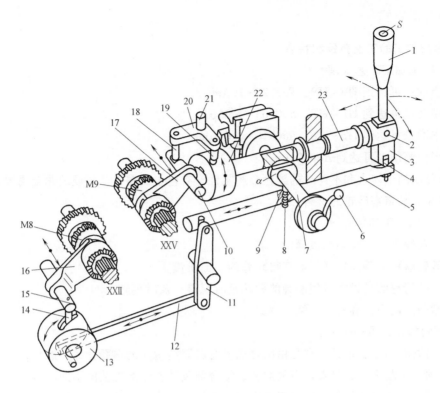

图 2-15　纵、横向机动进给运动操纵机构

1、6—手柄　2、21—销轴　3—手柄座　4、9—球头销　5、7、10、15、23—轴　8—弹簧销

11、20—杠杆　12—连杆　13、22—凸轮　14、18、19—圆柱销　16、17—拨叉

机，可使刀架按手柄位置确定的进给方向快速移动。由于超越离合器的作用，在机动进给时也可使刀架快速移动，而不会发生运动干涉。

② 开合螺母机构。可以接通或断开从丝杠传来的运动。车螺纹时，将开合螺母扣合于丝杠上，丝杠通过开合螺母带动溜板箱及刀架移动。其结构和工作原理如下：

如图 2-16 所示，开合螺母由上、下两个半螺母组成。两个半螺母安装在溜板箱后壁的燕尾导轨上，可上下移动，上、下半螺母背面各安装一个圆柱销 6，销的另一端分别插在操作手柄左端圆槽盘 7 的两条曲线槽中。扳动手柄使圆槽盘 7 逆时针转动，圆盘端面的曲线槽迫使两圆柱销 6 相互靠近，从而使上、下半螺母合拢，与丝杠啮合，接通车螺纹运动。若扳动手柄 1 使圆盘顺时针转动，则圆槽盘 7 上的线槽使两圆柱销 6 分开，上、下螺母随之分开，与丝杠脱离啮合，从而断开车螺纹运动。

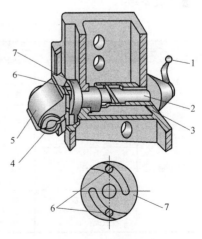

图 2-16　开合螺母机构

1—手柄　2—轴　3—支承座　4—下半螺母

5—上半螺母　6—圆柱销　7—圆槽盘

三、外圆表面的磨削加工

1. 磨削加工的工艺范围和特点

（1）磨削加工工艺范围

1）粗磨：可达到 IT8~IT9，$Ra1.25~10\mu m$。

2）精磨：可达到 IT6~IT8，$Ra0.63~1.25\mu m$。

3）细磨：可达到 IT5~IT6，$Ra0.16~0.63\mu m$。

4）镜面磨削：可达到 $Ra0.01\mu m$。

磨削可以加工淬火和不淬火的黑色金属零件、有色金属零件及超硬的非金属零件，不宜加工韧性大、易堵塞砂轮的材料。

（2）磨削加工的特点

1）磨粒硬度高，能切除极薄的切屑。

2）砂轮磨粒的等高性好，能获得较好的表面质量。

3）砂轮特有的自锐性可使磨钝的砂粒及时脱落，及时更新。

4）磨削温度高，容易产生烧伤现象。

2. 磨削加工工具——砂轮

砂轮是磨削的主要工具，它是由结合剂将磨料固结构成的多孔物体。磨料、结合剂和孔隙是砂轮的三个基本组成要素。根据磨料、结合剂及砂轮制造工艺的不同，砂轮特性差别很大，对磨削加工的尺寸精度、表面粗糙度和生产效率有着重要的影响。因此，必须根据具体条件选用合适的砂轮。

砂轮的特性由磨料、粒度、硬度、结合剂、形状尺寸等因素决定，现分别介绍如下。

（1）磨料及其选择　磨料是制造砂轮的主要原料，它担负着切削工作。因此，磨料必须锋利，并具备很高的硬度、良好的耐热性和一定的韧性。常用磨料的名称、代号、特性和用途见表 2-10。

表 2-10　常用磨料的性能与用途

系列	磨料名称	代号	特性	适于磨削的材料
刚玉	棕刚玉	A	棕褐色，硬度高，韧性大，价格便宜	碳钢、合金钢
	白刚玉	WA	白色，硬度比 A 高，韧性比 A 差	淬火钢、高速工具钢
碳化物	黑碳化硅	C	黑色，硬度比刚玉类高，性脆而锋利，导热性较好	铸铁、黄铜
	绿碳化硅	GC	绿色，硬度及脆性比 C 高，有良好的导热性	硬质合金、宝石、陶瓷
	立方碳化硅	SC	棕黑色	高速工具钢、不锈钢
	碳化硼	BC		

（2）粒度及其选择　粒度是指磨料颗料的大小。粒度分为磨粒与微粉。磨粒用筛选法分类，它的粒度号以筛网每英寸长度内的孔眼数来表示。例如，F60 粒度的磨粒，表示能通过每英寸长有 60 个孔眼的筛网，而不能通过每英寸有 70 个孔眼的筛网。微粉用显微测量法

分类，它的粒度号以磨料的最大实际尺寸来表示（W）。常用砂轮粒度号及其使用范围见表 2-11。

表 2-11 常用砂轮粒度号及其使用范围

粒度号	颗粒尺寸/μm	使用范围
F12、F14、F16	1000～2000	粗磨、荒磨、打磨毛刺
F20、F24、F30、F36	400～1000	磨钢锭、打磨铸件毛刺、切断钢坯等
F46、F60	250～400	内圆磨削、外圆磨削、平面磨削、无心磨、工具磨等
F70、F80	160～250	内圆磨削、外圆磨削、平面磨削、无心磨、工具磨的半精磨、精磨
F100、F120、F150、F180、F240	50～160	半精磨、精磨、珩磨、成形磨、工具磨等
W40、W28、W20	14～50	精磨、超精磨、珩磨、螺纹磨、镜面磨等
W14～更细	2.5～14	精磨、超精磨、镜面磨、研磨、抛光等

磨料粒度的选择主要与加工表面粗糙度和生产效率有关。

粗磨时，磨削余量大，要求的表面粗糙度值较大，应选用较粗的磨粒，因为磨粒粗、气孔大，磨削深度也较大，砂轮不易堵塞和发热。精磨时，磨削余量较小，要求的表面粗糙度值较低，可选取较细磨粒。一般来说，磨粒越细，磨削表面质量越好。

（3）结合剂及其选择 砂轮中用来粘结磨料的物质称为结合剂。砂轮的强度、抗冲击性、耐热性及耐蚀性主要取决于结合剂的性能。常用的结合剂种类、性能及用途见表 2-12。

表 2-12 常用结合剂的种类、性能与用途

种类	代号	性能	用途
陶瓷	V	耐热、耐水、耐油、耐酸碱,气孔率大,强度高,但韧性、弹性差	能制成各种磨具,适用于成形磨削和螺纹、齿轮、曲轴磨削等
树脂	B	强度高,弹性好,耐冲击,有抛光作用,但耐热性差,耐蚀性差	制造高速砂轮、薄砂轮
橡胶	R	强度和弹性更好,有极好的抛光作用,但耐热性更差,不耐酸,气隙易堵塞	抛光砂轮、薄砂轮、无心磨导轮
金属	M	强度高,成形性好,有一定韧性,但自锐性差	制造各种金刚石磨具,使用寿命长

（4）硬度及其选择 砂轮的硬度是指砂轮表面的磨粒在磨削力作用下脱落的难易程度。

砂轮硬度的一般选择原则是：

1）加工软金属时，为了使磨料不致过早脱落，应选用硬砂轮。

2）加工硬金属时，为了能及时使磨钝的磨粒脱落，从而露出具有尖锐棱角的新磨粒（即自锐性），应选用软砂轮。

3）精磨时，为了保证磨削精度和表面质量，应选用稍硬的砂轮。

4）工件材料的导热性差，易产生烧伤和裂纹时（如磨硬质合金等），选用的砂轮应软一些。

（5）形状尺寸及其选择 根据机床结构与磨削加工的需要，砂轮被制成各种形状与尺寸。砂轮的外径应尽可能选得大些，以提高砂轮的圆周速度，这样对提高磨削加工生产效率

与表面粗糙度有利。常用砂轮的形状、型号及主要用途见表 2-13。

表 2-13　常用砂轮的形状、型号及主要用途

代号	名称	断面形状	形状尺寸标记	主要用途
1	平形砂轮		1 型-圆周型面-$D×T×H$	磨外圆、内孔、平面及刃磨刀具
2	粘结或夹紧用筒形砂轮		2 型-$D×T×W$	端磨平面
4	双斜边砂轮		4 型-$D×T×H$	磨齿轮及螺纹
6	杯形砂轮		6 型-$D×T×H$-$W×E$	端磨平面,刃磨刀具后刀面
11	碗形砂轮		11 型-$D/J×T×H$-$W×E$	端磨平面,刃磨刀具后刀面
12a	碟形一号砂轮		12a 型-$D/J×T/U×H$-$W×E$	刃磨刀具前刀面
41	平形切割砂轮		41 型-$D×T×H$	切断及磨槽

注：↓所指表示基本工作面。

3. 典型磨削加工设备——M1432A 型万能外圆磨床

万能外圆磨床的工艺范围较宽，可以磨削内外圆柱面、内外圆锥面、端面等。但其生产效率较低，仅适用于单件小批生产。

（1）M1432A 型万能外圆磨床组成　M1432A 型万能外圆磨床主要用于磨削圆柱形或圆锥形的外圆，尺寸公差等级为 IT6～IT7 级，工件在卡盘上装夹的圆度公差为 0.005mm，顶尖支承的圆度公差为 0.003mm，表面粗糙度为 $Ra0.05～1.25\mu m$。这种机床通用性较好，但

生产效率较低，适合工具车间、维修车间和单件小批生产车间。

万能外圆磨床结构如图 2-17 所示。在床身 1 顶面前部的纵向导轨上装有工作台 8，台面上装着头架 2 和尾座 7，床身的内部用作液压油的油池。被加工工件支承在头架和尾座顶尖间，或夹持在头架卡盘中，由头架带动其旋转。尾座可在工作台上纵向移动，调整位置，以适应不同长度工件的装夹需要。

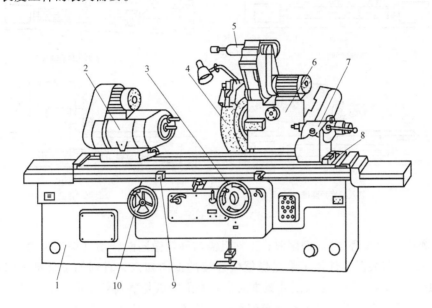

图 2-17　万能外圆磨床

1—床身　2—头架　3—横向进给手轮　4—砂轮　5—内圆磨头　6—砂轮架

7—尾座　8—工作台　9—行程开关　10—纵向进给手轮

（2）M1432A 型万能外圆磨床的主要技术参数

1）磨削直径：8~320mm。

2）最大磨削长度：2000mm。

3）磨削孔径：16~125mm。

4）最大磨削孔深：125mm。

5）中心高×中心距：180mm×2000mm。

6）工件最大质量：150kg。

7）回转角度：工作台-5°~+3°；头架+90°；砂轮架±30°。

8）砂轮最大外径×宽度：ϕ500mm×50mm。

（3）M1432A 型万能外圆磨床的磨削方法及辅助工作

1）磨削方法。外圆磨削可以在普通外圆磨床、万能外圆磨床及无心磨床上进行。常用的磨削方法有纵磨法、横磨法、阶段磨削法等。磨削对象主要是各种圆柱体、圆锥体、带肩台阶轴、环形工件以及旋转曲面。

①纵磨法。磨削时，工件在主轴带动下做旋转运动，并随工作台一起做纵向移动，当一次纵向行程或往复行程结束时，砂轮需按要求的磨削深度再做一次横向进给，这样就能使工件上的磨削余量不断被切除。图 2-18a、b 所示均为纵向法的应用。其磨削特点是精度高、

表面粗糙度值小、生产效率低，适用于单件小批量生产及零件的精磨。在万能外圆磨床上也能磨削内孔，如图 2-18d 所示。

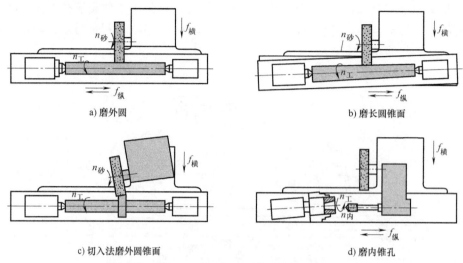

a) 磨外圆　　　　　　　　　　　　　　　b) 磨长圆锥面

c) 切入法磨外圆锥面　　　　　　　　　　d) 磨内锥孔

图 2-18　M1432A 型万能外圆磨床典型加工示意图

② 横磨法（切入磨法）。磨削时，工件只需与砂轮做同向转动（圆周进给），而砂轮除高速旋转外，还需根据工件加工余量做缓慢连续的横向切入，直到加工余量全部被切除为止。图 2-18c 所示为用切入法磨削外圆锥面。其磨削特点是磨削效率高，磨削长度较短，磨削较困难。横磨法适用于批量生产，磨削刚性好的工件上较短的外圆表面。

③ 阶段磨削法。阶段磨削法又称综合磨削法，是横磨法和纵磨法的综合应用，即先用横磨法将工件分段粗磨，相邻两段间有一定量的重叠，各段留精磨余量，然后用纵磨法进行精磨。这种磨削方法既保证了尺寸精度和表面质量，又提高了磨削效率。

2）砂轮的选择。外圆磨削砂轮的选择必须考虑工件的加工精度、磨削性能、磨削力、磨削热等因素。通常选择中等组织的平形砂轮，砂轮尺寸按机床规格选用。

3）工件的装夹

① 用前、后顶尖装夹工件。装夹时，利用工件两端的顶尖孔将工件支承在磨床的头架及尾座顶尖间，这种装夹方法的特点是装夹迅速方便，加工精度高。

② 用自定心卡盘或单动卡盘装夹工件。自定心卡盘适用于装夹没有中心孔的工件，而单动卡盘特别适用于夹持表面不规则的工件。

③ 利用心轴装夹工件。心轴装夹适用于磨削套类零件的外圆。常用心轴有以下三种：小锥度心轴、台肩心轴、可胀心轴。

4. 典型零件磨削加工实例

下面以图 2-19 所示的心轴外圆磨削为例，说明外圆磨削加工工艺的制订和磨削用量选择。

（1）分析零件图　根据技术要求可知，其基准为 $\phi58h6$、$\phi45mm$ 圆柱轴线，$\phi62_{-0.020}^{-0.007}mm$ 轴线对基准轴线有较高的位置精度，同时，$\phi58h6$、$\phi45mm$、$\phi62_{-0.020}^{-0.007}mm$ 轴及台阶面表面粗糙度要求较高。

（2）磨削工艺

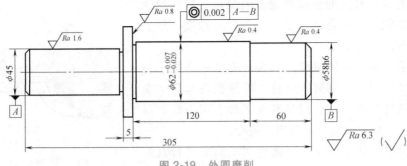

图 2-19 外圆磨削

1) 坯料采用车削预加工，留有磨削余量，两端打中心孔。

2) 磨削加工采用两顶尖装夹方法，加工工艺制订见表 2-14。

表 2-14 心轴外圆磨削加工工艺

工序	工步	工序内容	设备	
			砂轮	机床
1	1	除应力、研磨中心孔，要求达到 $Ra0.63\mu m$，接触面积>70%		
2	1	粗磨各阶外圆，留余量 0.08~0.10mm	PA46K	M131W
	2	磨 $\phi45mm$ 至尺寸		
3	1	半精磨各外圆，留余量 0.05mm	PA60K	M1432A
4	1	检验、研磨中心孔，要求达到 $Ra0.2\mu m$，接触面积>75%		
5	1	精磨 $\phi58h6$、留余量 0.025~0.04mm	PA100L	M1432A
6	1	研磨中心孔，要求达到 $Ra0.1\mu m$，接触面积>90%		
7	1	精密磨 $\phi58h6$、$\phi62^{-0.007}_{-0.020}mm$ 与肩面	WA100K	MMB1420

5. 提高磨削效率的方法

（1）高速磨削 高速磨削是提高磨削效率和降低工件表面粗糙度的有效措施。它与普通磨削的区别在于采用了很高的切削速度和进给速度。而高速磨削速度的定义也在不断地推进，20 世纪 60 年代以前，磨削速度在 50m/s 时即被称为高速磨削，20 世纪 90 年代的磨削速度最高已达 500m/s，而在实际应用中，磨削速度在 100m/s 以上即可被称为高速磨削。

（2）强力磨削 以较大的磨削深度和较小的进给量进行磨削。

常规磨削进给量为 0.005~5m/s，切削深度 0.02mm；而强力切削的切削深度为 6~30mm，进给量为 0.002~0.005m/s。

四、外圆表面的精密加工

精整、光整加工是在精加工后，从工件表面上不切除或切除极薄的金属层，用以提高加工表面的尺寸和形状精度、减小表面粗糙度或强化表面的加工方法。常用方法包括研磨、超精加工、滚压加工。

1. 研磨

如图 2-20 所示，研磨是在研具与工件之间加入研磨剂，对工件表面进行精整、光整加工的方法。研磨时，工件和研具之间的相对运动较复杂，研磨剂中的每一颗磨粒一般都不会在工件表面上重复自己的运动轨迹，因此具有较强的误差与缺陷修正能力，能提高加工表面的尺寸精度、形状精度和表面质量。

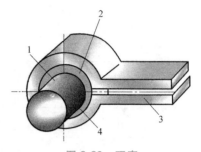

图 2-20　研磨

1—工件　2—研具　3—研具夹
4—研磨剂

研磨分手工研磨和机械研磨两种。手工研磨是手持研具进行研磨，研磨外圆时，可将工件装夹在车床卡盘或顶尖上做低速旋转运动，研具套在工件上用手推动研具做往复运动。机械研磨在研磨机上进行。

研磨属精整、光整加工，研磨前加工面要进行良好的精加工，研磨余量在直径方向上一般为 0.03~0.1mm。

研磨的工艺特点是设备和研具简单、成本低、容易保证质量。如果加工条件控制得好，研磨外圆可获得很高的尺寸精度（IT4~IT6）和极小的表面粗糙度，以及较高的形状精度（如圆度误差可为 0.001~0.003mm）；但研磨不能提高位置精度，且生产效率较低。研磨可加工钢、铸铁、硬质合金、光学玻璃、陶瓷等多种材料。

2. 超精加工

超精加工是用细粒度的磨条或砂带进行微量磨削的一种精整、光整加工方法。如图 2-21 所示，加工时，工件做低速旋转（0.03~0.33m/s），磨条以恒定压力压向工件表面，在磨头沿工件轴向进给的同时，磨条做轴向低频振动，对工件表面进行加工。

超精加工是在加注大量冷却润滑液的条件下进行的，磨条与工件表面接触时，最初仅仅碰到前工序留下的凸峰，这时单位压力大、切削能力强，凸峰很快被磨掉，冷却润滑液的作用主要是冲洗切屑和脱落的磨粒，使切削能正常进行；当被加工表面逐渐呈光滑状态时，磨条与工件表面之间的接触面不断增大、压强不断下降，切削作用减弱；最后，冷却润滑液在工件表面与磨条间形成连续的油膜，切削作用自动停止。

超精加工的工艺特点是设备简单、自动化程度较高、操作简便、生产效率高。超精加工能减小工件的表面粗糙度（Ra 可达 0.012~0.1μm），但不能提高尺寸精度和形状位置精度，工件精度由前工序保证。

3. 滚压加工

滚压加工采用硬度比工件高的滚轮或滚珠，图 2-22 所示就是滚珠滚压加工的示意图，通过在常温下对半精加工后的零件表面加压，使受压点产生弹性变形及塑性变形。其结果不仅能降低表面粗糙度，而且能使表面的金属结构和性能发生变化：纹理变细，并沿着变形最大的方向延伸，使表面留下有利的残余应力；还能使表面屈服强度增大，显微硬度提高 20%~40%，使零件抗疲劳强度、耐磨性和耐蚀性都有显著的提高。

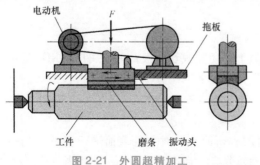

图 2-21　外圆超精加工

图 2-22　滚珠滚压加工示意图

滚压加工与磨削加工相比有许多优点，常常取代部分磨削加工，成为精密加工的一种方法。滚压加工前，工件表面要清洁，直径方向加工余量为 0.02~0.03mm，要求前工序的表面粗糙度 Ra 值不大于 5μm，滚压后的表面粗糙度 Ra 值为 0.16~0.63μm。

任务3 孔加工

一、内圆面（孔）的加工方法及加工方案

内孔表面也是零件上的主要表面之一，根据零件在机械产品中的作用不同，不同结构的内孔有不同的精度和表面质量要求。孔按照与其他零件相对连接关系的不同，可分为配合孔与非配合孔；按其几何特征的不同，可分为通孔、不通孔、阶梯孔、锥孔等；按其几何形状的不同，可分为圆孔，非圆孔等。

1. 内圆面的加工方法

内圆面（孔）加工方法有钻孔、扩孔、铰孔、镗孔、拉孔和磨孔。对精度高的，还需珩磨、研磨及滚压加工。

内圆面的加工与外圆面的加工相比，具有以下特点：

1）孔加工所用刀具（或磨具）的尺寸受被加工孔的直径限制，刀具的刚性差，容易产生弯曲变形及振动。孔的直径越小，深度越大，这种影响越显著。

2）大部分孔加工刀具为定尺寸刀具，孔的直径往往取决于刀具的直径，刀具的制造误差及磨损将直接影响孔的加工精度。

3）加工孔时，切削区在工件的内部，排屑条件、散热条件都较差。因此，孔的加工精度和表面质量都不容易控制。

2. 内圆面的加工方案及其选择

常用内圆面的加工方案见表 2-15。

表 2-15 内圆面的加工方案

序号	加工方案	经济精度	表面粗糙度 Ra/μm	适用范围
1	钻	IT11~IT12	12.5	加工未淬火钢及铸铁的实心毛坯,也可用于加工有色金属(但表面粗糙度稍大,孔径小于15mm)
2	钻—铰	IT9	1.6~3.2	
3	钻—铰—精铰	IT7~IT8	0.8~1.6	
4	钻—扩	IT10~IT11	6.3~12.5	同上,但孔径大于20mm
5	钻—扩—铰	IT8~IT9	1.6~3.2	
6	钻—扩—粗铰—精铰	IT7	0.8~1.6	
7	钻—扩—机铰—手铰	IT6~IT7	0.1~0.4	
8	钻—扩—拉	IT7~IT9	0.1~1.6	大批量生产(精度由拉刀的精度而定)

（续）

序号	加工方案	经济精度	表面粗糙度 Ra/μm	适用范围
9	粗镗（或扩孔）	IT11~IT12	6.3~12.5	用于除淬火钢外的各种材料，毛坯有铸出孔或锻出孔
10	粗镗（粗扩）—半精镗（精扩）	IT8~IT9	1.6~3.2	
11	粗镗（扩）—半精镗（精扩）—精镗（铰）	IT7~IT8	0.8~1.6	
12	粗镗（扩）—半精镗（精扩）—精镗—浮动镗刀精镗	IT6~IT7	0.4~0.8	
13	粗镗（扩）—半精镗—磨孔	IT7~IT8	0.2~0.8	主要用于淬火钢，也可用于未淬火钢，但不宜用于有色金属
14	粗镗（扩）—半精镗—粗磨—精磨	IT6~IT7	0.1~0.2	
15	粗镗（扩）—半精镗—精镗—金钢镗	IT6~IT7	0.05~0.4	主要用于精度要求高的有色金属加工
16	钻—（扩）—粗铰—精铰—珩磨；钻—（扩）—拉—珩磨；粗镗—半精镗—精镗—珩磨	IT6~IT7	0.025~0.2	精度要求很高的孔加工
17	以研磨代替上述方案中的珩磨	IT6级以上		

二、钻孔与扩孔

1. 概述

孔加工在金属切削加工中占有重要地位，一般约占机械加工量的 1/3。其中，钻孔占 22%~25%，其余孔加工占 11%~13%。用钻头在实体材料上加工内圆面的方法称为钻孔，用扩孔钻对已有的内圆面进行再加工的方法称为扩孔，它们统称为钻削加工。

钻孔属于粗加工，其精度可达 IT11~IT12，表面粗糙度可达 Ra12.5~25μm，一般钻头用高速工具钢制成。

钻孔最常用的刀具是麻花钻，麻花钻直径大于 8mm 时，常制成焊接式。其工作部分的材料一般用高速工具钢（W18Cr4V 或 W6Mo5Cr4V2）制成，淬火后的硬度可达 62~68HRC，其柄部的材料一般采用 45 钢。一般用于孔的粗加工（IT11 以下精度，表面粗糙度 Ra6.3~25μm），也可用于攻螺纹、铰孔、拉孔、镗孔、磨孔的预制孔。

2. 加工工具——麻花钻

（1）麻花钻的结构　麻花钻由柄部、颈部和工作部分组成，如图 2-23 所示。

柄部是钻头的夹持部分，用来定心和传递动力，有锥柄和直柄两种。一般直径小于 13mm 的钻头做成直柄，直径大于 13mm 的钻头做成锥柄，因为锥柄可传递较大转矩。

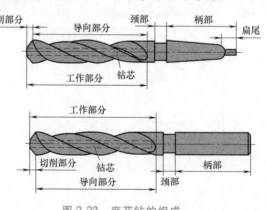

图 2-23　麻花钻的组成

颈部是磨制钻头时供砂轮退刀用的，钻头的规格、材料和商标一般也刻印在颈部。

麻花钻的工作部分又分为切削部分和导向部分。

钻头可看作正、反安装的两把内孔车刀的组合刀具，只是这两把内孔车刀的主切削刃高于工件中心。标准麻花钻的切削部分由五刃（两条主切削刃、两条副切削刃和一条横刃）和六面（两个前刀面、两个后刀面和两个副后刀面）组成，如图 2-24 所示。

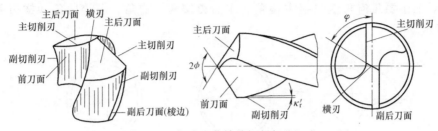

图 2-24 标准麻花钻的切削部分组成

（2）麻花钻的主要参数

1）螺旋角 β。它是钻头螺旋槽最外缘处螺旋线的切线与钻头轴线间的夹角，如图 2-25 所示。

其表达式为

$$\tan\beta = \frac{\pi d_0}{S} \qquad (2-1)$$

式中　d_0——钻头外径；

　　　S——导程。

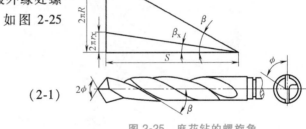

图 2-25 麻花钻的螺旋角

较大的螺旋角会使钻头的前角增大，故切削转矩和轴向力减小，切削轻快，排屑也较容易。但是螺旋角过大，会削弱钻头的强度和散热条件，使钻头的磨损加剧。

2）顶角 2ϕ。它是两主切削刃在与其平行的轴向平面上投影之间的夹角，如图 2-25 所示。顶角是钻头在刃磨测量时的几何角度，标准麻花钻的 $2\phi = 118°$，此时的主切削刃是直线。顶角减小，切削刃长度将增加，单位切削刃长度上的负荷降低，刀尖角 ε_r 增大，改善了散热条件，提高了钻头寿命，且轴向力减小。但顶角减小，切屑会变薄，切屑平均变形增大，故使转矩增大。

3）外径 d_0。外径即刃带的外圆直径，按标准尺寸系列设计。

4）钻芯直径 d_c。它决定钻头的强度及刚度，并影响容屑空间的大小，其大小

$$d_c = (0.1 \sim 0.125)d_0 \qquad (2-2)$$

（3）麻花钻的几何角度　麻花钻的切削平面和基面如图 2-26 所示。

1）基面：切削刃上任一点处的基面是通过该点并与该点切削速度方向垂直的平面，实际上是过该点与钻心连线的径向平面。

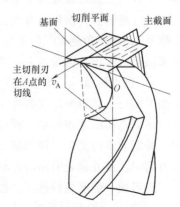

图 2-26 麻花钻的切削平面和基面

2）切削平面：麻花钻主切削刃上任一点处的切削平面，是由该点的切削速度方向与该点切削刃的切线所构成的平面。标准麻花钻主切削刃为直线，其切线就是钻刃本身。

3）主截面：通过主切削刃上任一点并垂直于切削平面和基面的平面。

4）柱截面：通过主切削刃上任一点作与钻头轴线平行的直线，该直线绕钻头轴线旋转所形成的圆柱面的切面即为柱截面。

麻花钻的主要几何角度包括主偏角、端面刃倾角、前角、进给后角和横刃斜角，如图 2-27 所示。

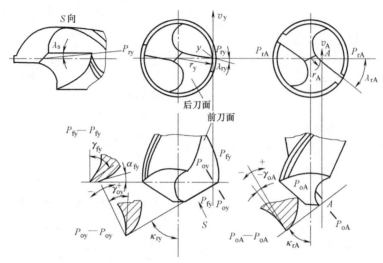

图 2-27　麻花钻的几何角度

1）主偏角 κ_r。主偏角与顶角不同，它是主切削刃在基面上的投影与进给方向的夹角。由于主切削刃各点基面位置不同，故主切削刃各点的主偏角是变化的。钻头的顶角直接决定了主偏角 κ_r 的大小。

2）端面刃倾角 λ_{ST}。端面投影中主切削刃与基面间的夹角。切削刃上不同点的端面刃倾角是不同的，外缘处的 λ_{ST} 最小，靠近钻心处的 λ_{ST} 最大。标准麻花钻主切削刃的端面刃倾角总为负值。

3）前角 γ_o。在正交平面内测量的前刀面与基面间的夹角。主切削刃上各点前角的大小是不相等的，近外缘处的前角最大，一般为 30°左右；自外缘向中心，前角逐渐减小；在距钻心 $d/3$ 范围内，前角为负值；接近横刃处的前角为 -30°。前角大小与螺旋角有关（横刃处除外），螺旋角越大，前角越大，前角大小决定了切除材料的难易程度和切屑在前刀面上的摩擦阻力大小，前角越大，切削越省力。

4）进给后角 α_f。在假定工作平面（即以钻头轴线为轴心的圆柱面的切平面）内测量的切削平面与主后刀面之间的夹角。在切削过程中，α_f 在一定程度上反映了主后刀面与工件过渡表面之间的摩擦关系，而且测量也比较容易。考虑到进给运动对工作后角的影响，同时为了补偿前角的变化，使切削刃各点的楔角较为合理，并改善横刃的切削条件，麻花钻的后角刃磨时应由外缘处向钻心逐渐增大。

后刀面一般磨成圆锥面，也有磨成螺旋面或圆弧面的。标准麻花钻的后角（最外缘处）为 8°～20°，大直径钻头取小值，小直径钻头取大值。

5）横刃斜角 φ。在钻头端平面内横刃与主切削刃投影之间的夹角，它是刃磨后刀面时形成的，如图 2-28 所示。横刃是两个主后刀面的交线，其长度为 b_φ。标准麻花钻的 $\varphi=50°\sim55°$，当后角磨得偏大时，横刃斜角减小，横刃长度增大。

横刃是通过钻心的，在钻头端面上的投影近似为一条直线，因此横刃上各点的基面和切削平面的位置是相同的。标准麻花钻的 $\gamma_{o\varphi}=-(54°\sim60°)$，$\alpha_{o\varphi}=26°\sim30°$。由于横刃前角是很大的负前角，所以钻削时横刃处会发生严重的挤压，而造成定心不好并产生很大的轴向力。

（4）钻削用量与切削层要素

1）钻削用量

① 钻削速度 v_c：指钻头主切削刃外缘处的线速度，单位为 m/min。可由下式计算：

$$v_c=\frac{\pi d_0 n}{1000}\qquad(2\text{-}3)$$

式中　d_0——钻头直径（mm）；

　　　n——钻头转速（r/min）。

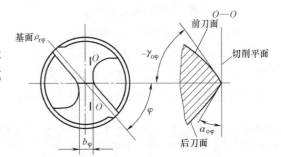

图 2-28　麻花钻横刃前角及横刃斜角

② 进给量

每转进给量 $f(\text{mm/r})$：钻头或工件每转一转，它们之间的轴向相对位移。

每齿进给量 $a_f(\text{mm/z})$：钻头或工件相对钻头每转一个刀齿，它们之间的相对位移。

进给速度 $v_f(\text{mm/min})$：每分钟内，钻头和工件之间的轴向相对位移。

③ 切削深度。切削深度是指已加工表面与待加工表面之间的垂直距离，即一次进给所能切下的金属层厚度，用 a_p 表示，其值为 $d_0/2$，单位为 mm。

2）切削层要素

① 切削厚度。它是在切削层平面内测量的切削层厚度。

② 切削宽度。它是在切削层平面内测量的切削层宽度。

③ 切削面积。它是在切削层平面内测量的实际横截面积。

（5）钻削用量的选择　钻孔时选择钻削用量的基本原则是，在允许范围内，尽量先选择较大的进给量 f；当 f 的选择受到表面粗糙度和钻头刚性的限制时，再考虑选择较大的切削速度 v_c。

1）钻削深度。直径小于 30mm 的孔一次钻出；直径为 $30\sim80$mm 的孔可分两次钻削，先用 $(0.5\sim0.7)D$（D 为要求加工的孔径）的钻头钻底孔，然后用直径为 D 的钻头将孔扩大。

2）进给量。孔的精度要求较高且表面粗糙度值较小时，应选择较小的进给量；钻较深孔、钻头较长以及钻头刚性、强度较差时，也应选择较小的进给量。

3）钻削速度。当钻头直径和进给量确定后，钻削速度应按钻头的寿命选取合理的数值，一般根据经验选取。孔较深时，取较小的钻削速度。

（6）钻削力与扭矩　麻花钻切削时的受力情况如图 2-29 所示。钻削力来源于工件材料的变形抗力，以及钻头和切屑、工件间的摩擦力。标准麻花钻有五个切削刃：两个主切削刃、两个副切削刃、一个横刃。因此，钻头的轴向力 F 和扭矩 M 由各切削刃上总的轴向力与各切削刃上的扭矩总和构成，关系见式（2-4）~式（2-5）。

$$M = M_0 + M_\varphi + M_1 \quad (2-4)$$

$$F = F_0 + F_\varphi + F_1 \quad (2-5)$$

式中　M_0——主切削刃产生的扭矩；

　　　M_φ——横刃产生的轴扭矩；

　　　M_1——副切削刃产生的扭矩；

　　　F_0——主切削刃产生的轴向力；

　　　F_φ——横刃产生的轴向力；

　　　F_1——副切削刃产生的轴向力。

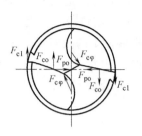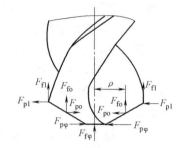

图 2-29　麻花钻切削时的受力情况

实验证明，轴向力 F 主要由横刃产生（$F_1 \approx 57\% F$）；扭转 M 主要由主切削刃产生（$M_0 \approx 80\% M$）。各切削刃上的力及扭矩占总轴向力及总扭矩的大致百分比见表 2-16。

表 2-16　钻削力与钻削扭矩

钻削力和扭矩	主切削刃	横刃	副切削刃
轴向力 F 比重(%)	≈40	≈57	≈3
扭矩 M 比重(%)	≈80	≈10	≈10

钻削力即指轴向力，它会引起工艺系统的弹性变形，影响孔的加工质量，影响机床进给机构的强度。扭矩即主运动方向的阻力矩，它与主轴转速决定钻削功率；过大的扭矩会使钻头扭断，在钻床、钻夹具和钻头设计时需用钻削力和扭矩值。

（7）钻头的磨损与钻头寿命

1）钻头的磨损。钻头切削时处于半封闭状态，散热条件比车削差，热量多集中在钻头上，故钻头磨损较严重。

由于钻头上各切削刃的载荷不均匀，因此各部分的磨损也很不均匀。一般，钻头的主切削刃、前刀面、后刀面、副切削刃（棱边）、横刃都有磨损，但磨损量最大的是切削速度、切削温度较高而强度较弱的钻头外缘处。

钻削钢料时，常用外缘处后刀面磨损量 VB 值作为磨钝标准；钻削铸铁时，则以转角处转角磨损长度 Δ 为磨钝标准，如图 2-30 所示。

2）钻头寿命。钻头寿命指在一定磨钝标准下钻头的总切削时间。影响钻头寿命的因素有：钻头材料、钻头几何参数、切削条件。

① 钻头几何参数对钻头寿命的影响。实验证明，钻削不同材料时，最高钻头寿命对应的钻头顶角值不同，如以较高钻削速度和中等进给量钻削铸铁时，其最佳顶角 $2\Phi \approx 80°$；钻削钢料时，顶角则应适当增大。缩短钻头工作部分长度，能减小振动，提高钻头寿命；横刃斜角在 $50° \sim 55°$ 范围内，钻头寿命较高。

② 切削条件对钻头寿命的影响。工件材料硬度的均匀性对钻头寿命影响较显著。

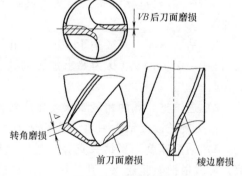

图 2-30　钻头磨损

钻通孔时，钻头在出口处进给量瞬时急剧增大，易"扎刀"，使钻头磨损加剧，钻头寿命下降。钻孔深度越大，排屑、冷却状况变坏，切屑与孔壁间摩擦加剧，钻头寿命下降。

（8）改善麻花钻切削性能的途径

1）标准高速工具钢麻花钻存在的问题：

① 主切削刃上各点的前角相差悬殊（-30°～+30°），横刃前角范围-60°～-54°，造成切削条件差。

② 棱边近似圆柱面，副后角为0°，摩擦严重。

③ 主、副切削刃切削速度大，发热量大，散热条件差，磨损快。

④ 两条主切削刃过长，切屑宽，排出不畅。

2）标准高速工具钢麻花钻的修磨改进方法：

① 修磨横刃。如图2-31所示，横刃长度最好较普通碳钢用钻头短些，横刃修磨后不仅缩短了横刃长度，而且使修磨部分的负前角变成正前角，因此可降低钻孔轴向力，增大进给量，提高钻头寿命。

② 修磨主切削刃。如图2-32所示，磨出双重顶角。

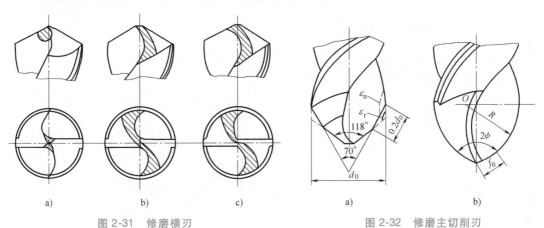

图2-31　修磨横刃　　　　　　　　　　　图2-32　修磨主切削刃

钻头磨损最严重的地方一般在钻头转角处，该处的线速度最大，强度最弱，热量又最集中，所以磨损最快；尤其在不锈钢钻孔中，由于材料韧性大、排屑困难、冷却条件差，转角处磨损更快，从而影响孔的表面粗糙度和钻头寿命。为了减轻转角处的磨损和改善散热条件，对于直径 $d>15mm$ 的标准钻头可进行双重磨；但对于直径较小的钻头（$d<10mm$），则不推荐双重磨，因为双重磨会增大切削截面，加大转矩，削弱钻头强度。

③ 修磨前刀面。如图2-33所示，修磨主切削刃和副切削刃交角处的前刀面，磨去一块，如图中阴影部位所示，这样可提高钻头强度。钻削黄铜时，修磨前刀面还可避免切削刃过分锋利而产生"扎刀"现象。

④ 磨出分屑槽。分屑槽如图2-34所示，开分屑槽能改善切削条件。为合理选择分屑槽条数，曾在 1Cr18Ni9Ti 不锈钢工件上进行钻孔（$\Phi 14.3mm \times 50mm$）试验，用 W18Cr4V 钻头，$\alpha_0 = 12°$，$2\Phi = 140°$，

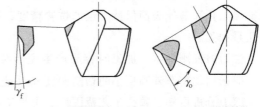

a) 加工较硬材料　　　　　b) 加工较软材料

图2-33　修磨前刀面

切削用量 $f=0.126$mm/r，钻头转速 $n=325$r/min。分屑槽开在后刀面上能保证合理分屑及断屑。对于直径大于 8mm 的钻头，建议开分屑槽，这样有利于排屑，但分屑槽的位置必须正确。

⑤ 修磨棱边。一般钻头棱边的副后角 $\alpha_0'=0°$，而且该处的切削速度最大，当横刃磨损后，棱边的副后角甚至有可能成为负值。为避免这种不利情况，对直径 $d>8$mm 的钻头，在靠近主切削刃的一段棱边上磨出副后角 $\alpha_0'=6°\sim8°$，并保留棱边宽度为原来的 1/3～1/2，以减少对孔壁的摩擦，提高钻头寿命。

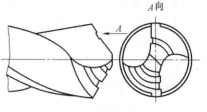

图 2-34　磨出分屑槽

⑥ 综合修磨。如图 2-35 所示，综合修磨对全面改善钻头的切削性能效果显著。

a. 将横刃磨窄、磨低，改善横刃处的切削条件。

b. 将靠近钻心的主切削刃磨成一段顶角较大的内直刃及一段圆弧刃，以增大主切削刃的前角。同时，对称的圆弧刃在钻削过程中起定心及分屑作用。

c. 在外直刃上磨出分屑槽，改善断屑、排屑情况。

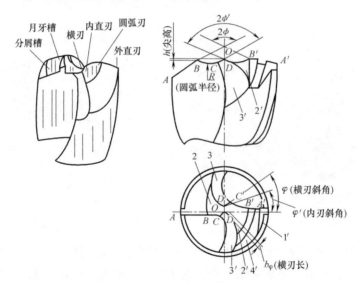

图 2-35　综合修磨

三、镗孔

1. 概述

镗孔具有较强的误差修正能力，能修正上道工序造成的孔中心线偏斜误差，而且能够保证被加工孔和其他表面保持一定的位置精度，所以特别适用于对孔距有严格要求的箱体零件的孔系加工。

镗刀刀杆刚性差，加工时容易产生变形和振动，且散热较差，工件和刀具的热变形较大，应选用比精车外圆更小的切削深度 a_p 和进给量 f，并多次进给。

综上分析可知，镗孔工艺范围广，可加工各种不同尺寸和不同精度等级的孔，对于孔径较大、尺寸和位置精度要求较高的孔和孔系，镗孔几乎是唯一的加工方法。

镗孔可以在镗床、车床、铣床等机床上进行，具有机动灵活的优点。在单件或成批生产中，镗孔是经济易行的方法；在大批大量生产中，为提高效率，常使用镗模。

镗孔工艺可分为：

1）粗镗：尺寸精度 IT11～IT13，表面粗糙度 $Ra12.5～50\mu m$。

2）半精镗：尺寸精度 IT9～IT10，表面粗糙度 $Ra3.2～6.3\mu m$。

3）精镗：尺寸精度 IT6～IT8，表面粗糙度 $Ra0.8～1.6\mu m$。

镗孔方式有主轴进给、工作台进给两种，当工件较大、孔较短时，采用主轴进给，反之则采用工作台进给。

2．加工设备——镗床

卧式铣镗床是具有较高自动化程度的万能机床，经重大改进，具有结构先进、性能优越的特点。卧式铣镗床可对工件进行钻孔、镗孔、扩孔、铰孔、锪平面、铣平面、切槽、车螺纹等切削加工，示例如图 2-36 所示，是加工箱体类零件的关键设备。卧式镗铣床外形图如图 2-37 所示。

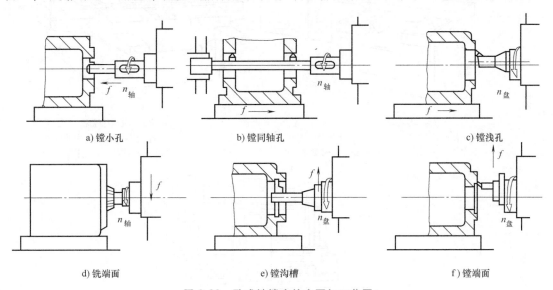

图 2-36 卧式铣镗床的主要加工范围

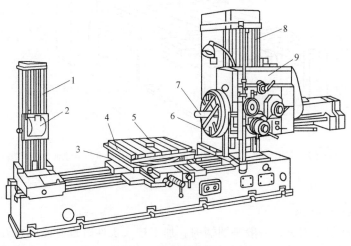

图 2-37 卧式铣镗床外形图

1—后立柱 2—尾架 3—下滑座 4—上滑座 5—工作台 6—平旋座 7—主轴 8—前立柱 9—主轴箱

坐标镗床是具有精密坐标定位装置，用于加工高精度孔或孔系的一种镗床。在坐标镗床上，可进行钻孔、扩孔、铣削、精密刻线和精密划线等工作，也可进行孔距和轮廓尺寸的精密测量。坐标镗床适用于在工具车间加工钻模、镗模和量具等，也用在生产车间加工精密工件，是一种用途较广泛的高精度机床。坐标镗床分为卧式坐标镗床、立式坐标镗床，根据立柱数量不同，又分为单柱式坐标镗床、双柱式坐标镗床。典型结构如图 2-38 所示。

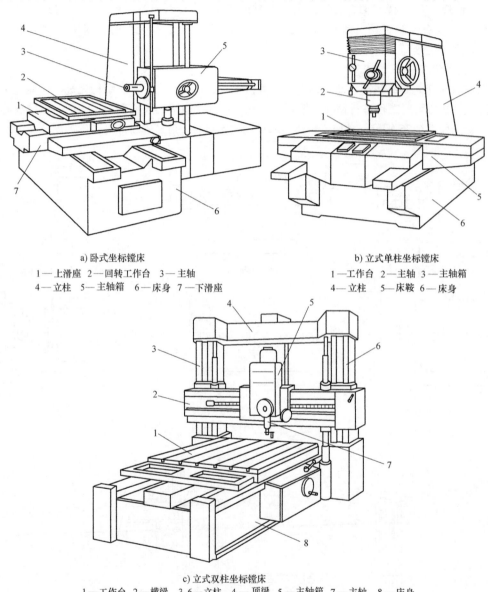

a) 卧式坐标镗床
1—上滑座　2—回转工作台　3—主轴
4—立柱　5—主轴箱　6—床身　7—下滑座

b) 立式单柱坐标镗床
1—工作台　2—主轴　3—主轴箱
4—立柱　5—床鞍　6—床身

c) 立式双柱坐标镗床
1—工作台　2—横梁　3、6—立柱　4—顶梁　5—主轴箱　7—主轴　8—床身

图 2-38　坐标镗床

3. 加工工具——镗刀

镗刀是一种孔加工刀具，一般是圆柄的，加工较大工件时也有使用方刀杆的，一般见于立车。最常用的场合就是孔加工，如扩孔、仿形等；但镗刀并不是只能加工孔，端面、外圆也是可以加工的。

（1）单刃镗刀镗孔　单刃镗刀的刀头结构与车刀类似，如图2-39a所示，单刃微调镗刀如图2-39b所示。

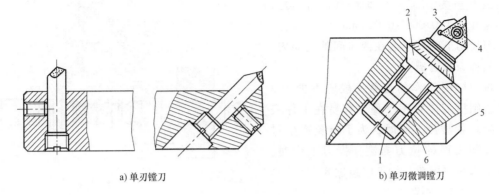

a) 单刃镗刀　　　　　　　　　　　b) 单刃微调镗刀

图 2-39　单刃镗刀

1—紧固螺钉　2—精调螺母　3—刀块　4—刀片　5—镗杆　6—导向键

单刃镗刀具有如下特点：

1）适应性较广，灵活性较大，可粗加工、半精加工、精加工。一把镗刀可加工直径不同的孔。

2）可以校正原有孔的轴线歪斜或位置偏差。

3）仅有一个主切削刃工作，生产效率较低，更适用于单件小批量生产。

4）单刃镗刀的刚度较低，为减少变形和振动，应采用较小的切削用量。

（2）多刃镗刀镗孔　如图2-40所示，双刃镗刀的镗刀片是浮动的，两个对称的切削刃产生的切削力自动平衡其位置。

其特点是：

1）加工质量较高，刀片浮动可抵偿偏摆引起的不良影响。较宽的修光刃可减小孔壁表面粗糙度值。

2）两切削刃同时工作，故生产效率较高。

3）刀具成本较单刃镗刀高。

4）主要用于批量生产，精加工箱体零件上直径较大的孔。

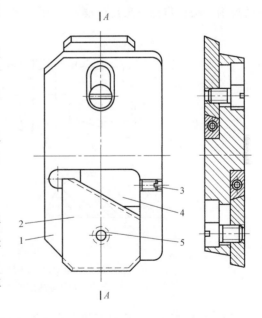

图 2-40　双刃镗刀

1—刀块　2—刀片　3—调节螺钉
4—斜面垫板　5—固定螺钉

四、拉孔和铰孔

1. 拉孔

拉孔是一种高生产率的精加工方法，它是用特制的拉刀在拉床上进行的。拉床分卧式拉床和立式拉床两种，以卧式拉床最为常见。拉孔示意图如图 2-41 所示。

用普通拉刀拉削钢件圆孔时，粗切刀齿的齿升量为 0.03~0.15mm/齿；精切刀齿的齿升量为 0.005~0.015mm/齿。

刀齿切下的切屑落在两齿间的空间内，此空间称为容屑槽。

拉刀同时工作的齿数一般应不少于 3 个，否则拉刀工作不平稳，容易在工件表面产生环状波纹。同时，为了避免产生过大的拉削力而使拉刀断裂，拉刀工作时，同时工作的刀齿数一般不应超过 8 个。

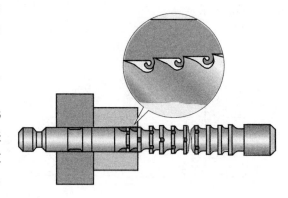

图 2-41 拉孔过程

（1）拉削方式

1）分块式拉削（图 2-42）。这种方式的特点是，加工表面的每一层金属是由一组尺寸基本相同但切削位置相互交错的刀齿（每组通常由 2~3 个刀齿组成）切除的。

2）分层式拉削（图 2-43）。这种方式的特点是，拉刀将工件加工余量一层一层顺序地切除。

3）综合式拉削。这种方式集中了分层式拉削及分块式拉削的优点，粗切齿部分采用分块式拉削，精切齿部分采用分层式拉削。

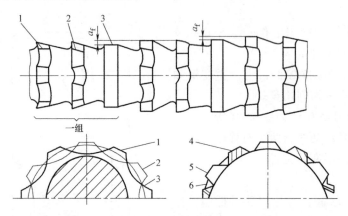

图 2-42 分块式拉削

1—第一齿 2—第二齿 3—第三齿 4—被第一齿切除的金属层
5—被第二齿切除的金属层 6—被第三齿切除的金属层

（2）圆孔拉刀 圆孔拉刀的组成如图 2-44 所示。

1）头部：夹持刀具、传递动力的部分。

2）颈部：连接头部与其后各部分，也是打印标记的地方。

3）过渡锥部：使拉刀前导部易于进入工件孔，起对准中心作用。

4）前导部：工件以前导部定位进行切削。

5）切削部：担负切削工作，包括粗切齿、过渡齿与精切齿三部分。拉刀切削部分的主要几何参数有齿升量、齿距、刃带宽度。

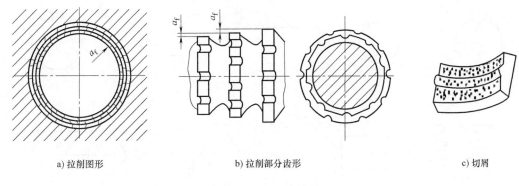

a) 拉削图形　　　　　　　　b) 拉削部分齿形　　　　　　　　c) 切屑

图 2-43　分层式拉削

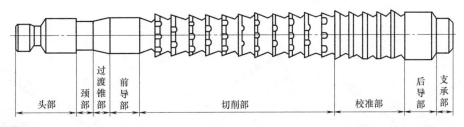

图 2-44　圆孔拉刀的组成

6）校准部：校准和刮光已加工表面。

7）后导部：在拉刀工作即将结束时，由后导部继续支承住工件，防止工件下垂而损坏刀齿或碰伤已加工表面。

8）支承部：当拉刀又长又重时，为防止拉刀因自重下垂，增设支承部，由它将拉刀支承在滑动托架上，托架与拉刀一起移动。

（3）拉削的工艺特征及应用范围

1）拉刀是多刃刀具，在一次拉削行程中就能顺序完成孔的粗加工、精加工和精整、光整加工工作，生产效率高。

2）拉孔精度主要取决于拉刀的精度，在通常条件下，拉孔精度可达 IT7~IT9，表面粗糙度可达 $1.6~6.3\mu m$。

3）拉孔时，工件以被加工孔自身定位（拉刀前导部就是工件的定位元件），拉孔不易保证孔与其他表面的相互位置精度；对于内外圆柱表面具有同轴度要求的回转体零件的加工，往往都是先拉孔，然后以孔为定位基准加工其他表面。

4）拉刀不仅能加工圆孔，而且还可以加工成形孔、花键孔。

5）拉刀是定尺寸刀具，形状复杂、价格昂贵，不适用于加工大孔。

拉刀常用在大批量生产中，加工孔径为 10~80mm、孔深不超过孔径 5 倍的中小零件上的通孔。拉刀可拉削加工的各种内表面如图 2-45a~i 所示，常用拉刀如图 2-46 所示。

2. 铰孔

铰孔是孔的精加工方法之一，在生产中应用很广。对于较小的孔，相对于内圆磨削及精镗而言，铰孔是一种较为经济实用的加工方法。

（1）铰刀　铰刀一般分为手用铰刀及机用铰刀两种。手用铰刀柄部为直柄，工作部分

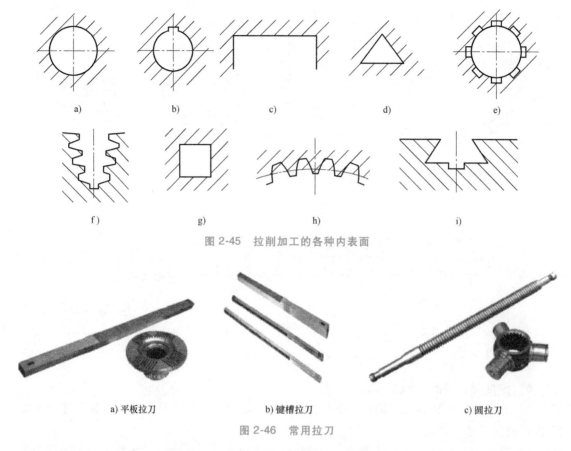

图 2-45 拉削加工的各种内表面

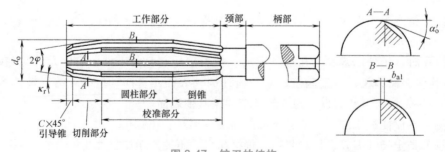

a) 平板拉刀　　　　　　　b) 键槽拉刀　　　　　　　c) 圆拉刀

图 2-46 常用拉刀

较长，导向作用较好。手用铰刀又分为整体式和外径可调整式两种。机用铰刀可分为带柄的和套式的。铰刀不仅可加工圆形孔，也可用锥度铰刀加工锥孔。

如图 2-47 所示，铰刀由工作部分、颈部及柄部组成，工作部分又分为切削部分与校准（修光）部分。

图 2-47 铰刀的结构

（2）铰孔的工艺特点及应用　铰孔余量对铰孔质量的影响很大。余量太大，铰刀的负荷大，切削刃会很快被磨钝，不易获得光洁的加工表面，尺寸精度也不易保证；余量太小，不能去掉上道工序留下的刀痕，自然也就没有起到改善孔加工质量的作用。一般粗铰余量取 0.15~0.35mm，精铰取 0.03~0.15mm。

铰孔通常采用较低的切削速度以避免产生积屑瘤。一般切削钢件的切削速度取 1.5~

5m/min，铰铸铁取 8~10m/min。进给量的取值与被加工孔径有关，孔径越大，进给量取值越大，铰钢时进给量取 0.3~2mm/r，铰铸铁时取 0.5~3mm/r。铰孔时，必须用适当的切削液进行冷却、润滑和清洗，以防止产生积屑瘤，并减少切屑在铰刀和孔壁上的黏附。铰钢时，切削液可用乳化油和硫化油，铰铸铁时可用煤油。

与磨孔和镗孔相比，铰孔生产效率高，容易保证孔的精度；但铰孔不能校正孔轴线的位置误差，孔的位置精度应由前工序保证。铰孔不宜加工阶梯孔和不通孔。

铰孔尺寸精度一般为 IT7~IT9 级，表面粗糙度 Ra 为 0.8~3.2μm。对于中等尺寸、精度要求较高的孔（如 IT7 级精度孔），"钻→扩→铰"是生产中常用的典型加工方案。

五、磨孔与孔的精密加工

1. 内圆磨削

内圆磨削是指用直径较小的砂轮加工圆柱孔、圆锥孔、孔端面和特殊形状内孔表面的方法。常见内圆磨削示例如图 2-48a~f 所示。

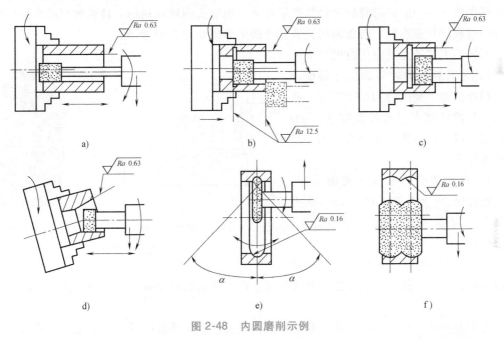

图 2-48　内圆磨削示例

内圆磨削有如下特点：

1）磨孔用的砂轮直径受到工件孔径 d 的限制。砂轮直径约为 $(0.5~0.9)d$，砂轮直径小则磨耗快，因此经常需要修整和更换，增加了辅助时间。

2）由于砂轮直径较小，磨削时要达到砂轮圆周速度（25~30m/s）是很困难的。因此，磨削速度比外圆圆周速度低得多，故孔的表面质量较低，生产效率也不高。

3）砂轮轴的直径受到孔径和长度的限制，又是悬臂安装，故刚性差，容易弯曲和变形，产生内圆磨削砂轮轴的偏移，从而影响加工精度和表面质量。

4）砂轮与孔的接触面积大，单位面积压力小，砂粒不易脱落，砂轮相对硬，工件易发生烧伤，故应选用较软的砂轮。

5）切削液不易进入磨削区，排屑较困难，磨屑易积集在磨粒间的空隙中，容易堵塞砂轮，影响砂轮的切削性能。

6）磨削过程中，当砂轮有一部分超出孔外时，其接触长度变短，切削力减小，砂轮主轴所产生的压移量比磨削孔的中部时更小，此时被磨去的金属层增多，从而形成"喇叭口"。为了减小或消除其误差，加工时应控制砂轮超出孔外的长度不大于 1/3 砂轮宽度。

由于以上原因，内圆磨削生产效率较低，加工精度不高，一般为 IT7 ~ IT8 级，表面粗糙度值为 $Ra0.2 ~ 1.6\mu m$。磨孔一般适用于淬硬工件孔的精加工。与铰孔、拉孔相比，磨孔能校正原孔的轴线偏斜，提高孔的位置精度，但生产效率比铰孔、拉孔低，在单件、小批生产中应用较多。

2. 孔的精密加工

（1）珩磨　珩磨是利用带有磨条（油石）的珩磨头对孔进行精整、光整加工的方法。

珩磨时，工件固定不动，珩磨头由机床主轴带动旋转并做往复直线运动。在相对运动过程中，磨条以一定压力作用于工件表面，从工件表面上切除一层极薄的材料，其切削轨迹是交叉的网纹。为使磨条磨粒的运动轨迹不重复，珩磨头回转运动每分钟转数与珩磨头每分钟往复行程数应互成质数。磨条磨削轨迹和珩磨头原理如图 2-49 所示。

珩磨的工艺特点及应用范围如下：

1）珩磨能获得较高的尺寸精度和形状精度，加工精度为 IT6 ~ IT7 级，孔的圆度和圆柱度误差可控制在 3 ~ 5μm 的范围之内，但珩磨不能提高被加工孔的位置精度。

2）珩磨能获得较高的表面质量，表面粗糙度 Ra 为 0.025 ~ 0.2μm，表层金属的变质缺陷层深度极微（2.5 ~ 25μm）。

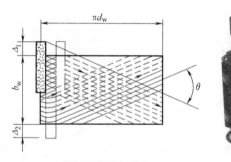

a) 磨条磨削轨迹展开图　　b) 珩磨头结构

图 2-49　珩磨

3）与磨削相比，珩磨头的圆周速度虽不高，但由于磨条与工件的接触面积大，往复速度相对较高，所以珩磨仍有较高的生产效率。

珩磨在大批量生产中广泛用于发动机缸孔及各种液压装置中精密孔的加工，孔径范围一般为 φ15 ~ φ500mm 或更大，并可加工长径比大于 10 的深孔。但珩磨不适用于加工塑性较大的有色金属工件上的孔，也不能加工带键槽的孔、花键孔等断续表面。

（2）研磨　研具用比工件软的材料（如低碳钢、铸铁、铜、巴氏合金等）制成。常用研磨棒结构如图 2-50a、b 所示。

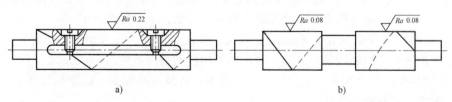

a)　　　　　　　　　　　　　　　　b)

图 2-50　研磨棒

内孔研磨的工艺特点：

尺寸精度可达 IT6 级以上，表面粗糙度 Ra 为 $0.01 \sim 0.16 \mu m$。孔的位置精度只能由前工序保证。生产效率较低，研磨之前孔必须经过磨削、精铰或精镗等工序。

（3）滚压　孔的滚压加工原理与外圆滚压相同。由于滚压加工效率高，近年来多采用滚压工艺来代替珩磨工艺，效果较好。孔径滚压后的尺寸精度可控制在 0.01mm 以内，表面粗糙度值为 $Ra0.16 \mu m$ 或更小，表面硬化耐磨，生产效率比珩磨提高数倍。

滚压对铸件的质量有很大的敏感性，如铸件存在硬度不均匀、表面疏松、含气孔和砂眼等缺陷，则对滚压有很大影响。因此，对铸件缸体不可采用滚压工艺，而是选用珩磨。对于淬硬套筒的孔精加工，也不宜采用滚压。

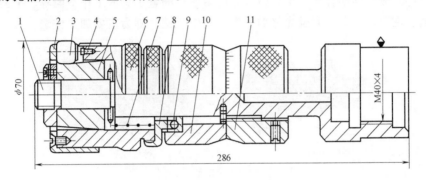

图 2-51　滚压头结构图

1—心轴　2—盖板　3—圆锥形滚柱　4—锥销　5—锥套　6—套圈　7—压缩弹簧
8—衬套　9—止推轴承　10—过渡套　11—调节螺母

图 2-51 所示为一加工液压缸孔的滚压头，滚压头表面的圆锥形滚柱 3 支承在锥套 5 上，滚压时圆锥形滚柱与工件有 $0.5° \sim 1°$ 的斜角，使工件能逐渐恢复弹性，避免工件孔壁变粗糙。

滚压内孔前，需要通过调节螺母 11 调整滚压头的径向尺寸，旋转调节螺母可使心轴 1 沿轴向移动。当其向左移动时，推动过渡套 10、止推轴承 9、衬套 8 及套圈 6，经锥销 4 使圆锥形滚柱沿锥套表面向左移，结果使滚压头的径向尺寸缩小。当调节螺母向右移动时，由压缩弹簧 7 压移衬套 8，经止推轴承 9 使过渡套 10 始终紧贴调节螺母的左端面；同时，衬套右移时带动套圈 6，经盖板 2 使圆锥形滚柱也沿轴向右移，结果使滚压头的径向尺寸增大。滚压头的径向尺寸应根据孔的滚压过盈确定，一般钢材的滚压过盈量为 $0.010 \sim 0.12mm$，滚压后孔径向尺寸增大 $0.02 \sim 0.03mm$。

滚压完后，滚压头从内孔反向退出时，圆锥形滚柱会受到一个向左的轴向力，此力传给盖板，经套圈、衬套将弹簧压缩，实现了向左移动，使滚压头直径缩小，保证了滚压头从孔中退出时不碰伤孔壁。滚压头在完全退出孔壁后，在压缩弹簧的作用下复位，使径向尺寸又恢复到原来位置。

滚压用量：通常选用的滚压速度 v_c 为 $60 \sim 80m/min$；进给量 f 为 $0.25 \sim 0.35mm/r$；切削液采用质量分数为 50% 的硫化油加 50% 的柴油（或煤油）。

任务4 平面加工

一、平面的加工方法及加工方案

1. 平面的加工方法

平面是箱体、盘形件和板形件的主要表面之一，如图 2-52 所示。根据平面所起的作用不同，可以将其分为非结合面、结合面、导向平面、测量工具的工作平面等。平面加工的方法通常有刨、铣、拉、车、磨及光整加工等。其中，铣、刨为主要加工方法。

a) 箱体   b) 板形件

图 2-52　平面零件示例

2. 平面的加工方案及其选择

平面作用不同，其技术要求也不同，故应采用不同的加工方案，以保证平面加工质量。常用的平面加工方案见表 2-17。

表 2-17　平面加工方案

序号	加工方案	经济精度	表面粗糙度 Ra/μm	适用范围
1	粗车—半精车	IT9	3.2~6.3	回转体零件的端面
2	粗车—半精车—精车	IT3~IT7	0.8~1.6	
3	粗车—半精车—磨削	IT6~IT8	0.2~0.8	
4	粗刨（或粗铣）—精刨（或精铣）	IT8~IT10	1.6~6.3	精度要求不太高的不淬硬平面
5	粗刨（或粗铣）—精刨（或精铣）—刮研	IT6~IT7	0.1~0.8	精度要求较高的不淬硬平面
6	粗刨（或粗铣）—精刨（或精铣）—磨削	IT7	0.2~0.8	精度要求高的淬硬平面或不淬硬平面
7	粗刨（或粗铣）—精刨（或精铣）—粗磨—精磨	IT6~IT7	0.02~0.4	
8	粗铣—拉	IT7~IT9	0.2~0.8	大量生产的较小平面（精度视拉刀精度而定）
9	粗铣—精铣—磨削—研磨	IT5 级以上	0.006~0.1	高精度平面

二、刨削与插削

1. 刨床与插床

刨床类机床按其结构特征可分为牛头刨床、龙门刨床和插床。

（1）牛头刨床　牛头刨床主要由床身、滑枕、刀架、工作台、横梁等组成，如图2-53所示。因其滑枕和刀架形似牛头而得名。

牛头刨床工作时，装有刀架2的滑枕3由床身4内部的摆杆带动，沿床身顶部的导轨做直线往复运动，使刀具实现切削过程的主运动，通过调整变速手柄5可以改变滑枕的运动速度，行程长度可通过滑枕行程调节柄6调节。刀具安装在刀架2前端的抬刀板上，转动刀架上方手轮，可使刀架沿滑枕前端的垂直导轨上下移动。刀架还可沿水平轴偏转，用以刨削侧面和斜面。滑枕回程时，抬刀板可将刨刀向前上方抬起，以免刀具擦伤已加工表面。夹具或工件安装在工作台1上，可沿横梁8上的导轨做间歇横向移动，实现切削过程的进给运动。横梁8还可沿床身的竖直导轨上下移动，以调整工件与刨刀的相对位置。

牛头刨床的主参数是最大刨削长度，它适用于单件小批生产，或机修车间用来加工中、小型工件。

（2）龙门刨床　图2-54所示为龙门刨床外形图，因它有一个"龙门"式框架而得名。

龙门刨床工作时，工件装夹在工作台9上，随工作台沿床身导轨做直线往复运动，以实现切削过程的主运动。装在横梁2上的立刀架5、6可沿横梁导轨做间歇横向进给运动，用以刨削工件的水平面；立刀架上的溜板还可使刨刀上下移动，做切入运动或刨竖直平面。此外，刀架溜板还能绕水平轴调整至一定角度的位置，以加工斜面。装在左、右立柱上的侧刀架1和8，可沿立柱导轨做垂直方向的间歇进给运动，以刨削工件的竖直平面。横梁2还可沿立柱导轨升降，以便根据工件的高度调整刀具的位置。其中，各个刀架都有自动抬刀装置，在工作台回程时，自动将刀架抬起，避免刀具擦伤已加工表面。

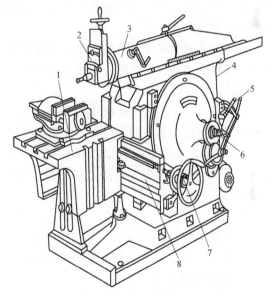

图2-53　牛头刨床外形图

1—工作台　2—刀架　3—滑枕　4—床身
5—变速手柄　6—滑枕行程调节柄
7—横向进给手柄　8—横梁

龙门刨床的主参数是最大刨削宽度，与牛头刨床相比，其形体大、结构复杂、刚性好、传动平稳、工作行程长。主要用来加工大型零件的平面，或同时加工数个中、小型零件平面，加工精度和生产效率都比牛头刨床高。

（3）插床　插床实质上是立式刨床，如图2-55所示。

加工时，滑枕5带动刀具沿立柱导轨做直线往复运动，实现切削过程的主运动。工件安装在工作台4上，工作台可实现纵向、横向和圆周方向的间歇进给运动。工作台做旋转运

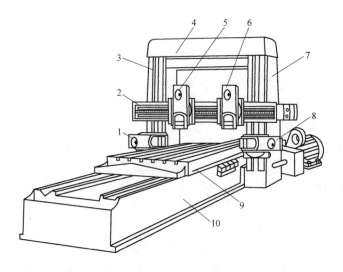

图 2-54　龙门刨床外形图

1、8—侧刀架　2—横梁　3、7—立柱　4—顶梁　5、6—立刀架　9—工作台　10—床身

动，除了圆周进给外，还可进行圆周分度。滑枕还可以在垂直平面内相对立柱倾斜 0°~5°，以便加工斜槽和斜面。

插床的主参数是最大插削长度，主要用于在单件、小批量生产中加工工件的内表面，如方孔、各种多边形孔和键槽等，特别适合加工不通孔或有台阶的内表面。

刨床与插床的区别如下：

1）刨床刀具与工作台做相对平行运动，当被加工面与定位基准面平行时，宜用刨床。

2）插床刀具与工作台做相对垂直运动，当被加工面与定位基准面垂直时，宜用插（立刨）床。

3）当只有其中一种机床时，两种加工需求的工件都可用同一机床加工。工件需装夹在"角铁座"上，以改变定位基准面的方向。

2. 刨刀与插刀

（1）刨刀　刨削所用的工具是刨刀，常用的刨刀有平面刨刀、偏刀、角度刀及成形刀等，如图 2-56 所示。

刨刀的几何参数与车刀相似，但是它在切入和切出工件时，冲击很大，容易发生"崩刀"或"扎刀"现象。因此刨刀刀杆截面尺寸较大，以增加刀杆刚性，防止折断；而且往往做成弯头的，因为弯头刨刀刀刃碰到工件上的硬点时，比较容易产生弯曲变形，而不会像直头刨刀那样使刀尖扎入工件，破坏

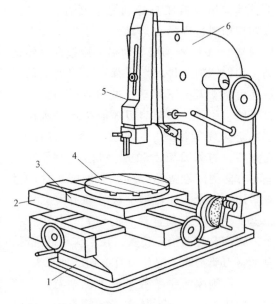

图 2-55　插床外形图

1—床身　2—滑板　3—纵滑板　4—工作台
5—滑枕　6—立柱

工件表面和损坏刀具，二者对比如图 2-57 所示。

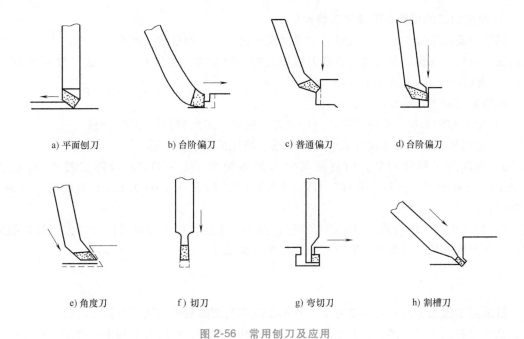

a) 平面刨刀 b) 台阶偏刀 c) 普通偏刀 d) 台阶偏刀

e) 角度刀 f) 切刀 g) 弯切刀 h) 割槽刀

图 2-56 常用刨刀及应用

（2）插刀 图 2-58 所示为常用插刀的形状。插削与刨削原理基本相同，只是刨刀在水平方向上进行切削，而插刀则在垂直方向上进行切削。为了避免插刀的刀杆与工件相碰，插刀刀尖应该高于刀杆。当切削长度较长、刀杆刚性较差时，水平方向的切削分力会使刀杆弯曲，产生"让刀"现象，因此应适当减小插刀的前角与后角，并降低进给量的大小，以减小水平方向的切削分力。

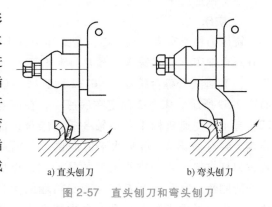

a) 直头刨刀 b) 弯头刨刀

图 2-57 直头刨刀和弯头刨刀

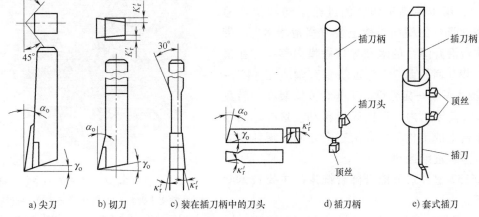

a) 尖刀 b) 切刀 c) 装在插刀柄中的刀头 d) 插刀柄 e) 套式插刀

图 2-58 常用插刀的形状

3. 刨削加工的应用范围及工艺特点

刨削主要用于加工平面和直槽，如果对机床进行适当调整或使用专用夹具，还可用于加工齿条、齿轮、花键以及母线为直线的成形面等。刨削加工的尺寸公差等级一般可达 IT7 ~ IT9，表面粗糙度 Ra 值可达 $1.6 ~ 3.2\mu m$。

刨削加工的工艺特点如下：

1）刨床结构简单，调整、操作方便；刀具制造、刃磨容易，加工费用低。

2）刨削特别适宜加工尺寸较大的 T 形槽、燕尾槽及窄长平面。

3）刨削加工精度较低。粗刨的尺寸公差等级为 IT11 ~ IT13，表面粗糙度 Ra 值为 $12.5\mu m$；精刨后尺寸公差等级 IT7~IT9，表面粗糙度 Ra 值为 $1.6 ~ 3.2\mu m$，直线度为 $0.04 ~ 0.08mm/m$。

4）刨削生产效率较低。因刨削有空行程损失，主运动部件反向惯性力较大，故切削速度低，生产效率低。但在加工窄长面和进行多件加工时，刨削生产效率很高。

三、铣削

铣削是平面加工的一种主要方法，其加工范围与刨削基本相同。但铣刀是典型的多刃刀具，铣削时有几个刀齿同时参加切削，还可采用高速铣削，所以铣削的生产效率一般比刨削高，在机械加工中所占比重比刨削大。

1. 铣床

铣床的种类很多，根据结构型式和用途不同，可分为卧式升降台铣床（卧式铣床）、立式升降台铣床（立式铣床）和龙门铣床等。

（1）卧式升降台铣床　X6132 型卧式万能升降台铣床是目前应用最广泛的一种铣床，如图 2-59 所示。床身 2 固定在底座上，在床身内部装有主轴变速机构 1 及主轴 3 等。床身顶部的导轨上装有横梁 4，可沿水平方向调整其前后位置，刀杆支架 5 用于支承刀杆的悬伸端，以提高刀杆的刚性。升降台 9 安装在床身前端的垂直导轨上，可上下垂直移动。升降台内装有进给变速机构 10，用于控制工作台的进给运动和快速移动。在升降台的横向导轨上装有横滑板 8，可带动工作台沿升降台的水平导轨做横向移动。在横滑板上装有回转盘 7，它可绕垂直轴线在 $-45°$ ~ 45°范围内调整一定角度。工作台 6 安装在回转盘 7 上的床鞍导轨内，可做纵向移动。这样，固定在工作台上的工件，可以沿三个方向实现任一方向的调整或进给运动。

X6132 型卧式万能升降台铣床的主要技术参数如下：

1）工作台面积（宽×长）：320mm×1320mm

2）工作台纵向最大行程：700mm

图 2-59　X6132 型卧式万能升降台铣床

1—主轴变速机构　2—床身　3—主轴　4—横梁
5—刀杆支架　6—工作台　7—回转盘　8—横
滑板　9—升降台　10—进给变速机构

3）工作台横向最大行程：255mm

4）工作台垂向最大行程：320mm

5）工作台最大回转角度：±45°

6）主轴转速（18级）：30～1500r/min

7）主轴锥孔锥度：7：24

8）刀轴直径：22mm、27mm、32mm

9）加工表面平面度：0.02/150

10）加工表面垂直度：0.02/150

11）加工表面平行度：0.02/150

（2）立式升降台铣床 这类铣床与卧式升降台铣床的主要区别在于其主轴是垂直安置的，可用各种面铣刀或立铣刀加工平面、斜面、沟槽、台阶、齿轮、凸轮以及封闭轮廓表面等。图 2-60 所示为立式升降台铣床外形图，其中，工作台 3、床鞍 4 及升降台 5 与卧式升降台铣床相同；立铣头 1 可根据加工要求绕水平轴线调整角度（-45°～45°），主轴 2 可沿轴线方向进行调整。

（3）龙门铣床 龙门铣床由于床身两侧立柱和横梁组成的门式框架而得名，如图 2-61 所示。加工时，工件固定在工作台 1 上做直线进给运动，横梁 3 上的两个立刀架 4、5 可在横梁上沿水平方向调整位置，立柱上的两个侧刀架 2、6 可沿垂直方向调整位置。各铣刀的吃刀运动，均可由铣头主轴套筒带动主轴沿轴向移动来实现。有些龙门铣床上的立铣头主轴可以做倾斜调整，以便加工斜面。

图 2-60 立式升降台铣床

1—立铣头 2—主轴 3—工作台 4—床鞍
5—升降台

龙门铣床的刚性好，精度较高，可用几把铣刀同时铣削，所以生产效率和加工精度都较高。适用于加工大中型或重型工件。

2. 铣削特点

1）铣刀的每个刀齿均匀分布在圆周上，但不连续切削，切入与切离时均会产生冲击与振动。

2）铣削时，切削层参数及切削力是变化的，也易引起振动，影响加工质量。

3）同时参加切削的刀齿较多，生产效率较高。

4）铣床的加工精度一般为 IT8～IT9 级；表面粗糙度一般为 $Ra1.6～6.3\mu m$。

3. 铣削方法和铣削方式

（1）铣削方法

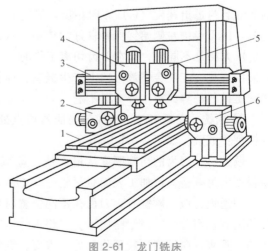

图 2-61 龙门铣床

1—工作台 2、6—侧刀架 3—横梁 4、5—立刀架

1）周铣。用分布在圆周表面上的刀齿进行铣削的方式，叫作周铣，如图 2-62a 所示。

2）端铣。用分布在圆柱端面上的刀齿进行铣削的方式，叫作端铣，如图 2-62b 所示。

与周铣相比，端铣铣平面较为有利，其特点如下：

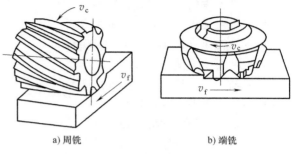

a) 周铣　　　b) 端铣

图 2-62　周铣与端铣

① 面铣刀的副切削刃对已加工表面有修光作用，能使表面粗糙度值降低。而周铣工件表面则有波纹状残留面积。

② 参加切削的端铣刀齿数较多，切削力的变化程度较小，因此，工作时振动较周铣更小。

③ 面铣刀的主切削刃刚接触工件时，切屑厚度不等于零，刀刃不易磨损。

④ 面铣刀的刀杆伸出较短，刚性好，刀杆不易变形，可用较大的切削用量。

由此可见，端铣的加工质量较好，生产效率较高，所以铣削平面时大多采用端铣。但是，周铣对加工各种形面的适应性较广，而有些形面（如成形面等）不能用端铣。

（2）铣削方式

1）周铣平面时的铣削方式。

① 逆铣：在铣刀与工件加工表面的切点处，铣刀的旋转方向与工件的进给方向相反的铣削，称为逆铣，如图 2-63a 所示。

逆铣时，刀齿切削厚度从零逐渐增至最大值。刀齿在刚开始切入时，由于刀齿刃口圆弧半径的影响，刀齿在工件表面上打滑，产生挤压和摩擦，滑行到一定程度后，刀齿方能切下一层金属层，这样不仅会使工件表面产生严重的冷硬层，影响表面质量，而且将加速刀具磨损，影响刀具寿命。

从图 2-63a 中可以看出，逆铣时，尽管刀齿在不同位置时作用于其上的铣削力不等，但若将其分解为沿纵向和垂直方向的两个分力后，任一瞬时的纵向分力（F_f）方向都是相同的，并且与进给速度（v_f）方向相反。纵向分力与进给速度方向相反，使得工作台丝杠螺纹左侧与螺母齿槽左侧始终保持良好的接触，从而使得进给平稳。其次，不同瞬时的垂直分力（F_{fn}）方向是不同的，但在刀齿切离工件时，垂直分力方向是向上的。由于垂直分力大小和方向的变化，工件会在该方向上产生振动，而且刀齿切离工件时垂直分力方向向上，会产生挑起工件的趋势，对工件夹紧不利。

② 顺铣：在铣刀与工件加工表面的切点处，铣刀的旋转方向与工件的进给方向相同时的铣削称顺铣，如图 2-63b 所示。

顺铣时，刀齿的切削厚度从最大值逐渐减至零，不会出现逆铣时的"滑行"现象，冷硬程度大为减轻，已加工表面质量较好。工件表面如无硬皮等缺陷，则铣刀寿命比逆铣高。

同逆铣类似，顺铣时，刀齿在不同位置时作用于其上的铣削力也是不等的。但在任一瞬时的垂直铣削分力方向始终向下，有将工件压紧在工作台上的作用，因此工件不会出现上下振动，垂直方向铣削比较平稳。另一方面，纵向铣削分力在不同瞬时尽管大小不等，但方向始终与进给速度方向一致。当纵向铣削分力较大时，若丝杠与螺母间有较大的间隙，则纵向

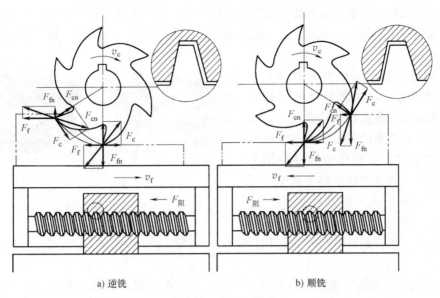

a) 逆铣   b) 顺铣

图 2-63　顺铣与逆铣

分力有可能推动工作台连同丝杠一起沿进给速度方向移动,使得工作台沿纵向左右窜动。因此,粗铣时若采用顺铣,要求铣床工作台丝杠螺母必须有间隙消除机构。

2) 端铣平面时的铣削方式。

① 对称铣削:工件相对于铣刀回转中心处于对称位置,如图 2-64a 所示。具有较大的平均切削厚度,可避免铣刀切入时对工件挤压、滑行,铣刀寿命长。在精铣机床导轨面时,采用对称铣削可保证刀齿在加工表面冷硬层下铣削,能获得较高的表面质量。

② 不对称铣削:铣削时,铣刀回转中心与工件铣削宽度对称中心线不重合,称为不对称铣削,如图 2-64b、c 所示。根据铣刀偏移位置不同,又可分为不对称逆铣和不对称顺铣。

a. 不对称逆铣:切削平稳,切入时切削厚度小,减小了冲击,从而可使刀具寿命和加工表面质量得到提高。适合加工碳钢与低碳合金钢。

b. 不对称顺铣:刀齿切出工件时切削厚度小,适合切削强度低、塑性大的材料,如加工不锈钢、耐热钢等。

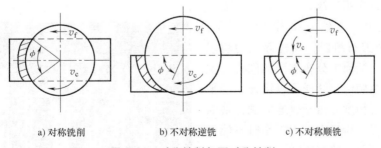

a) 对称铣削   b) 不对称逆铣   c) 不对称顺铣

图 2-64　对称铣削与不对称铣削

4. 铣刀的种类及其选择

铣刀为多齿回转刀具,其每一个刀齿都相当于一把车刀固定在铣刀的回转面上。铣削时,同时参加切削的切削刃较长,v_c 也较高,所以生产效率较高。铣刀种类很多,结构不一,应用范围很广,按其用途可分为加工平面用铣刀、加工沟槽用铣刀、加工成形面用铣刀三大类。通用规格的铣刀已标准化,一般均由专业工具厂生产。现介绍几种常用铣刀的特点及其适用范围。

(1)圆柱铣刀 圆柱铣刀如图 2-65 所示,一般都是用高速工具钢整体制成的,螺旋形切削刃分布在圆柱表面上,没有副切削刃,螺旋形的刀齿切削时是逐渐切入和脱离工件的,所以切削过程较平稳。主要用于在卧式铣床上加工宽度小于铣刀长度的窄长平面。

a) 整体式   b) 镶嵌式

图 2-65 圆柱铣刀

根据加工要求不同,圆柱铣刀有粗齿、细齿之分,粗齿的容屑槽大,适用于粗加工,细齿适用于精加工。铣刀外径较大时,常制成镶嵌式。

(2)面铣刀 面铣刀如图 2-66 所示,主切削刃分布在圆柱面或圆锥面上,端面切削刃为副切削刃,铣刀的轴线垂直于被加工表面。根据刀齿材料,可分为高速工具钢面铣刀和硬质合金面铣刀两大类,多制成套式镶齿结构。

a) 整体式刀片   b) 镶嵌焊接式硬质合金刀片   c) 机械夹固式可转位硬质合金刀片

图 2-66 面铣刀

面铣刀主要用在立式铣床或卧式铣床上加工台阶面和平面,特别适合较大平面的加工,主偏角为 90° 的面铣刀可铣底部较宽的台阶面。用面铣刀加工平面时,同时参加切削的刀齿较多,又有副切削刃的修光作用,所以加工表面粗糙度值小,而且可以用较大的切削用量,生产效率较高,应用广泛。

(3)立铣刀 立铣刀如图 2-67 所示,一般由 3~4 个刀刃组成,圆柱面上的切削刃是主切削刃,端面上分布着副切削刃。主切削刃一般为螺旋齿,这样可以增强切削平稳性,提高加工精度。由于普通立铣刀端面中心处无切削刃,所以立铣刀工作时不能做轴向进给,端面刃主要用来加工与工件侧面相垂直的底平面。

立铣刀主要用于加工凹槽、台阶面以及利用靠模加工成形面。其中,粗齿大螺旋角立铣刀、玉米铣刀、硬质合金波形刃立铣刀

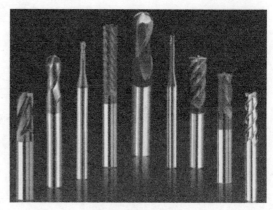

图 2-67 立铣刀

等，它们的直径较大，可以采用大的进给量，生产效率很高。

（4）三面刃铣刀　三面刃铣刀如图2-68所示，可分为直齿三面刃和交错齿三面刃。三面刃铣刀主要用在卧式铣床上加工台阶面，以及一端或二端贯穿的浅沟槽。三面刃铣刀除圆周具有主切削刃外，两侧面也有副切削刃，从而改善了切削条件，提高了切削效率，减小了加工表面粗糙度值。但重磨后宽度尺寸变化较大，镶齿三面刃铣刀可解决这一问题。

a) 直齿　　　　　　　b) 镶齿　　　　　　　c) 交错齿

图 2-68　三面刃铣刀

（5）锯片铣刀　锯片铣刀如图2-69所示，锯片铣刀本身很薄，只在圆周上有刀齿，用于切断工件和铣窄槽。为了避免夹刀，其厚度由边缘向中心减薄，在两侧形成副偏角。

（6）键槽铣刀　键槽铣刀如图2-70所示，其外形与立铣刀相似，不同的是它在圆周上只有两个螺旋刀齿，而其端面刀齿的切削刃延伸至刀具中心，因此在铣两端不通的键槽时，可以做适量的轴向进给。主要用于加工圆头封闭键槽，加工时，要做多次垂直进给和纵向进给才能完成键槽加工。

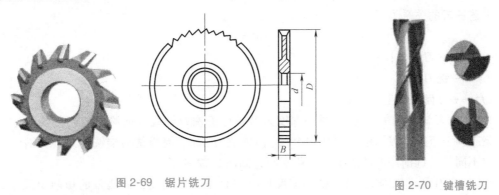

图 2-69　锯片铣刀　　　　　　　　　　　图 2-70　键槽铣刀

此外，铣刀还包括角度铣刀、成形铣刀、T形槽铣刀、燕尾槽铣刀、指形铣刀等特种铣刀，如图2-71所示。

5. 铣削加工基础知识

（1）铣削用量　铣削时的铣削用量包括切削速度、进给量、背吃刀量（铣削深度）和侧吃刀量（铣削宽度）四要素。

1）切削速度。切削速度即铣刀最大直径处的线速度，参见式（1-1）。

2）进给量。铣削时，工件在进给运动方向上相对刀具的移动量即为进给量。由于铣刀为多刃刀具，计算时根据单位不同，有以下三种计量方法。

① 每齿进给量 f_z：指铣刀每转过一个刀齿时，工件相对铣刀的进给量，即铣刀每转过

a) 角度铣刀   b) 成形铣刀

c) T形槽铣刀   d) 燕尾槽铣刀   e) 指形铣刀

图 2-71 特种铣刀

一个刀齿，工件沿进给方向移动的距离，其单位为 mm/z。

② 每转进给量 f：指铣刀每转一转，工件相对铣刀的进给量，即铣刀每转一转，工件沿进给方向移动的距离，其单位为 mm/r。

③ 每分钟进给量（进给速度）v_f：指工件相对铣刀每分钟的进给量，即每分钟工件沿进给方向移动的距离，其单位为 mm/min。

上述三者的关系为

$$v_f = nf = nzf_z \qquad (2\text{-}6)$$

式中　z——铣刀齿数；

　　　n——铣刀转速（r/min）；

　　　f_z——每齿进给量（mm/z）。

3）背吃刀量（铣削深度）。铣削深度为沿平行于铣刀轴线方向测量的切削层尺寸（切削层指工件上正被刀刃切削着的那层金属），单位为 mm。因周铣与端铣时刀具相对于工件的方位不同，故铣削深度的表示也有所不同，如图 2-72 所示。

4）侧吃刀量（铣削宽度）。铣削宽度指沿垂直于铣刀轴线方向测量的切削层尺寸，单位为 mm。

（2）铣削用量的选择原则

1）粗加工为了保证必要的刀具耐用度，通常优先采用较大的侧吃刀量或背吃刀量，其次选择较大的进给量，最后才是根据刀具寿命的要求选择适宜的切削速度。这样选择是因为切削速度对刀具寿命影响最大，进给量次之，侧吃刀量

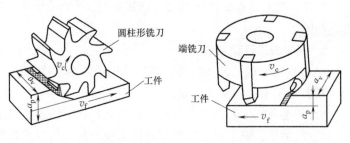

a) 在卧铣上周铣铣平面   b) 在立铣上端铣铣平面

图 2-72 铣削用量关系图

或背吃刀量影响最小。

2）精加工时，为减小工艺系统的弹性变形，必须采用较小的进给量。同时，为了抑制积屑瘤的产生，对于硬质合金铣刀应采用较高的切削速度；对于高速工具钢铣刀应采用较低的切削速度，如铣削过程中不产生积屑瘤，也应采用较大的切削速度。

6. 铣削的应用

铣床的加工范围很广，可以加工平面、斜面、垂直面、各种沟槽和成形面（如齿形），还可以进行分度工作。有时，孔的钻、镗加工，也可在铣床上进行。铣削加工的应用如图 2-73 所示。

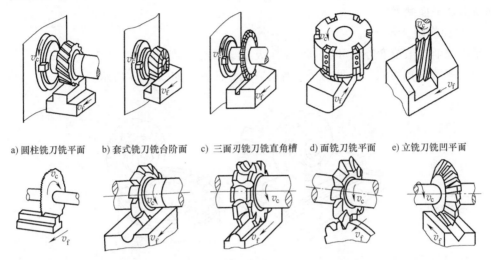

a) 圆柱铣刀铣平面　b) 套式铣刀铣台阶面　c) 三面刃铣刀铣直角槽　d) 面铣刀铣平面　e) 立铣刀铣凹平面

f) 锯片铣刀切断　g) 凸半圆铣刀铣凹圆弧面　h) 凹半圆铣刀铣凸圆弧面　i) 齿轮铣刀铣齿轮　j) 角度铣刀铣V形槽

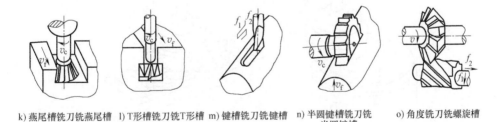

k) 燕尾槽铣刀铣燕尾槽　l) T形槽铣刀铣T形槽　m) 键槽铣刀铣键槽　n) 半圆键槽铣刀铣半圆键槽　o) 角度铣刀铣螺旋槽

图 2-73　铣削加工的应用

综上所述，铣削加工有如下特点。

（1）工艺范围广　通过合理选用铣刀和铣床附件，铣削可以加工平面、沟槽、成形面、台阶面、螺旋槽、外花键、离合器以及进行切断、刻度、铣齿（齿轮、链轮等）等，还可进行孔加工（钻、扩、镗、铰）。

（2）生产效率高　铣削时，同时参加切削的刀齿数较多、进给速度快，铣削的主运动是铣刀的旋转，有利于进行高速铣削，因此铣削生产效率比刨削高。

（3）容易产生振动　铣削过程是多刀齿参与的不连续切削，刀齿的切削厚度和铣削力时刻变化，易引起振动，影响加工质量。另外，铣刀齿的安装高度误差，会影响工件的表面粗糙度值。

（4）刀齿散热条件较好　由于是间断切削，每个刀齿依次参加切削，在切离工件的一段时间内，刀齿可以得到冷却，有利于减轻铣刀磨损，延长使用寿命。

（5）加工质量较好　铣削的加工精度一般为 IT7～IT9 级；加工表面粗糙度一般为 $Ra1.6～6.4\mu m$。

四、平面的精密加工

当平面的尺寸公差在 IT5～IT6 范围内，直线度在 0.01～0.03 范围内，表面粗糙度低于 $Ra0.8\mu m$ 时，就属于平面的精密加工范围。常见的精密加工方法有平面磨削、平面刮研、平面研磨及平面抛光等。

1. 平面磨削

平面磨削加工精度等级可达 IT5～IT7 级，表面粗糙度 Ra 值为 $0.2～0.8\mu m$。

（1）平面磨削方式　常见的平面磨削方式有四种，如图 2-74 所示。

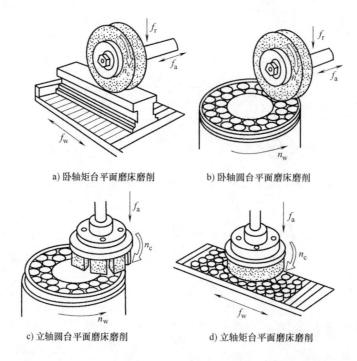

a) 卧轴矩台平面磨床磨削　　b) 卧轴圆台平面磨床磨削

c) 立轴圆台平面磨床磨削　　d) 立轴矩台平面磨床磨削

图 2-74　平面磨削方式

图 2-74a、b 所示为利用砂轮的圆柱面进行磨削，即周磨；图 2-74c、d 所示为利用砂轮的端面进行磨削，即端磨，其砂轮直径通常大于矩形工作台的宽度或圆形工作台的半径，所以无需横向进给。

周磨时，砂轮与工件接触面积小，排屑和冷却条件好，工件发热小，磨粒与磨屑不易落入砂轮与工件之间，因而能获得较高的加工质量，适用于工件的精磨。但因砂轮主轴悬伸，刚性差，不宜采用较大的磨削用量，且周磨过程中同时参加磨削的磨粒少，所以生产效率较低。

端磨时，磨床主轴受压力，刚性好，可以采用较大的磨削用量；另外，砂轮与工件接触面大，同时参加切削的磨粒多，因而生产效率高。但由于磨削过程中发热量大，冷却、散热条件差，排屑困难，所以加工质量较差。端磨适用于粗磨。

（2）平面磨削工件的装夹　在平面磨床上，采用电磁吸盘工作台吸住工件，如图 2-75 所示。

当磨削键、垫圈、薄壁套等小零件时，由于工件与工作台接触面积小、吸力弱，工件容易被磨削力弹出，造成事故，所以装夹这类工件时，需要在四周或左右两端用挡铁围住，以防工件移动。

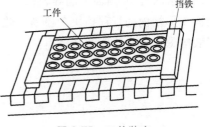

图 2-75　工件装夹

（3）平面磨削的方法

1）横向磨削法。横向磨削法如图 2-76 所示，这种磨削法是在工作台每次纵向行程终了时，磨头做一次横向进给；等到工件表面上第一层金属磨削完毕，砂轮按预定磨削深度做一次垂直进给，接着照上述过程逐层磨削，直至把全部余量磨去，使工件达到所需尺寸。粗磨时，应选较大的垂直进给量和横向进给量；精磨时，两者均应选较小值。

这种方法适用于磨削宽长平面，也适用于相同小件按序排列的集合磨削。

2）深度磨削法。深度磨削法如图 2-77 所示，这种磨削法的纵向进给量较小，砂轮只做两次垂直进给，第一次垂直进给量等于全部粗磨余量，当工作台纵向行程终了时，将砂轮横向移动 3/4~4/5 的砂轮宽度，直到将工件整个表面的粗磨余量磨完为止；第二次垂直进给量等于精磨余量。其磨削过程与横向磨削法相同。

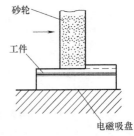

图 2-76　横向磨削法

这种方法由于垂直进给次数少，生产效率较高，且加工质量也有保证。但磨削抗力大，仅适用在动力大、刚性好的磨床上磨较大的工件平面。

3）阶梯磨削法。如图 2-78 所示，阶梯磨削法是按工件余量的大小，将砂轮修整成阶梯形，使其在一次垂直进给中磨去全部余量。该方法中，用于粗磨的各阶梯宽度和磨削深度都应相同；而其精磨阶梯的宽度应大于砂轮宽度的 1/2，磨削深度等于精磨余量（0.03~0.05mm）。磨削时，横向进给量应小些。

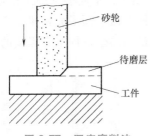

图 2-77　深度磨削法

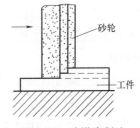

图 2-78　阶梯磨削法

因磨削用量分配在各段阶梯的轮面上，故各段轮面的磨粒受力均匀，磨损也均匀，能较好地发挥砂轮的磨削性能。但砂轮修整工作较为麻烦，应用上受到一定限制。

（4）平面磨床　图 2-79 所示为 M7120A 型平面磨床。该机床主要由床身、工作台、立柱、滑板座、砂轮架及砂轮修整器等部件组成。

砂轮主轴由内装式异步电动机直接驱动。砂轮架 2 可沿滑板座 3 上的燕尾导轨做横向的间歇或连续进给运动，这个进给运动可以由液压驱动，也可以由手轮 4 手动进给。转动手轮 9，可使滑板座连同砂轮架沿立柱 6 的导轨做垂直移动，用来调整背吃刀量。工作台由液压驱动，沿床身 10 顶面上的导轨做纵向往复运动，其行程长度、位置及换向动作均由工作台前面 T 形槽内的行程挡块 7 控制。转动手轮 1，即可使工作台做手动纵向移动，工作台上可安装电磁吸盘或其他夹具。

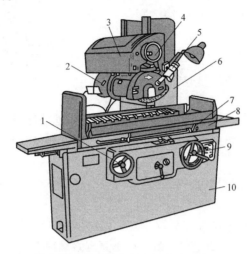

图 2-79　M7120A 型平面磨床示意图

1—工作台驱动手轮　2—砂轮架　3—滑板座　4—横向进给手轮　5—砂轮修整器
6—立柱　7—行程挡块　8—工作台　9—垂直进给手轮　10—床身

M7120A 型平面磨床主要技术参数如下：

1）磨削工件最大尺寸（长×宽×高）：630mm×200mm×320mm

2）工作台纵向移动最大距离：780mm

3）砂轮架横向移动量：250mm

4）工作台移动速度：1~18m/min

5）砂轮尺寸（外径×宽度×内径）：250mm×25mm×75mm

（5）平面磨削的工艺特征及应用　与外圆磨、内圆磨相比，平面磨削的工作运动简单、机床结构简单、加工系统刚性好，容易保证加工精度。与铣平面、刨平面相比，它更适合精加工。平面磨削能加工淬硬工件，修正热处理变形，能以最小的余量加工带黑皮的平面。

2. 平面刮研

刮研是一种利用刮刀（图 2-80）在工件表面上刮去一层很薄金属层的光整加工方法，一般在精刨之后进行。刮研平面的直线度可达 0.01mm/m，甚至可达 0.0025~0.005mm/m，表面粗糙度 Ra 为 0.1~0.8μm。

（1）平面的刮研方法　刮研时，先将工件均匀涂上一层红丹油（极细的氧化铁或氧化铝与机油的调和剂），然后与标准平板或平尺贴紧推磨，将工件上的高点用刮刀逐一刮去。重复多次，即可使工件表面的接触点增多，并均匀分布，从而获得较高的形状精度和较小的表面粗

图 2-80　刮刀

糙度值。

刮研可分为粗刮研、细刮研和精刮研。粗刮研主要是为了去除铁锈和加工痕迹，以免推磨时刮伤标准平板或平尺，粗刮研一般要求每 $25 \times 25 mm^2$ 面积上显示 $4 \sim 5$ 个高点；细刮研一般要求每 $25 \times 25 mm^2$ 面积上显示 $12 \sim 13$ 个高点；精刮研则要求每 $25 \times 25 mm^2$ 面积上显示 $20 \sim 25$ 个高点。

刮研余量一般为 $0.1 \sim 0.4 mm$，面积小的取小值，面积大的取大值。

（2）平面刮研的工艺特点及应用

1）刮研精度高，方法简单，不需复杂的设备和工具，常用于加工各种机床的导轨面及检验平板。

2）刮研劳动强度大，要求操作技术高，生产效率低，常用于单件小批生产及修理车间。在成批大量生产中，刮研多被磨削所代替，但对于难以用上述方法达到要求高精度的平面或者需要良好润滑条件的平面（如精密机床导轨、标准平板、平尺等），仍需采用刮研。

3）刮研后的表面实际由许多微小凸面（点）组成，其凹部可以存储润滑油，使滑动配合表面具有良好的润滑条件。

3. 平面研磨

研磨也是光整加工方法之一，研磨后两平面间的尺寸精度可达 IT4 ~ IT5 级，表面粗糙度 Ra 达 $0.025 \sim 0.04 \mu m$。小型平面研磨后，还可提高其形状精度。

研磨时，一般使用铸铁、青铜等比工件材料软的金属制成的研具，研具工作面应与工件表面形状吻合，并在研具和工件表面间加入研磨剂。研磨剂由很细的磨料、润滑油及化学添加剂组成。

在磨压力作用下，研磨剂中的部分磨粒会嵌入研具表面，在研具与工件相对运动时，嵌入研具表面的磨粒会对工件加工表面产生挤压和微量切割作用。其他呈游离状态的磨料微粒则对工件表面产生刮研、滚擦作用。

研磨剂中的硬脂酸使工件表面产生很薄的较软的氧化膜，工件上凸起处的氧化膜首先被磨去，然后新的金属表面很快又被氧化，继而又被磨去。如此反复进行，凸起处被逐渐磨平。研磨时的这一化学作用加快了研磨过程。

研磨常用来加工小型平板、平尺及块规的精密测量平面。在单件小批生产中常采用手工研磨，在大批量生产中则采用机器研磨。

4. 平面抛光

抛光是利用高速旋转的、涂有抛光膏的软质抛光轮对工件进行光整加工的方法。

抛光轮用帆布、皮革、毛毡制成，工作时线速度达 $30 \sim 50 m/s$。根据被加工工件材料不同，在抛光轮上涂以不同的抛光膏。抛光膏中的硬脂酸使工件表面产生较软的氧化膜，可加速抛光过程。

抛光设备简单，生产效率高，由于抛光轮是弹性体，因此还能抛光曲面。通过抛光，可使加工表面获得表面粗糙度 Ra 达到 $0.01 \sim 0.1 \mu m$，光亮度明显提高。但是抛光不能改善加工表面的尺寸精度。

项目小结

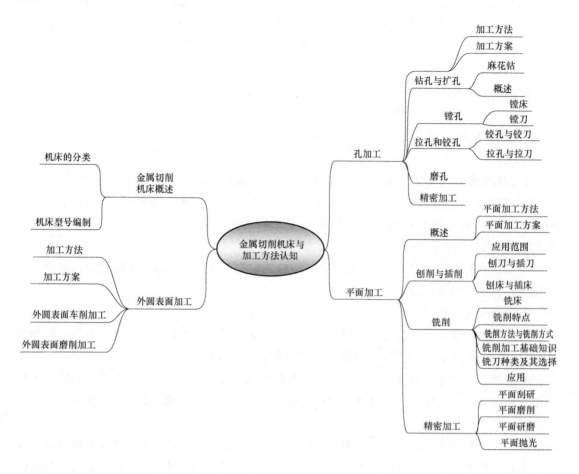

练习思考题

一、填空题

1. 在普通车床上用两顶尖装夹长轴加工外圆，若机床刚度较低，则工件产生（　　　）的形状误差。

2. 在普通车床上用两顶尖装夹长轴加工外圆，若工件刚度较低，则工件产生（　　　）的误差。

3. 切入磨削工件时，工件的长度要（　　　）砂轮宽度。

4. 镗床镗孔时，其主运动是（　　　）。

5. 由于平面作用不同，其技术要求也不相同，故应采用不同的加工方案，以保证平面（　　　）。

6. 牛头刨床的主参数是（　　　　　　　　　）。

7. 铣床主轴前端锥孔的锥度是（　　　）。

8. 锯片铣刀的宽度由外圆向中心逐渐（　　　　　　　）。

9. 刮研的加工精度高，常用于加工各种机床的导轨面及检验（　　　　）。

二、选择题

1. 车削细长轴时，切削力的三个分力中，（　　）对工件的弯曲变形影响最大。

    A. 主切削力　　　　　B. 进给力　　　　　C. 背向力　　　　　D. 摩擦力

2. 磨削的主运动是（　　）。

    A. 砂轮的旋转运动　　　　　　　　B. 工件的旋转运动

    C. 砂轮的直线运动　　　　　　　　D. 工件的直线运动

3. 如果工件外圆车削前后的直径分别是100cm和99cm，分成两次进刀平均切完加工余量，那么每次进刀的背吃刀量（单边切削深度）应为（　　）。

    A. 10mm　　　　　B. 5mm　　　　　C. 2.5mm　　　　　D. 2mm

4. 随着进给量增大，切削宽度会（　　）。

    A. 随之增大　　　　　B. 随之减小　　　　　C. 与其无关　　　　　D. 无规则变化

5. 工件表面磨削后产生深褐色痕迹，表明工件（　　）。

    A. 轻微烧伤　　　　　B. 严重烧伤　　　　　C. 没有烧伤　　　　　D. 被氧化

6. 细长轴可采用的磨削方法是（　　）。

    A. 纵向磨削方法　　　　　　　　　B. 切入磨削方法

    C. 深度磨削法　　　　　　　　　　D. 分段磨削法

7. 加工 $\Phi20mm$ 以下未淬火的小孔，尺寸精度IT8，表面粗糙度 $Ra1.6\sim3.2$，应选用"（　　）"加工方案。

    A. 钻—镗—磨　　　　　　　　　　B. 钻—粗镗—精镗

    C. 钻—扩—机铰　　　　　　　　　D. 钻—镗—精磨

8. 下列孔加工方法中，属于定尺寸刀具加工法的是（　　）。

    A. 钻孔　　　　　B. 车孔　　　　　C. 镗孔　　　　　D. 磨孔

9. 对于直径很大（$\phi>100mm$）的孔和大型零件的孔，必须进行（　　）加工。

    A. 钻孔　　　　　B. 扩孔　　　　　C. 镗孔　　　　　D. 拉孔

10. 磨削铸铁材料时，应选择（　　）磨料。

    A. 黑色碳化硅　　　　　B. 棕刚玉　　　　　C. 立方氮化硼　　　　　D. 白刚玉

11. 有色金属不宜采用（　　）加工方式。

    A. 车削　　　　　B. 刨削　　　　　C. 铣削　　　　　D. 磨削

12. 加工方案为"粗铣—精铣"，其经济精度可达（　　）。

    A. IT9~IT11　　　　　B. IT8~IT10　　　　　C. IT7~IT9　　　　　D. IT6~IT8

13. 关于刨削加工，下列说法正确的是（　　）。

    A. 加工费用低　　　　　B. 调整复杂　　　　　C. 效率较高　　　　　D. 刀具刃磨较困难

14. 刨削加工不可以加工（　　）。

    A. 平面　　　　　B. T形槽　　　　　C. 燕尾槽　　　　　D. 螺旋槽

15. 下列工件，不能在插床上加工的是（　　）。

    A. 四方通孔　　　　　B. 不通花键孔　　　　　C. 花键轴　　　　　D. 内六方孔

16. 铣刀中心与工件中心重合时的铣削方式是 (   )。

    A. 顺铣   B. 逆铣   C. 对称铣削   D. 不对称铣削

17. 精刮研要求的显点数是 (   ) 个。

    A. 4~5   B. 12~13   C. 20~25   D. 28~30

18. 抛光加工的线速度范围为 (   ) m/s。

    A. 15~20   B. 20~25   C. 25~29   D. 30~35

三、判断题

(   ) 1. 车床的主运动是工件的旋转运动，进给运动是刀具的移动。

(   ) 2. 钻床的主运动是钻头的旋转运动，进给运动是钻头的轴向移动。

(   ) 3. CA6140 型机床是最大工件回转直径为 140mm 的卧式车床。

(   ) 4. 车床的主运动和进给运动是由两台电动机分别控制的。

(   ) 5. 车槽时的背吃刀量（切削深度）等于所切槽的宽度。

(   ) 6. 切削用量中，切削速度对于切削温度影响最大。

(   ) 7. 摇臂钻床的切削工作主要由主轴的主运动和主轴的进给运动来完成的。

(   ) 8. 加工较软材料时，砂轮的硬度应硬一些。

(   ) 9. 麻花钻主切削刃各点前角从钻心到外缘逐渐减小。

(   ) 10. 刃磨后刀面时，后角应从外缘到钻心逐渐减小。

(   ) 11. 钻削时的轴向力主要来自于横刃，钻削时的扭距主要来自于主切削刃。

(   ) 12. 镗孔不能修正上道工序产生的孔轴线歪斜。

(   ) 13. 粗加工镗孔的加工精度在 IT13 以下，加工表面粗糙度值 Ra 大于 $6.3\mu m$。

(   ) 14. 若工件表面无特别高的要求，精加工工序常作为最终加工。

(   ) 15. 精镗、研磨、珩磨、超精加工及抛光等加工方法都属于光整加工。

(   ) 16. 刨床类机床按其结构特征可分为牛头刨床、龙门刨床和插床等。

(   ) 17. 刨削加工精度较高。

(   ) 18. 刨刀几何参数与车刀相似，其刀杆截面尺寸与车刀相同。

(   ) 19. 圆柱铣刀主要用于在卧式铣床上铣平面。

(   ) 20. 在普通铣床上铣平面应采用逆铣方式。

(   ) 21. 端铣刀主要用于低速切削较大的平面。

(   ) 22. 圆柱铣刀的后角规定在法刨面内测量。

(   ) 23. 平面磨削方式主要有端磨和周磨两种。

(   ) 24. 淬硬工件的平面应在平面磨床上加工。

(   ) 25. 抛光是利用高速旋转的、涂有抛光膏的硬质抛光轮对工件进行光整加工的方法。

四、简答题

1. 在车床上用两顶尖装夹工件车削细长轴时，加工后出现如图所示误差，分析造成这些误差的原因分别是什么？

2. 为下面工件的加工选择适宜的加工设备。

1）单件、小批生产和大量生产齿轮内孔的键槽。

2）精加工车床导轨平面。

3. 对于淬硬的孔，尺寸精度为IT7，表面粗糙度$Ra0.4\mu m$，可选什么加工方案？

4. 麻花钻的修磨改进方法有那些？

5. 什么是逆铣？什么是顺铣？各自的特点是什么？

6. 简述机床的种类。

7. 解释下列机床型号的含义。

（1）CA6140A　（2）XKA5032A

项目 3
CHAPTER 3

工件的定位与夹紧

【学习目标】

1. 知识目标

1）掌握工件定位的原理。

2）掌握工件定位的类型及应用。

3）掌握工件定位基准的选择原则。

4）了解夹紧装置的组成和基本要求。

5）掌握夹紧力的确定和典型夹紧机构应用。

6）掌握工件的装夹与获得加工精度的方法。

2. 技能目标

1）掌握工件在夹具中的正确定位与夹紧。

2）具有选择工件定位基准的能力。

3）具有团队合作的能力。

任务 1　工件的定位

任一工件在夹具中未定位前，都可以看成空间直角坐标系中的自由物体，物体在空间中具有六个自由度，即沿 x、y、z 三个坐标轴移动的自由度和绕 x、y、z 三个坐标轴转动的自由度，如图 3-1 所示。如果完全限制了物体的这六个自由度，则物体在空间的位置就完全确定了。

在夹具中，通常用一个支承点限制工件的一个自由度，这样用合理布置的六个支承点就可以限制工件的六个自由度，使工件的位置完全确定，这称为六点定位规则，简称六点定则。

使用六点定则时，六个支承点的分布必须合理，否则不能有效地限制工件的六个自由度，如图 3-2 所示。

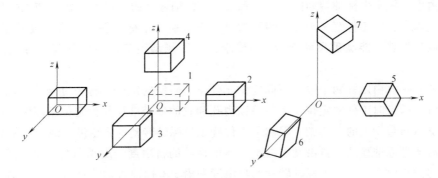

图 3-1　物体在空间的六个自由度

我们研究工件在夹具中的定位时，容易产生两种错误的理解。一种认为：工件在夹具中被夹紧了，也就没有自由度可言，因此，工件也就定了位。这种理解是把"定位"和"夹紧"混为一谈，是概念上的错误。工件的定位是指所有加工工件在夹紧前要在夹具中按加工要求占有一致的正确位置（不考虑定位误差的影响）；而夹紧则是在任何位置均可夹紧，不能保证各个工件在夹具中处于同一位置。

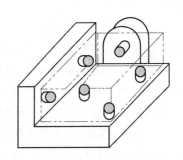

图 3-2　长方体定位时
支承点的分布

另一种错误的理解认为：工件定位后，仍具有沿定位支承相反方向移动的自由度。这种理解显然也是错误的。因为工件的定位是以工件的定位基准面与定位元件相接触为前提条件，工件离开了定位元件也就不能称其定位，也就谈不上限制其自由度了。工件在外力的作用下，有可能离开定位元件，那是由夹紧来解决的问题。

工件的定位应使工件在空间相对于机床占有某一正确的位置，这个正确位置是根据工件的加工要求确定的。图 3-2 所示工件的定位采用了六个支承点，限制了工件的全部六个自由度，使工件在夹具中占有唯一确定的位置，称为完全定位。当工件在 x、y、z 三个方向都有尺寸精度或位置精度要求时，需采用这种完全定位方式。

但是，为了达到某一工序的加工要求，有时并不是所有加工都必须设置六个支承点，限制工件的六个自由度。例如，在图 3-3 所示的工件上磨平面，当工件只有厚度和平行度要求时，工件只需限制三个自由度。根据加工要求，工件不需要限制的自由度没有限制的定位，称为不完全定位。不完全定位在加工中是允许的。

综上所述，加工时工件的定位需要限制几个自由度，完全由工件的加工要求决定。在考虑定位方案时，为简化夹具结构，对不需要限制的自由度，一般不设置定位支承点。但也不尽然，如在光轴上铣通槽，根据定位原理，轴的端面可不设置定位销，但常常是设置一个定位挡销，这样一方面可承受一定的切削力；以减小夹紧力；另一方面也便于调整机床的工作行程。

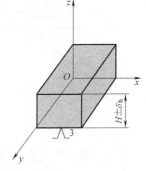

图 3-3　不完全定位

根据工件的加工技术要求，应该限制的自由度而没有限制的定位，称为欠定位。欠定位必然不能保证本工序的加工技术要求，是不允许的。在上例中，磨平面工序需限制工件绕 x 坐标轴转动的自由度、绕 y 坐标轴转动的自由度和沿 z 坐标轴移动的自由度，如果在工件底面上只放置两个支承点，则工件绕 x 坐标轴转动的自由度或绕 y 坐标轴转动的自由度就未加限制，加工出来的工件就不能满足尺寸 $H±δ_h$ 的要求，也不能满足工件顶面须与工件底面平行的要求。

工件的同一自由度被两个以上不同定位元件重复限制的定位，称为过定位。图 3-4 所示为在插齿机上插齿时工件的定位，工件是以内孔和它的一个端面作为定位基面装夹在插齿机心轴 1 和支承凸台 3 上的，心轴 1 限制了工件绕 x 坐标轴转动的自由度、绕 y 坐标轴转动的自由度和沿 x 坐标轴移动的自由度、沿 y 坐标轴移动的自由度，支承凸台 3 限制了工件绕 x 坐标轴转动的自由度、绕 y 坐标轴转动的自由度和沿 z 坐标轴移动的自由度，心轴 1 和支承凸台 3 同时限制了工件绕 x 坐标轴转动的自由度和绕 y 坐标轴转动的自由度，出现了过定位现象。

如果工件内孔和心轴的间隙很小，当工件内孔与端面的垂直度误差较大时，工件端面与凸台实际上只有一点相接触，如图 3-5a 所示，造成定位不稳定。更为严重的是，工件一旦被夹紧，夹紧力势必引起心轴或工件的变形，如图 3-5b 所示。这样就会影响工件的装卸和加工精度，这种过定位是不允许的。

但是，在有些情况下，形式上的过定位是允许的。如上例中，当工件的内孔和定位端面是在一次装夹中加工出来的，具有很好的垂直度，而夹具的心轴 1 和支承凸台 3 也具有很好的垂直度，即使二者仍有很小的垂直度偏差，但可由心轴 1 和工件内孔之间的配合间隙来补偿。此时，尽管心轴 1 和支承凸台 3 重复限制了工件绕 x 坐标轴转动的自由度和绕 y 坐标轴转动的自由度，属于过定位，但不会引起相互干涉和冲突，在夹紧力作用下，工件 4 或心轴 1 不会变形。这种定位的定位精度高，刚性好，是可取的。

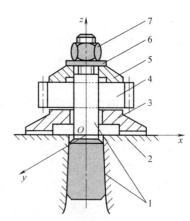

图 3-4 插齿时齿坯的定位

1—心轴 2—工作台 3—支承凸台
4—工件 5—压垫 6—垫圈
7—压紧螺母

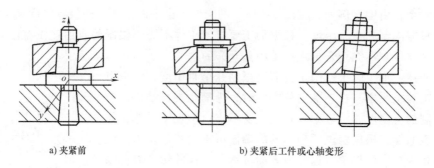

a) 夹紧前   b) 夹紧后工件或心轴变形

图 3-5 齿坯过定位的影响

综上所述，欠定位不能保证工件的加工要求，是不允许的。对于过定位，在一般情况下，由于定位不稳定，夹紧力的作用会使工件或定位元件产生变形，影响加工精度和工件的装卸，应尽量避免；但在有些情况下，只要重复限制自由度的支承点不使工件的装夹发生干涉及冲突，这种形式上的过定位，不仅是可取的，而且有利于提高工件加工时的刚性，在生产实际中也有较多的应用。

任务2 定位基准及其选择

制定零件的机械加工工艺规程时，定位基准的合理选择意义重大。它不仅影响工件装夹的准确可靠及零件表面间的位置尺寸和精度，而且还影响整个工艺过程的安排，甚至还会影响采用的夹具结构。

一、基准的概念及分类

用来确定生产对象上几何要素之间的几何关系所依据的那些点、线、面称为基准。根据基准用途不同，可将基准进行如下分类：

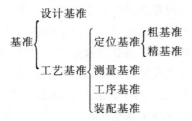

1. 设计基准

设计图样上所采用的基准称为设计基准，即零件图样上用以确定零件上某些点、线、面位置所依据的点、线、面。

2. 工艺基准

加工工艺过程中所采用的基准称为工艺基准。按照用途的不同，可分为如下四种。

（1）定位基准 加工中用作工件定位的基准称为定位基准，其作用是使工件在机床上或夹具中占据正确位置。

工件在机床或夹具上定位时，一般来讲，定位基准就是工件上直接与机床或夹具接触的点、线、面。但是作为定位基准的点、线、面可能是工件上的，也可能是看不见摸不着的中心线、中心平面、球心等，往往需要通过工件某些定位表面来体现，这些表面称为定位基面。例如用自定心卡盘夹持工件外圆，定位基准为外圆轴线，定位基面为外圆面。

定位基准又可分为粗基准和精基准。

1）粗基准：零件开始加工时，所有的面均未加工，只能以毛坯面作定位基准。这种以未加工过的毛坯面作为定位基准的，称为粗基准。

2）精基准：以经过加工的表面作为定位基准的，称为精基准。

（2）测量基准 工件在测量、检验时所使用的基准称为测量基准。

（3）工序基准 工序图上所采用的基准称为工序基准。工序基准在工序图上用来标注本工序加工表面加工后应保证的尺寸和几何公差。就其实质来说，与设计基准有相似之处，只不过是工序图的基准。工序基准大多与设计基准重合，有时为了加工方便，也有与设计基准不重合而与定位基准重合的。

（4）装配基准　装配时用来确定零件或部件在产品中的相对位置所采用的基准称为装配基准。

上述各类基准应尽可能重合。如在设计机器零件时，应尽可能以装配基准作设计基准，以便直接保证装配精度。在编制零件加工工艺规程时，应尽量以设计基准作工序基准，以便直接保证零件的加工精度。在加工和测量工件时，应尽量使定位基准、测量基准与工序基准重合，以便消除基准不重合误差。

二、定位基准的选择

定位基准包括粗基准和精基准。在加工中，首先使用的是粗基准，但在选择定位基准时，为了保证零件的加工精度，首先选择精基准，精基准选定以后，再考虑合理地选择粗基准。

1. 粗基准的选择原则

零件的机械加工是从毛坯开始的。由于毛坯上不具有经过切削加工的表面，因此，在机械加工的起始工序中，选择的定位基准必然是粗基准。由于毛坯表面比较粗糙，所以粗基准会影响工件的位置精度及各加工表面的余量大小，这就决定了粗基准选择的特殊性。粗基准选择时需重点考虑：如何保证各加工表面有足够余量，使不加工表面和加工表面间的尺寸、位置符合零件图样要求。为了合理选择粗基准，一般应遵循如下原则。

（1）合理分配加工余量的原则　第一，应保证各加工表面都有足够的加工余量，如外圆加工以轴线为基准。第二，选择加工余量小而均匀的重要表面作为粗基准，以保证该表面加工余量分布均匀、表面质量高，如床身加工时先加工床身底面，再加工导轨面，如图3-6、图3-7所示。

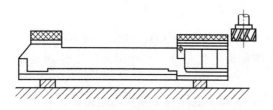

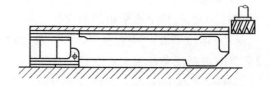

图 3-6　导轨面作粗基准加工床身底面　　　　图 3-7　床身底面作精基准加工导轨面

（2）保证零件加工表面相对于不加工表面具有一定位置精度的原则　一般应以非加工面作为粗基准，这样可以保证不加工表面相对于加工表面具有较为精确的相对位置。当零件上有几个不加工表面时，应选择与加工表面相对位置精度要求较高的不加工表面作粗基准。

如图3-8所示的套筒法兰零件，外圆表面为不加工表面，为保证镗孔后零件的壁厚均匀，应选外圆表面作粗基准来镗孔、车外圆、车端面。

（3）便于装夹的原则　选表面光洁的平面作粗基准，保证定位准确、夹紧可靠。

（4）粗基准一般不得重复使用的原则　在同一尺寸方向上同一粗基准通常只允许使用一次，这是因为粗基准一般都很粗糙，重复使用同一粗基准所加工的两组表面之间位置误差会相当大，因此，粗基准一般不得重复使用。

2. 精基准的选择原则

在以粗基准定位加工出一些表面后，在后续加工中，就应以精基准作为主要的定位基准。选择精基准时，主要考虑基准选择应便于保证加工精度和装夹方便、可靠。因此，精基准选择一般应遵循以下原则。

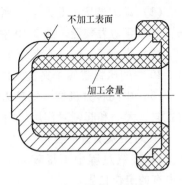

图3-8　套筒法兰

（1）基准重合原则　直接选用加工表面的设计基准（或工序基准）作为定位基准，即为基准重合原则。按照基准重合原则选用定位基准，便于保证设计（或工序）精度，否则会产生基准不重合误差，影响加工精度。

（2）基准统一原则　在大多数工序中，都使用同一基准的原则。这样容易保证各加工表面的相互位置精度，避免因基准变换所产生的误差。例如，加工轴类零件时，一般都采用两个顶尖孔作为统一精基准来加工轴类零件上的所有外圆表面和端面，这样可以保证各外圆表面间的同轴度和端面对轴线的垂直度。

（3）互为基准原则　加工表面和定位表面互相转换的原则。一般适用于精加工和光磨加工中。例如，车床主轴前、后支承轴颈与主轴锥孔间有严格的同轴度要求，常先以主轴锥孔为基准磨主轴前、后支承轴颈表面，然后再以前、后支承轴颈表面为基准磨主轴锥孔，最后达到图样上规定的同轴度要求。

（4）自为基准原则　一些表面的精加工工序，要求加工余量小而均匀，常以加工表面自身为基准。例如，如图3-9所示，在导轨磨床上磨床身导轨表面，被加工床身通过楔铁支承在工作台上，纵向移动工作台时，轻压被加工导轨面上的百分

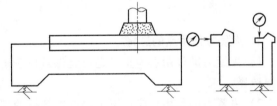

图3-9　床身导轨面自为基准

表，指针便给出了被加工导轨面相对于机床导轨的平行度读数，操作工人根据此读数调整工件底部的4个楔铁，直至工作台带动工件纵向移动时百分表指针基本不动为止，然后将工件夹紧在工作台上进行磨削。

任务3　工件的夹紧

工件在定位元件上定好位后，还需要采用一些装置将工件牢固地夹紧，保证工件在加工过程中不因外力（切削力、工件重力、离心力或惯性力等）作用而发生位移和振动。夹具上用来把工件压紧、夹牢的机构叫作夹紧装置。

一、夹紧装置的组成和基本要求

1. 夹紧装置的组成

图3-10所示为夹紧装置的组成示意图，夹紧装置的组成有：

（1）动力装置　是产生夹紧原始作用力的装置，对机动夹紧机构来说，是指气动、液压、电力等动力装置。图3-10中的气缸就属于动力装置。

（2）夹紧元件　是夹紧装置的最终执行元件，它与工件直接接触，把工件夹紧。图3-10中的压板就属于夹紧元件。

（3）中间传力机构　把动力装置产生的力传给夹紧元件的中间机构。其作用是改变力的方向、大小和起锁紧作用。图3-10中的斜楔、滚子就属于中间传力机构。

2. 对夹紧装置的要求

1）夹紧过程中不得破坏工件在夹具中占有的定位位置。

2）夹紧力要适当，既要保证工件在加工过程中定位的稳定性，又要防止夹紧力过大而损伤工件表面或使工件产生过大的夹紧变形。

3）操作安全、省力。

4）结构应尽量简单，便于制造，便于维修。

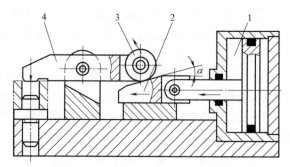

图 3-10　夹紧装置的组成

1—气缸　2—斜楔　3—滚子　4—压板

二、夹紧力的确定

1. 夹紧力作用点的选择

1）夹紧力的作用点应正对定位元件或位于定位元件所形成的支承面内，图3-11所示为错误选择。

2）夹紧力的作用点应位于工件刚性较好的部位，图3-12所示实线箭头处为作用点的正确选择。

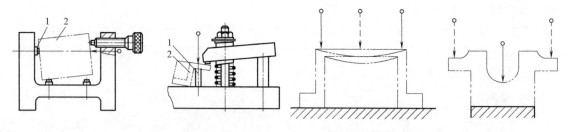

图 3-11　夹紧力作用点的选择 1

1—定位元件　2—元件

图 3-12　夹紧力作用点的选择 2

3）夹紧力的作用点应尽量靠近加工表面，使夹紧稳固可靠，如图3-13所示。

2. 夹紧力作用方向的选择

1）夹紧力的作用方向应垂直于工件的主要定位基面，如图3-14所示。

2）夹紧力的作用方向应与工件刚度最大的方向一致，以减小工件的夹紧变形，如图3-15所示。

3）夹紧力的作用方向应尽量与工件受到的切削力、重力等作用力的方向一致，这样可以减小夹紧力，如图3-16所示。

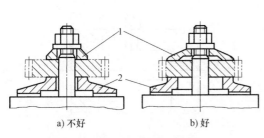

a) 不好　　　b) 好

图 3-13　夹紧力作用点的选择 3

1—压垫　2—支承凸台

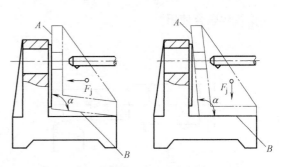

图 3-14　夹紧力作用方向的选择 1

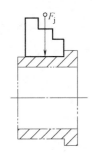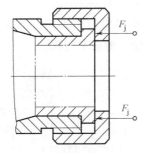

图 3-15　夹紧力作用方向的选择 2

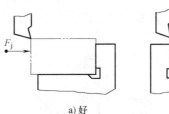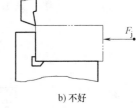

a) 好　　　b) 不好

图 3-16　夹紧力作用方向的选择 3

3. 夹紧力大小的估算

在确定夹紧力时，可将夹具和工件看成一个整体，将作用在工件上的切削力、夹紧力、重力和惯性力等，根据静力平衡原理列出静力平衡方程式，求得夹紧力。为使夹紧可靠，求出的夹紧力应再乘以安全系数 k，粗加工时取 $k = 2.5 \sim 3$，精加工时取 $k = 1.5 \sim 2$。

加工过程中，切削力的作用点、方向和大小可能都在变化，估算夹紧力时应按最不利的情况考虑。

如图 3-17 所示，以在车床上用自定心卡盘安装工件加工外圆为例。只考虑主切削力 F_c 所产生的力矩与卡爪夹紧力 F_j 所产生的摩擦力矩相平衡，可列出如下关系式：

$$F_c d/2 = 3F_{jmin} \mu d_0/2$$

式中　μ——卡爪与工件之间的摩擦因数；

$\quad F_{jmin}$——最小夹紧力。

$$F_{jmin} = F_c d/(3\mu d_0)$$

将最小夹紧力乘以安全系数 k，得到所需要的夹紧力为

$$F_j = kF_c d/(3\mu d_0)$$

三、典型夹紧机构

1. 斜楔夹紧机构

斜楔是夹紧机构中最为基本的一种形式，它是利用斜面移动时所产生的力来夹紧工件的，如图 3-18 所示，斜楔夹紧机构常用于气动和液压夹具中。在手动夹紧时，斜楔往往和

其他机构联合使用。

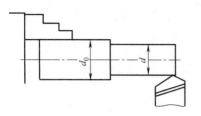

图 3-17 用自定心卡盘安装工件加工外圆

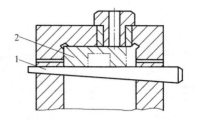

图 3-18 斜楔夹紧机构
1—斜楔 2—工件

2. 螺旋夹紧机构

由螺钉、螺母、垫圈、压板等元件组成的夹紧机构如图 3-19、图 3-20 所示。该机构的特点是结构简单、夹紧力大、自锁性能好、具有较大的夹紧行程。

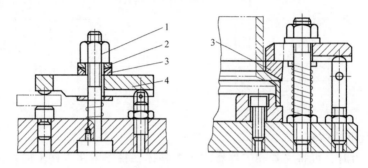

图 3-19 螺旋压板夹紧机构
1—螺母 2—球面垫圈 3—锥面垫圈 4—压板

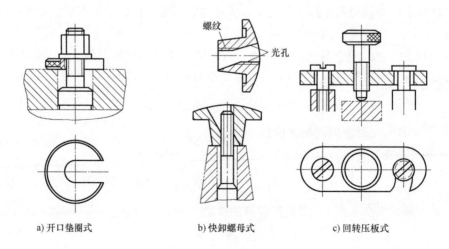

a) 开口垫圈式   b) 快卸螺母式   c) 回转压板式

图 3-20 快速螺旋夹紧机构

3. 偏心夹紧机构

如图 3-21 所示，偏心夹紧机构是斜楔夹紧机构的一种变型，它是通过偏心轮直接夹紧工件或与其他元件组合夹紧工件的。常用的偏心件有圆偏心和曲线偏心两种类型。圆偏心夹紧机构具有结构简单、夹紧迅速等优点；但它的夹紧行程小、增力倍数小、自锁性能差，故一般只在被夹紧表面尺寸变动不大和切削过程振动较小的场合应用。

特别地，铣削加工属断续切削，振动较大，所以铣床夹具一般都不采用偏心夹紧机构。

4. 定心夹紧机构

定心夹紧机构在实现定心作用的同时，又起着夹紧工件的作用。定心夹紧机构中与工件定位基面相接触的元件，既是定位元件，又是夹紧元件。

如图3-22a所示，利用偏心轮2推动卡爪3、4同时向内运动，夹紧工件，实现定心夹紧；如图3-22b所示，利用斜楔实现定心夹紧，中间传力机构推动锥体6向右移动，使三个卡爪5同时向外伸出，对工件内孔进行定心夹紧。

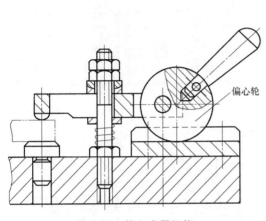

图3-21　偏心夹紧机构

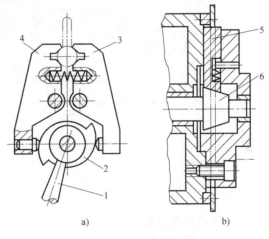

a)　　　　　　b)

图3-22　定心夹紧机构

1—手轮　2—偏心轮　3、4、5—卡爪　6—锥体

5. 铰链夹紧机构

铰链夹紧机构是一种增力装置，它具有增力倍数大、摩擦损失小的优点，广泛应用于气动夹具中。图3-23所示为铰链夹紧机构的一个应用实例。压缩空气进入气缸后，气缸1经铰链扩力机构2，推动压板3、4同时将工件夹紧。

6. 联动夹紧机构

联动夹紧机构是一种高效夹紧机构，它可通过一个操作手柄或一个动力装置，对一个工件的多个夹紧点实施夹紧，或同时夹紧若干个工件，如图3-24所示。

联动夹紧机构应用实例如图3-25所示。图3-25a所示为实现相互垂直的两个方向的夹紧力同时作用的联动夹紧机构，图3-25b所示为实现相互平行的两个夹紧力同时作用的联动夹紧机构。

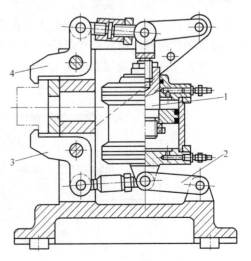

图3-23　铰链夹紧机构

1—气缸　2—扩力机构　3、4—压板

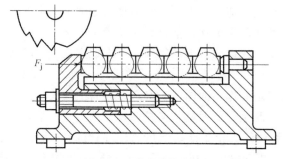

图 3-24　联动夹紧机构

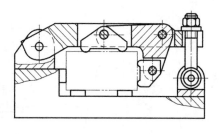

a)

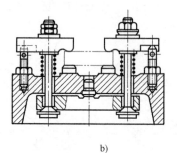

b)

图 3-25　联动夹紧机构应用实例

四、夹紧的动力装置

1. 气动夹紧装置

气动夹紧装置以压缩空气作为动力源,推动夹紧机构夹紧工件。进入气缸的压缩空气的压力为 $0.4 \sim 0.6$ MPa,常用的气缸结构有活塞式和薄膜式两种。

活塞式气缸按气缸装夹方式分为固定式、摆动式和回转式三种,按工作方式分为单向作用式

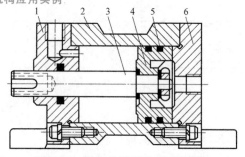

图 3-26　双向作用固定活塞式气缸
1—前盖　2—气缸体　3—活塞杆　4—活塞
5—密封圈　6—后盖

和双向作用式两种,应用最广泛的是双向作用固定活塞式气缸,如图 3-26 所示。

回转式气缸及其应用如图 3-27 所示,其中,导气接头结构如图 3-28 所示。

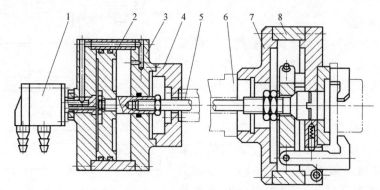

图 3-27　回转式气缸及其应用

1—导气接头　2—活塞　3—气缸体　4、7—过渡杆　5—活塞杆　6—主轴　8—夹具体

2. 液压夹紧装置

液压夹紧装置的结构和工作原理基本与气动夹紧装置相同，所不同的是它所用的工作介质是液压油，工作压力可达 5~6.5MPa。

与气动夹紧装置相比，液压夹紧具有以下优点：

1）传动力大，夹具结构相对比较小。

2）油液不可压缩，夹紧可靠，工作平稳。

3）噪声小。

液压夹紧装置的不足之处是须设置专门的液压系统，应用范围受限制。

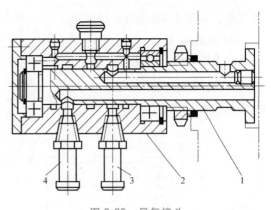

图 3-28　导气接头

1—配气轴　2—阀体　3、4—接头

任务 4　工件的装夹与获得加工精度的方法

一、工件装夹的概念

在开始加工工件前，首先必须使工件在机床上或夹具中占有某一正确的位置，这个过程称为定位。为了使定位好的工件不在切削力的作用下发生位移，而在加工过程中始终保持正确的位置，还需将工件压紧夹牢，这个过程称为夹紧。定位和夹紧的整个过程合起来称为装夹。

二、工件装夹的方式

1. 直接找正装夹

此法是用百分表、划线盘，或通过目测直接在机床上找正工件位置的装夹方法，如图 3-29 所示。

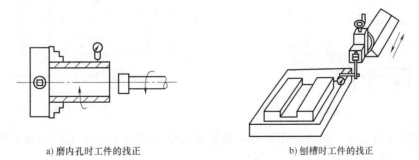

a) 磨内孔时工件的找正　　　　　　　　b) 刨槽时工件的找正

图 3-29　直接找正装夹

2. 划线找正装夹

此方法适合大型工件，单件小批生产时，在工件上按照零件图样要求划出待加工表面的加工线，如图 3-30a 所示。

3. 夹具装夹

此方法适合大量生产，用于保证零件的加工精度，示例及其基准如图 3-30b 所示。

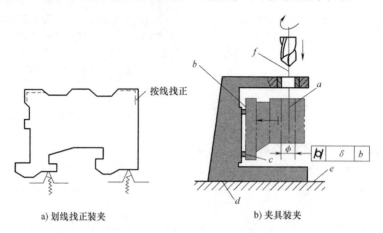

a) 划线找正装夹   b) 夹具装夹

图 3-30 划线找正装夹与夹具装夹

三、获得加工精度的方法

机械加工是为了使工件获得一定的尺寸精度、形状精度、位置精度及表面质量要求。现将机械加工中获得这些精度的主要方法介绍如下。

1. 获得尺寸精度的方法

（1）试切法 该法的操作是"试切—测量—调整—再试切"，反复进行，直至达到要求的加工尺寸，如图 3-31 所示。

（2）调整法 调整法是按要求的尺寸调整好刀具相对于工件的位置，并在一批工件的加工过程中始终保持这个位置不变，以获得规定的加工尺寸，如图 3-32 所示。

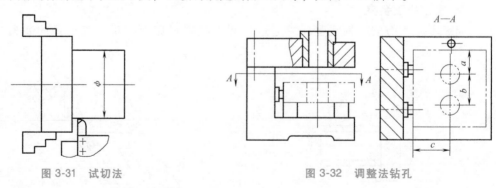

图 3-31 试切法   图 3-32 调整法钻孔

（3）定尺寸刀具法 该法是用具有一定尺寸精度的刀具来保证工件的加工精度。所用刀具如钻头、扩孔钻、铰刀、拉刀、槽铣刀等。

（4）自动控制法 这种方法是将测量装置、进给装置和控制系统组成一个自动加工系统，在加工过程中自动测量工件的加工尺寸，并与所要求的尺寸进行比较后发出信号，信号通过转换、放大后控制机床或刀具做相应调整，直到达到规定加工尺寸。

2. 获得形状精度的方法

（1）轨迹法 这种加工方法是利用刀尖运动的轨迹来形成被加工表面的形状的。普通的车削、铣削、刨削和磨削等均属于刀尖轨迹法。用这种方法得到的形状精度主要取决于成形运动的精度。

（2）成形法 成形法是利用成形刀具的几何形状来代替机床的某些成形运动而获得加工表面形状的，如成形车削、铣削、磨削等。成形法所获得的形状精度主要取决于切削刃的形状精度和成形运动精度。

（3）展成法 利用刀具和工件做展成运动所形成的包络面来得到加工表面形状的方法，如滚齿、插齿、磨齿、滚花键等均属于展成法。这种方法所获得的形状精度主要取决于切削刃的形状精度和展成运动精度。

3. 获得位置精度的方法

机械加工中，被加工表面相对于其他表面位置精度的获得，主要取决于工件的装夹。前述的三种工件装夹方式（直接找正装夹、划线找正装夹、夹具装夹）即是三种获得位置精度的方法，这里不再赘述。

项目小结

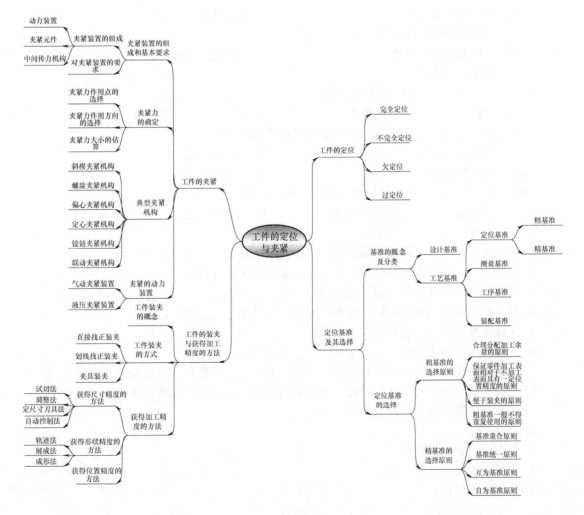

练习思考题

一、选择题

1. 在平面磨床上磨削平面时，要求保证被加工平面与底平面之间的尺寸精度和平行度，这时应限制（　　）。
   A. 5个自由度　　　　B. 4个自由度　　　　C. 3个自由度　　　　D. 2个自由度

2. 在滚齿机上用短心轴和支承板定位加工齿面，属于（　　）。
   A. 完全定位　　　　B. 不完全定位　　　　C. 过定位　　　　D. 欠定位

3. 限制工件的自由度数少于6个，但又能满足定位要求的这种定位方式称为（　　）。
   A. 完全定位　　　　B. 不完全定位　　　　C. 过定位　　　　D. 欠定位

4. 零件在加工时所采用的基准属于（　　）。
   A. 设计基准　　　　B. 测量基准　　　　C. 定位基准　　　　D. 装配基准

5. 设计基准与定位基准重合的原则属于（　　）原则。
   A. 基准统一　　　　B. 互为基准　　　　C. 基准重合　　　　D. 自为基准

6. 粗基准一般（　　）。
   A. 不能重复使用　　　　　　　　　B. 能重复使用一次
   C. 能重复使用二次　　　　　　　　D. 能重复使用三次

7. 不是精基准选择原则的是：（　　）。
   A. 重要表面为精基准　　　　　　　B. 基准重合原则
   C. 基准统一原则　　　　　　　　　D. 互为基准原则

8. 图3-10中的（　　）属于动力装置。
   A. 气缸　　　　B. 斜楔　　　　C. 滚子　　　　D. 压板

9. 利用斜面移动时所产生的力来夹紧工件的夹紧机构是（　　）。
   A. 斜楔夹紧机构　　　　　　　　　B. 螺旋夹紧机构
   C. 偏心夹紧机构　　　　　　　　　D. 定心夹紧机构

10. 下列方法中，可以获得工件尺寸精度的方法是（　　）。
    A. 轨迹法　　　　B. 成形法　　　　C. 自动控制法　　　　D. 展成法

二、填空题

1. 根据加工要求，工件需要限制的自由度而没有限制的定位，称为____。
2. 工件的同一自由度被两个以上不同定位元件重复限制的定位方式，称为____。
3. 零件加工与装配过程中的工艺基准可分为____、____、____、____。
4. 根据作用和应用场合不同，基准可分为____基准和____基准。
5. 定位基准包括____基准和____基准。
6. 夹紧力的作用方向应垂直于工件的____定位基面。
7. 螺旋夹紧机构的特点是结构简单、夹紧力大、____性能好、具有较大的夹紧行程。
8. 定心夹紧机构中与工件定位基面相接触的元件，既是定位元件，又是____元件。
9. 定位和夹紧的整个过程合起来称为____。

三、问答题

1. 何谓六点定位规则？
2. 为什么说夹紧不等于定位？
3. 什么是欠定位？

4. 在什么情况下可以使用过定位？

5. 什么是基准？

6. 对夹紧装置的要求是什么？

7. 夹紧力作用点如何选择？

8. 铰链夹紧机构有什么优点？

9. 夹紧的动力装置有哪些？

10. 工件装夹的方式有哪些？

四、分析题

1. 分析图 3-33 所示各图的定位情况，各元件被限制了哪几个自由度？属何种定位？若有问题，如何改进？

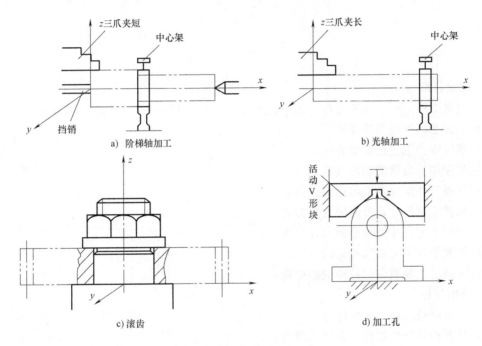

图 3-33　题 1 图

2. 加工连杆大头孔的定位如图 3-34 所示，试根据六点定位规则分析各定位元件限制的自由度。

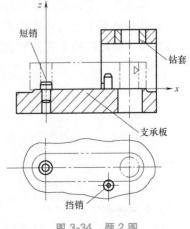

图 3-34　题 2 图

项目4

CHAPTER 4

机械加工工艺规程制订

【学习目标】

1. 知识目标

1) 明确生产过程、工艺过程、工序、安装、工位、工步、走刀的定义及区别。

2) 掌握毛坯种类及选择原则。

3) 掌握零件工艺分析的方法。

4) 掌握加工余量的确定方法。

5) 掌握工件定位基准的选择原则。

6) 掌握工序尺寸及公差的确定方法。

7) 掌握工艺尺寸链的绘制与计算方法。

8) 掌握零件工艺路线拟订的方法。

9) 明确工艺规程制订的步骤和原则。

2. 技能目标

1) 具备合理选择毛坯的能力。

2) 具备独立分析零件工艺性的能力。

3) 具备独立确定加工余量的能力。

4) 具备选择工件定位基准的能力。

5) 具备计算工艺尺寸链的能力。

6) 具备制订零件工艺规程的能力。

任务 1　机械加工工艺基础概念认知

一、生产过程和工艺过程

1. 生产过程

机械产品制造过程中，将原材料（半成品）转变为成品的全过程，称为生产过程。生产过程是原材料和成品之间相互联系的劳动过程的总和，组成框图如图4-1所示。

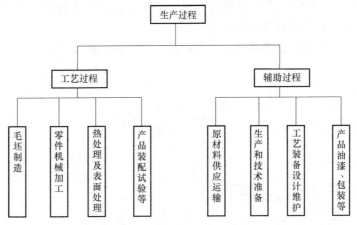

图4-1 机械制造生产过程组成

机械产品生产过程一般比较复杂，为便于组织生产，提高生产效率和降低生产成本，利于产品的标准化和专业化生产，许多产品生产往往不在一个工厂（或车间）内独立完成，而是按照行业分类组织生产，由众多工厂（或车间）共同协作完成。例如，汽车的生产过程是由发动机、底盘、电气设备、仪表等协作制作工厂（或车间），及汽车焊装厂、涂装厂、总装厂等单位的生产过程所组成。

生产过程可以指整台机器的制造过程，也可以指某一零件或部件的制造过程。工厂将进厂的原材料制成该厂产品的过程即为该厂的生产过程，它又可以分为若干车间的生产过程。某个工厂（或车间）的成品可能是另一个工厂（或车间）的原材料。

2. 工艺过程

工艺是指将各种原材料、半成品转变为成品的方法。工艺过程是指在生产过程中直接改变生产对象的形状、尺寸、相对位置和性质等，使之成为半成品或成品的过程。工艺过程是生产过程的主体。

机械加工工艺过程是指依据机械加工方法按一定顺序逐步改变毛坯形状、尺寸和表面质量，使其成为成品的过程。本项目主要讨论机械加工工艺过程，以下简称为"工艺过程"。

二、工艺过程的组成

工艺过程由一个或若干个顺序排列的工序组成，每个工序又可分为若干个安装、工位、工步和走刀。

1. 工序

一个或一组工人，在一个工作地或一台机床上，对一个或同时对几个工件所连续完成的那一部分工艺过程称为工序。

判断一系列加工内容是否属于同一道工序的关键依据在于加工内容是否在同一工作地连续完成。这里的"工作地"可指一台机床、一个钳工台或一个装配地点；这里的"连续"是指对具体零件的加工内容是连续进行的，中间没有插入其他工件加工。例如，在车床上加工一轴类零件，尽管在加工过程中可能多次调头装夹工件及更换刀具，只要没有更换机床，也没有在加工过程中插入其他工件加工，那么在此机床上对该轴类零件完成的所有加工内容都属于同一道工序。

对于图 4-2 所示阶梯轴，生产批量较小时，其工艺过程及工序划分见表 4-1；生产批量较大时，其工艺过程及工序划分见表 4-2。

工序是工艺过程的基本组成部分，也是确定工时定额、配备工人、安排作业计划和质量检验等的基本单元。

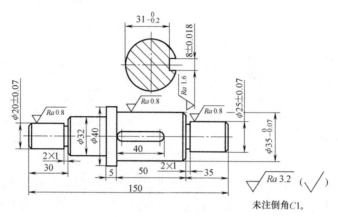

图 4-2 阶梯轴简图

表 4-1 阶梯轴工艺过程（小批量生产）

工序号	工序内容	设备
1	车端面、钻中心孔	车床
2	车外圆、车槽、倒角	车床
3	铣键槽、去毛刺	铣床
4	磨外圆	磨床

表 4-2 阶梯轴工艺过程（大批量生产）

工序号	工序内容	设备
1	两端同时铣端面、钻中心孔	车床
2	车一端外圆、车槽、倒角	车床
3	车另一端外圆、车槽、倒角	车床
4	铣键槽	铣床
5	去毛刺	钳工台
6	磨外圆	磨床

2. 安装

工件（或装配单元）经一次装夹后所完成的那部分工序称为安装。在一道工序中，工件可能只需装夹一次，也可能需要装夹几次，每一次装夹必然伴随一次安装。

加工过程中应尽量减少安装次数，因为在一次安装中加工的多个表面容易保证各表面之间的位置精度，而且可以减少装卸工件的辅助时间，提高生产效率。

3. 工位

当采用回转工作台、回转夹具或多轴机床时，使工件在一次安装中先后经过若干个不同位置顺次进行加工。工件经一次装夹后，在机床上占据每一个位置所完成的那部分工序称为工位。

如果一个工序只有一次安装，该安装又只有一个工位，则工序内容就是安装内容，同时也是工位内容，如图4-2所示。

4. 工步

工件在被加工表面（或装配时的连接表面）、加工（或装配）工具和切削用量都不变的情况下，所连续完成的那一部分工序内容。这里的"连续"是指切削用量中的转速与进给量均没有发生改变。以上几个因素中任意一个因素发生变化，即形成新的工步。

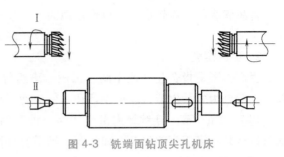

图4-3 铣端面钻顶尖孔机床

一道工序可以包括一个或几个工步。在一个工步内，若有几把刀具同时加工几个不同表面，称此工步为复合工步，如图4-3所示。采用复合工步可以提高生产效率。

5. 走刀

走刀是指切削刀具在加工表面上每切削一次所完成的那部分工步。一个工步中，若加工表面需要切除的材料层较厚，无法一次全部切除，需分几次切除，则每切除一层材料称为一次走刀。

一个工步可以包括一次或多次走刀。工序、安装、工位、工步和走刀之间的关系如图4-4所示。

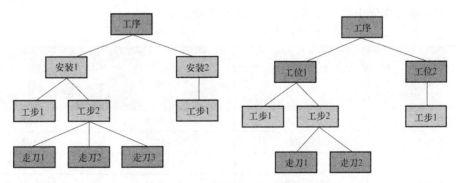

图4-4 工序组成关系图

三、生产纲领和生产类型

1. 生产纲领

企业在计划期内应生产的产品产量和进度计划称为该产品的生产纲领。企业的计划期常被定为一年，因此，生产纲领又被称为"年产量"。机器中某一种零件的生产纲领除了生产该机器所需要的数量外，还应包括一定量的备品和废品，所以零件的生产纲领可按下式计算：

$$N = Qn(1+\alpha)(1+\beta)$$

式中　N——零件的年生产纲领（件）；

Q——产品的年生产纲领（台）；

n——每台产品中该零件的数量（件/台）；

α——备品的百分率；

β——废品的百分率。

备品和废品占比较小时，也可近似为

$$N = Qn(1+\alpha+\beta)$$

2. 生产类型

生产类型是指企业（或车间、工段、班组等）生产专业化程度的分类，取决于生产纲领，一般分为大量生产、成批生产和单件生产三种类型。

（1）大量生产　连续地大量生产同一种产品，生产的产品数量很大。大多数工作地长期只进行某一道工序的生产，如汽车、轴承、标准件等。

（2）成批生产　一年中分批、轮流地生产若干不同的产品，每种产品都有一定的数量，生产对象周期性重复，如通用机床、电动机、纺织机械等。每次投入或产出的同一种产品（或零件）的数量称为批量。按照批量的大小，成批生产分小批生产、中批生产、大批生产。小批生产接近于单件生产，大批生产接近于大量生产。中批生产是指产品品种规格有限，生产有一定的周期性。

（3）单件生产　指生产的产品品种多，但同一种产品的产量少。各个工作地的加工对象经常变化，很少重复生产，如试制产品、机修零件、专用工夹量具、重型机械等。

生产类型的划分，可根据生产纲领、产品的特点、零件的重量及工作地可担负的工序数确定，参见表4-3。同一企业或车间可能同时存在几种生产类型，判断企业或车间的生产类型，可依据企业或车间中占主导地位的产品的生产类型。

表4-3　生产类型和生产纲领的关系

生产类型	生产纲领(件/年)		
	重型机械或重型零件 （>100kg）	中型机械或中型零件 （10～100kg）	小型机械或轻型零件 （<10kg）
单件生产	<5	<20	<100
小批生产	5～100	20～200	100～500
中批生产	101～300	201～500	501～5000
大批生产	301～1000	501～5000	5001～50000
大量生产	>1000	>5000	>50000

各种生产类型的工艺特点见表4-4。

表4-4　各种生产类型的工艺特点

生产类型 工艺特点	单件、小批生产	中批生产	大批、大量生产
零件互换性	钳工试配	普遍应用互换性，保留某些试配	全部互换，某些精度较高的配合用配磨、配研、选择装配保证

（续）

工艺特点＼生产类型	单件、小批生产	中批生产	大批、大量生产
毛坯的制造方法与加工余量	木模手工造型及自由锻造；毛坯精度低，加工余量大	部分采用机器造型及模锻；毛坯精度和加工余量中等	广泛采用机器造型、模锻或其他少无切削及高效率毛坯生产工艺；毛坯精度高，加工余量少
机床布置及生产组织形式	通用机床，机群式布置，工作很少专业化	机床按工艺路线布置成流水线，按周期变换流水生产组织形式	机床严格按生产环节和工艺路线布置
工艺装备	大多采用通用工具、标准附件、通用刀具和万能量具；靠划线和试切达到要求	部分采用专用夹具，部分靠找正达到精度要求；较多采用专用刀具和量具	广泛采用专用夹具、复合刀具、专用量具或自动检验装置；靠调整法达到精度要求
装配组织形式	装配对象固定不动，熟练程度很高的装配工人对一个产品由始至终装配完成	装配对象固定不动，装配工人在同类工种中实行专业化	采用移动式流水装配，每一位装配工人只完成某一、二项装配工作
对工人技术等级的要求	高	中等	对操作工技术等级要求低，对调整工技术等级要求高
工艺文件的详细程度	只编制简单的工艺过程卡片，关键工序要求有工序卡	除工艺卡外，重要工序需编制工序卡（关键零件也需编制工序卡）	详细编制工艺规程所有文件：工艺过程卡、工序卡，关键工序要有调整卡和检验卡
生产率	低	中	高
生产成本	高	中	低

任务2　毛坯的确定

根据零件所要求的形状、尺寸等制成的供进一步加工使用的生产对象称为毛坯。制定零件工艺规程时，合理选择毛坯不仅影响毛坯本身的制造工艺和费用，而且直接影响到零件加工的质量、使用性能、成本和生产率。因此，选择毛坯应从毛坯的制造和机械加工两方面综合考虑。

一、毛坯的种类

毛坯种类很多，同一种毛坯又有多种不同的制造方法，常用毛坯主要有以下几种。

1. 轧制件

主要包括各种热轧和冷拉圆钢、方钢、六角钢、八角钢等型材。热轧毛坯精度较低，冷拉毛坯精度较高。

2. 铸件

铸件适用于结构形状较复杂的毛坯，制造方法主要有砂型铸造、金属型铸造、压力铸造、熔模铸造、离心铸造等，较常用的是砂型铸造。当毛坯精度要求低、生产批量较小时，采用木模手工造型法；当毛坯精度要求高、生产批量很大时，采用金属型机器造型法。

常用的铸件材料主要包括铸铁、铸钢、铜、铝等合金。

3. 锻件

锻件毛坯经锻造后可得到连续和均匀的金属纤维组织，因此力学性能较好。锻件适用于强度要求高、结构形状较简单的毛坯，锻造方法有自由锻和模锻两种。自由锻毛坯精度低、加工余量大、生产率低，适用于单件小批生产以及大型零件。模锻毛坯精度高、加工余量小、生产率高，适用于中批量及以上生产的中小型零件。

常用的锻造材料为中、低碳非合金工具钢及低碳合金工具钢。

4. 焊接件

焊接件是由型材或板材等焊接而成的，其优点是制造简单、生产周期短、节省材料、重量轻。但其抗振性较差、变形大，需经时效处理后才能进行机械加工。

常用的焊接材料为低碳非合金工具钢及低碳合金工具钢。

5. 其他毛坯

其他毛坯包括冲压件、粉末冶金件、冷挤件、塑料压制件等。

二、毛坯的选择

1. 选择毛坯时应该考虑的因素

（1）零件的生产纲领　大量生产的零件应选择精度和生产率高的毛坯制造方法，用于毛坯制造的昂贵费用可由材料消耗的减少和机械加工费用的降低来补偿。例如，铸件采用金属模机器造型或精密铸造；锻件采用模锻、精锻；选用冷拉和冷轧型材。单件小批生产时应选择精度和生产率较低的毛坯制造方法。

（2）零件材料的工艺性　零件的使用要求决定了毛坯形状特点，各种不同的使用要求和形状特点，形成了相应的毛坯成形工艺要求。零件的使用要求具体涉及对其形状、尺寸、加工精度、表面粗糙度等外部质量的要求，以及对其化学成分、金属组织、力学性能、物理性能和化学性能等内部质量的要求。对于不同零件的使用要求，必须考虑零件材料的工艺特性，确定采用何种毛坯成形方法。例如，材料为铸铁或青铜的零件应选择铸造毛坯；对于钢质零件，当形状不复杂、力学性能要求又不太高时，可选用型材；重要的钢质零件，为保证其力学性能，应选择锻造件毛坯。

（3）零件的结构形状和尺寸　形状复杂的毛坯，一般采用铸造方法制造，薄壁零件不宜用砂型铸造。一般用途的阶梯轴，若各段直径相差不大，可选用圆棒料；若各段直径相差较大，为减少材料消耗和机械加工的劳动量，则宜采用锻造毛坯，尺寸大的一般选择自由锻造，中小型尺寸可考虑选择模锻件。

（4）现有的生产条件　选择毛坯时，还要考虑本厂的毛坯制造水平、设备条件以及外协的可能性和经济性等。

（5）充分考虑利用新技术、新材料、新工艺的可能性　为节约材料和能源，随着毛坯专业化生产的发展，精铸、精锻、冷轧、冷挤压等毛坯制造方法的应用将日益广泛，为实现少切屑、无切屑加工打下良好基础，可以大大减少切削加工量甚至不需要切削加工，大大提高经济效益。

2. 毛坯选择的原则

（1）工艺性原则　针对不同零件的使用要求，必须考虑零件材料的工艺特性，如铸造性能、锻造性能、焊接性能等，确定采用何种毛坯成形方法。例如，不能采用锻压成形的方法并避免采用焊接成形的方法来制造灰铸铁毛坯；避免采用铸造成形的方法制造流动性较差的薄壁毛坯；不能采用普通压力铸造的方法铸造成形致密度要求较高或铸后需热处理的毛坯；不能采用锤上模锻的方法锻造铜合金等再结晶速度较低的材料。选择毛坯成形方法的同时，也要兼顾后续机械加工的可加工性。对于一些结构复杂，难以采用单种成形方法成形的毛坯，既要考虑各种成形方案结合的可能性，也需考虑这些结合是否会影响后续机械加工的可加工性。

（2）适应性原则　在毛坯成形方案的选择中，还要考虑适应性原则。根据零件的结构形状、外形尺寸和工作条件要求，选择相适应的毛坯制造方案。

例如，对于阶梯轴类零件，当各段直径相差不大时，可用棒料；若相差较大，则宜采用锻造毛坯。形状复杂和薄壁的毛坯，一般不应采用金属型铸造；尺寸较大的毛坯，通常不采用模锻、压力铸造或熔模铸造，多数采用自由锻、砂型铸造和焊接等方法制坯。

（3）生产条件兼顾原则　毛坯的成形方案要根据现场生产条件选择。现场生产条件主要包括现场毛坯制造的实际工艺水平、设备状况以及外协的可能性和经济性，但同时也要考虑生产条件发展而采用较先进的毛坯制造方法。

为此，选择毛坯时，应分析本企业现有的生产条件，包括设备能力和员工技术水平，尽量利用现有生产条件完成毛坯制造任务。若现有生产条件难以满足要求，则应考虑改变零件材料和（或）毛坯成形方法，也可通过外协加工或外购解决。

（4）经济性原则　选择毛坯的种类和制造方法时，一般应使毛坯尺寸、形状尽量与成品零件相近，从而减少加工余量，提高材料的利用率，减少机械加工工作量。一般的规律是，单件小批生产时，可采用手工砂型铸造、自由锻造、焊条电弧焊、板金钳工等成形方法；在批量生产时可采用机器造型、模锻、埋弧焊或其他自动焊接方法，以及板料冲压等成形方法。

三、毛坯形状及尺寸的确定

毛坯尺寸与零件图样上相应的设计尺寸之差称为加工总余量，又叫作毛坯余量。毛坯尺寸的公差称为毛坯公差。毛坯余量和毛坯公差的大小同毛坯的制造方法有关，生产中可参考有关工艺手册和标准确定。

毛坯形状和尺寸的确定，除了将毛坯余量附在零件相应的加工表面上之外，有时还要考虑到毛坯的制造、后续机械加工及热处理等工艺因素的影响。在这种情况下，毛坯的形状可能与工件的形状有所不同。

任务3　分析零件的工艺性

对零件进行工艺分析，发现问题后及时提出修改意见，是机械加工工艺规程制定时的一项重要基础工作。分析零件的工艺性，主要包括如下两个方面。

一、零件的技术要求分析

零件的技术要求包括：

1）加工表面的尺寸精度和形状精度。

2）各加工表面之间，及加工表面与不加工表面之间的位置精度。

3）加工表面粗糙度及表面质量方面的其他要求。

4）热处理及其他要求（动平衡、未注倒角、去毛刺等）。

二、零件的结构工艺性分析

零件的结构工艺性是指设计的零件在满足使用要求的前提下，制造的可行性和经济性，也包括零件加工工艺过程的工艺性，如铸造、锻造、冲压、焊接、热处理、切削加工等过程的工艺性，涉及面广，具有综合性。在不同的生产类型和生产条件下，同一种零件制造的可行性和经济性可能不同。因此，分析零件的工艺性时，必须根据具体的生产类型和生产条件，全面、具体、综合地分析。

制定机械加工工艺规程时，主要分析零件的切削加工工艺性，主要涉及如下内容：

1）工件便于在机床或夹具上装夹，并尽量减少装夹次数。

2）刀具易于接近加工部位，便于进刀、退刀、越程和测量，以及便于观察切削情况等。

3）尽量减少加工面积及空行程，提高生产效率。

4）尽量减少刀具调整和走刀次数。

5）便于采用标准刀具，尽可能减少刀具种类。

6）尽量减少刀具和工件的受力变形。

7）有适宜的定位基准，定位基准至加工面的标注尺寸应便于测量。

8）改善加工条件，使其便于加工，必要时应便于采用多刀、多件加工。

零件切削加工的结构工艺性示例见表 4-5。

表 4-5　零件切削加工的结构工艺性示例

主要要求	结构工艺性对比		工艺性好的零件结构所具有的优点
	不好	好	
加工面积应尽量小			减小了加工面，以减少加工劳动量和切削工具的消耗量
避免斜孔			可简化夹具结构平行孔便于同时加工

（续）

主要要求	结构工艺性对比		工艺性好的零件结构所具有的优点
	不好	好	
钻孔的入端和出端应避免斜面	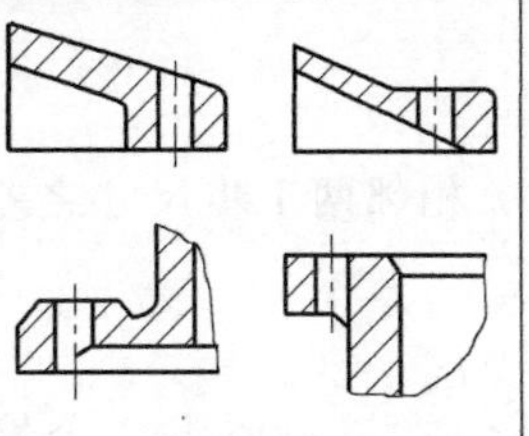	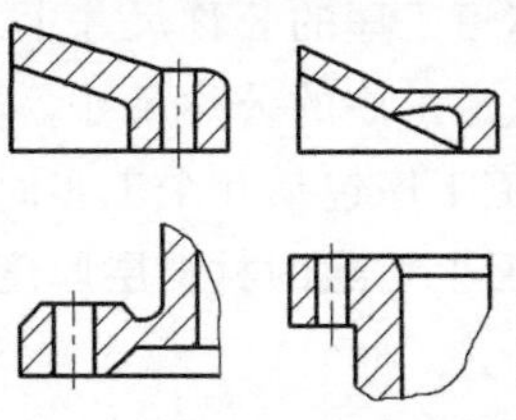	可避免刀具损坏、提高钻孔精度、提高生产率
孔的位置不能距侧壁结构太近	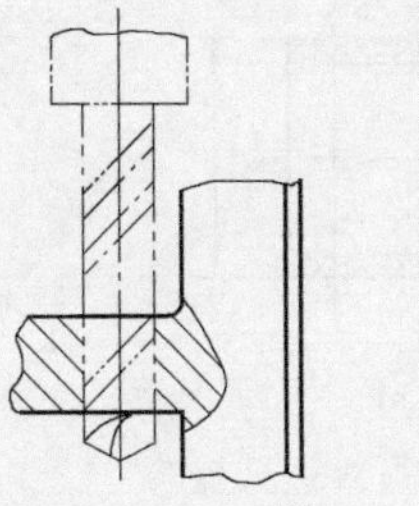	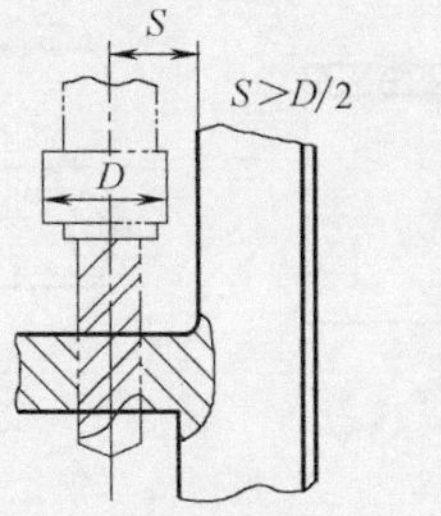	可采用标准刀具和辅具，提高加工精度

任务4 加工余量的确定

一、加工余量的概念

为了保证零件的加工质量（精度和表面粗糙度），在加工过程中，需要从加工表面上切除的材料层的厚度，称为加工余量。加工余量分为加工总余量和工序余量。

1. 工序余量

工序余量是指相邻两工序的工序尺寸之差，即在一道工序中从某一加工表面上切除的材料层厚度。

对于平面的加工表面，如图 4-5a 所示，加工余量是单边余量，即

$$Z_b = l_a - l_b \tag{4-1}$$

式中　Z_b——本道工序的工序余量；

　　　l_b——本道工序的公称尺寸；

　　　l_a——上道工序的公称尺寸。

对于内孔、外圆等回转表面，如图 4-5b、c 所示，其加工余量是双边余量，即相邻两道工序的直径差。

对于外圆表面，有

$$2Z_b = d_a - d_b$$

对于内孔表面，有

$$2Z_b = D_b - D_a$$

式中　$2Z_b$——直径方向的加工余量；

　　　d_a——外圆表面上道工序的公称尺寸；

　　　d_b——外圆表面本道工序的公称尺寸；

　　　D_b——内孔表面本道工序的公称尺寸；

　　　D_a——内孔表面上道工序的公称尺寸。

当加工某个表面的某道工序包括几个工步时，相邻两工步尺寸之差就是工步余量，即在一个工步中从某一加工表面上切除的材料层厚度。

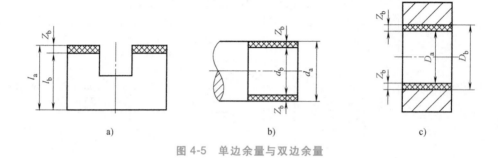

图 4-5　单边余量与双边余量

2. 加工总余量

某一加工表面毛坯尺寸与零件设计尺寸之差称为总余量，总余量 $Z_总$ 与工序余量 Z_i 之间的关系可表示为

$$Z_总 = \sum_{i=1}^{n} Z_i \tag{4-2}$$

式中　$Z_总$——加工总余量；

　　　Z_i——第 i 道工序的工序余量；

　　　n——加工该表面的工序总数。

由于毛坯制造和各工序加工后的工序尺寸都不可避免地存在误差，因此无论是加工总余量还是工序余量都不是一个固定值，有最大余量和最小余量之分，余量的变动范围称为余量公差。余量公差即加工余量的变动范围，是最大加工余量与最小加工余量的差值，等于上道工序与本道工序两道工序尺寸的公差之和。

二、确定加工余量的方法

加工余量的大小对零件的加工质量和生产效率均有较大的影响。加工余量过大，不仅增加机械加工的劳动量，降低生产效率，而且增加材料、工具和能源消耗，导致加工成本升高。若加工余量过小，又不能保证消除上道工序的各种误差和表面缺陷，甚至产生废品。因此，应当合理地确定加工余量。确定加工余量的方法有如下几种。

1. 经验估算法

经验估算法是工艺人员根据积累的经验确定加工余量的方法，一般用于单件小批生产。从实际情况看，为防止余量过小而产生废品，余量选择通常偏大。

2. 查表修正法

查表修正法以生产实践和试验研究积累的有关加工余量数据资料为基础，按具体生产条件加以修正来确定加工余量。该方法在各工厂中应用广泛。

3. 分析计算法

分析计算法是在分析影响加工余量因素的基础上，根据一定的计算关系式计算加工余量的方法。该方法根据实验资料和计算公式综合确定加工余量，比较科学，但由于所需数据通常不完整，计算较复杂，故目前很少采用。

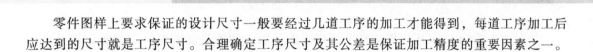

任务5　工序尺寸及公差的确定

零件图样上要求保证的设计尺寸一般要经过几道工序的加工才能得到，每道工序加工后应达到的尺寸就是工序尺寸。合理确定工序尺寸及其公差是保证加工精度的重要因素之一。

不同情况下，工序尺寸及其公差的确定方法是不一样的，现将方法归纳如下。

一、引用法

引用法即直接引用零件图样上给出的设计尺寸及其公差（或极限偏差）作为工序尺寸及其公差（或极限偏差）。

当某些表面只需进行一次加工或对于多次加工中的最后一次加工，且定位基准与设计基准重合时，均可采用此方法确定工序尺寸及其公差（或极限偏差）。

二、余量法

利用上一任务中介绍的确定加工余量的方法，在确定工序余量的同时，同步确定工序尺寸及其公差（或极限偏差）。

三、工艺尺寸链法

工艺尺寸链法是通过解算工艺尺寸链来确定工序尺寸及其公差（或极限偏差）的一种方法，多用于工序基准与设计基准不重合时工序尺寸及其公差（或极限偏差）的确定。

机械零件无论在设计还是制造中，一个重要的问题就是如何保证加工质量。也就是说，设计一部机器及其零件，除了要正确选择材料，进行强度、刚度、运动精度计算外，还必须进行几何精度计算，合理地确定机器零件的尺寸、几何形状和相互位置公差，在满足产品设计预定技术要求的前提下，能使零件、机器获得经济地加工和顺利地装配。为此，需对设计图样上要素与要素之间，零件与零件之间有相互尺寸、位置关系要求，且能构成首尾衔接、形成封闭形式的尺寸组加以分析，研究他们之间的关系，计算各个尺寸的极限偏差及公差，以便选择可保证达到产品规定公差要求的设计方案与经济的工艺方法。

（一）工艺尺寸链的基本知识

1. 尺寸链的概念与组成

（1）尺寸链的概念　在机器装配或零件加工过程中，由相互联系且按一定顺序排列的尺寸形成封闭尺寸组，该尺寸组称为尺寸链。

如图 4-6a 所示，零件经过加工依次获得尺寸 A_1、A_2 和 A_3，则尺寸 A_0 随之确定。A_0、

A_1、A_2 和 A_3 形成尺寸链,如图 4-6b 所示,A_0 尺寸在零件图样上是根据加工顺序间接保证的,在零件图样上是不标注的。

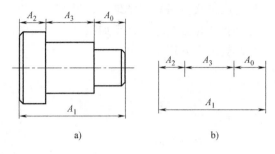

图 4-6   零件尺寸链

如图 4-7a 所示,车床主轴轴线与尾座顶尖轴线之间的高度差 A_0、尾架顶尖轴线高度 A_1、尾架底板高度 A_2 和主轴轴线高度 A_3 等设计尺寸也可相互连接成封闭的尺寸组,形成的装配尺寸链如图 4-7b 所示。

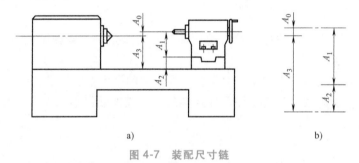

图 4-7   装配尺寸链

(2)尺寸链的组成

为了便于分析和计算尺寸链,对尺寸链中的各组成尺寸进行如下定义:

1)环。列入尺寸链中的每一个尺寸称为环,分为封闭环与组成环两种。

2)封闭环。封闭环是尺寸链中在设计、装配或加工过程中最后(自然或间接)形成的一环。任何一个尺寸链有且只有一个封闭环,它也是确保机器装配精度要求或零件加工质量的一环,封闭环加下角标"0"表示。

3)组成环。尺寸链中除封闭环以外的其他各环都称为组成环。组成环对封闭环有影响,任一组成环的变动必然引起封闭环的变动,组成环又可分为增环与减环。

4)增环。尺寸链中的组成环,当尺寸链中其他组成环不变时,某一组成环增大,封闭环亦随之增大;该组成环减小,封闭环亦随之减小,则该组成环称为增环。

5)减环。尺寸链中的组成环,当尺寸链中其他组成环不变时,某一组成环增大,封闭环反而随之减小;该组成环减小,封闭环反而随之增大,则该组成环称为减环。

有时增、减环的判别不是很容易,图 4-8 所示的尺寸链中,当 A_0 为封闭环时,增、减环的判别就较困难。这时可用回路法进行判别,方法是:从封闭环 A_0 开始顺着一定的路线标箭头,凡是箭头方向与封闭环箭头方向相反的环,便是增环;箭头方向与封闭环箭头方向相同的环,便为减环。图 4-8 中,根据回路法判别增、减环,A_1、A_3、A_5 和 A_7 为增环,A_2、A_4、A_6 为减环。

2. 尺寸链的类型

（1）按不同生产过程的应用划分

1）装配尺寸链。在机器设计或装配过程中，由一些相关零件形成有联系的封闭的尺寸组，称为装配尺寸链，如图4-7所示。

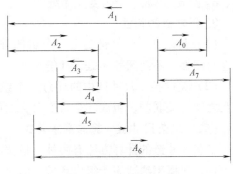

图 4-8　尺寸链的判定

2）零件尺寸链。同一零件上由各个设计尺寸构成相互有联系的封闭的尺寸组，称为零件尺寸链，如图4-6所示，设计尺寸是指图样上标注的尺寸。

3）工艺尺寸链。在机械加工过程中，同一零件上由各个工艺尺寸构成相互有联系的封闭的尺寸组，称为工艺尺寸链。工艺尺寸是指工序尺寸、定位尺寸、基准尺寸。

装配尺寸链与零件尺寸链统称为设计尺寸链。

（2）按组成尺寸链的各环在空间所处的形态划分

1）直线尺寸链。尺寸链的全部环都位于两条或几条平行的直线上，称为直线尺寸链。图4-6～图4-8所示即为直线尺寸链。

2）平面尺寸链。尺寸链的全部环都位于一个或几个平行的平面上，但其中某些组成环不平行于封闭环，这类尺寸链，称为平面尺寸链。图4-9所示即为平面尺寸链。将平面尺寸链中各有关组成环按平行于封闭环的方向投影，就可将平面尺寸链简化为直线尺寸链来计算。

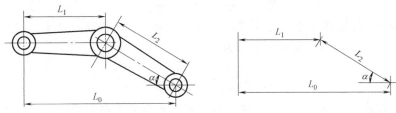

图 4-9　平面尺寸链

3）空间尺寸链。尺寸链的全部环位于空间不平行的平面上，这类尺寸链称为空间尺寸链。

对于空间尺寸链，一般按三维坐标分解，化成平面尺寸链或直线尺寸链，然后根据需要，在某特定平面上求解。

（3）按构成尺寸链各环的几何特征划分

1）长度尺寸链。表示零件两要素之间距离的尺寸为长度尺寸，由长度尺寸构成的尺寸链，称为长度尺寸链。图4-6、图4-7所示即为长度尺寸链，其各环位于平行线上。

2）角度尺寸链。表示零件两要素之间位置关系的尺寸为角度尺寸，由角度尺寸构成的尺寸链，称为角度尺寸链。其各环尺寸为角度量，或平行度、垂直度等等。图4-10所示为由各角度所组成的封闭多边形，这时 α_1、

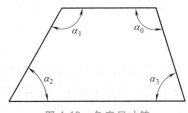

图 4-10　角度尺寸链

α_2、α_3 及 α_0 构成一个角度尺寸链。

3．尺寸链的特性

（1）封闭性　尺寸链是由一个封闭环和若干个组成环相互连接形成的一个封闭图形，具有封闭性，不封闭就不是尺寸链。

（2）关联性　尺寸链中的任意一个组成环发生变化，封闭环都将随之发生变化，它们相互之间是关联的，组成环是自变量，封闭环是因变量。

（二）工艺尺寸链计算的基本公式

工艺尺寸链的计算方法有两种：极值法和概率法。极值法适用于组成环数量较少的尺寸链计算，而概率法适用于组成环较多的尺寸链计算。工艺尺寸链计算主要应用极值法，本项目仅介绍尺寸链的极值法计算。

极值法是按各环的极限值进行尺寸链计算的方法。这种方法的特点是从保证完全互换着眼，由各组成环的极限尺寸计算封闭环的极限尺寸，从而求得封闭环尺寸公差，所以这种方法又称为完全互换法。

（1）封闭环的公称尺寸 A_0 计算　等于所有增环的公称尺寸 A_i 之和减去所有减环的公称尺寸 A_j 之和，用 n 表示增环数量、m 表示全部组成环数量。用公式表示为：

$$A_0 = \sum_{i=1}^{n} A_i - \sum_{j=n+1}^{m} A_j \tag{4-3}$$

（2）封闭环的上极限尺寸 A_{0max} 计算　等于所有增环的上极限尺寸 A_{imax} 之和减去所有减环的下极限尺寸 A_{jmin} 之和。用公式表示为

$$A_{0max} = \sum_{i=1}^{n} A_{imax} - \sum_{j=n+1}^{m} A_{jmin} \tag{4-4}$$

（3）封闭环的下极限尺寸 A_{0min} 计算　等于所有增环的下极限尺寸 A_{imin} 之和减去所有减环的上极限尺寸 A_{jmax} 之和。用公式表示为

$$A_{0min} = \sum_{i=1}^{n} A_{imin} - \sum_{j=n+1}^{m} A_{jmax} \tag{4-5}$$

（4）封闭环的上极限偏差 ES_0 计算　等于所有增环的上极限偏差之和减去所有减环的下极限偏差之和。用公式表示为

$$ES_0 = \sum_{i=1}^{n} ES_i - \sum_{j=n+1}^{m} EI_j \tag{4-6}$$

（5）封闭环的下极限偏差 EI_0 计算　等于所有增环的下极限偏差之和减去所有减环的上极限偏差之和。用公式表示为

$$EI_0 = \sum_{i=1}^{n} EI_i - \sum_{j=n+1}^{m} ES_j \tag{4-7}$$

（6）封闭环的公差 T_0 计算　等于所有组成环公差之和。用公式表示为

$$T_0 = \sum_{i=1}^{m} T_i \tag{4-8}$$

1）$T_0 > T_i$，即封闭环公差最大，精度最低。因此在零件尺寸链中，应尽可能选取最不重要的尺寸作为封闭环。在装配尺寸链中，封闭环往往是装配后应达到的要求，不能随意选定。

2）T_0 一定时，组成环数量越多，则各组成环公差必然越小，经济性越差。因此，设计中应遵守"最短尺寸链"原则，使组成环数量尽可能少。

（三）校核计算

已知各组成环的公称尺寸和极限偏差，求封闭环的公称尺寸和极限偏差，以校核几何精度设计的正确性。

例题 4-1　在图 4-11a 所示的齿轮部件中，轴是固定的，齿轮在轴上做回转运动，设计要求齿轮左、右端面与挡环之间有间隙，现将此间隙集中在齿轮右端面与右挡环的左端面之间，按工作条件，要求 $A_0 = 0.10 \sim 0.45\text{mm}$。已知：$A_1 = 43^{+0.20}_{+0.10}\text{mm}$，$A_2 = A_5 = 5^{\,0}_{-0.05}\text{mm}$，$A_3 = 30^{\,0}_{-0.10}\text{mm}$，$A_4 = 3^{\,0}_{-0.05}\text{mm}$。

试问，所规定的零件公差及极限偏差能否保证齿轮部件装配后的技术要求？

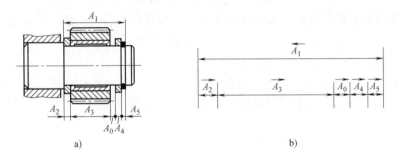

图 4-11　齿轮部件尺寸链

解：

（1）画尺寸链图，区分增环、减环　齿轮部件的间隙 A_0 是装配过程在最后形成的，是尺寸链的封闭环，$A_1 \sim A_5$ 是 5 个组成环，尺寸链如图 4-11b 所示，其中 A_1 是增环，A_2、A_3、A_4、A_5 是减环。

（2）封闭环的公称尺寸计算　将各组成环的公称尺寸代入式（4-4），得

$$A_0 = A_1 - (A_2 + A_3 + A_4 + A_5) = 43 - (5 + 30 + 3 + 5) = 0$$

（3）校核封闭环的极限尺寸　由式（4-5）和式（4-6）得

$$A_{0\max} = A_{1\max} - (A_{2\min} + A_{3\min} + A_{4\min} + A_{5\min}) = 43.20\text{mm} - (4.95 + 29.90 + 2.95 + 4.95)\text{mm} = 0.45\text{mm}$$

$$A_{0\min} = A_{1\min} - (A_{2\max} + A_{3\max} + A_{4\max} + A_{5\max}) = 43.10\text{mm} - (5 + 30 + 3 + 5)\text{mm} = 0.10\text{mm}$$

（4）校核封闭环的公差　将各组成环的公差代入式（4-9），得

$$T_0 = T_1 + T_2 + T_3 + T_4 + T_5 = (0.10 + 0.05 + 0.10 + 0.05 + 0.05)\text{mm} = 0.35\text{mm}$$

计算结果表明，所规定的零件公差及极限偏差恰好能保证齿轮部件装配的技术要求。

例题 4-2　图 4-12 所示零件尺寸链中，面 2 设计尺寸为 $25^{+0.22}_{0}\text{mm}$，尺寸 $60^{\,0}_{-0.12}\text{mm}$ 已经保证，现以面 1 定位，用调整法精铣面 2，试计算工序尺寸 A_2。

解：

（1）建立尺寸链　设计尺寸 $25^{+0.22}_{0}\text{mm}$ 是间接保证的，是封闭环，$A_1 (60^{\,0}_{-0.12}\text{mm})$ 和 A_2 为组成环。画出尺寸链如图 4-12b 所示。其中，A_1 是增环，A_2 是减环。

（2）封闭环的基本尺寸计算　将各组成环的基本尺寸代入式（4-4），得

$$A_2 = A_1 - A_0 = 35\text{mm}$$

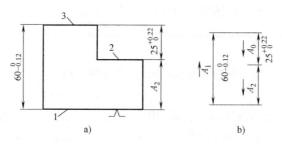

图 4-12 平面加工工序计算

（3）封闭环的上极限偏差　将各组成环的极限偏差代入式（4-7），得
$$EI_2 = ES_1 - ES_0 = -0.22mm$$

（4）封闭环的下极限偏差　将各组成环的极限偏差代入式（4-8），得
$$ES_2 = EI_1 - EI_0 = -0.12mm$$

则工序尺寸 $A_2 = 35^{-0.12}_{-0.22}mm$，调整为 $34.88^{0}_{-0.10}mm$。

例题 4-3　如图 4-13a 所示，工件外圆、内孔及端面均已加工完毕，本工序加工 A 面，保证设计尺寸 $8\pm0.1mm$。由于不便测量，现以 B 面作为测量基准，试求测量尺寸及其偏差。

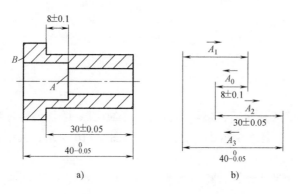

图 4-13 测量尺寸的确定

解：

（1）建立尺寸链　设计尺寸 $8\pm0.1mm$ 是间接保证的封闭环，画出尺寸链如图 4-13b 所示，A_1、A_2、A_3 是组成环。其中，A_1、A_2 是增环，A_3 是减环。

（2）尺寸计算

将各组成环的基本尺寸代入式（4-4），得
$$A_1 = A_0 - A_2 + A_3 = 18mm$$

将各组成环的极限偏差依次代入式（4-7）、式（4-8），得
$$ES_1 = ES_0 - ES_2 + EI_3 = 0$$
$$EI_1 = EI_0 - EI_2 + ES_3 = -0.05mm$$

则测量尺寸及其偏差为 $A_1 = 18^{0}_{-0.05}mm = 17.95^{+0.05}_{0}mm$。

例题 4-4　一带有键槽的内孔要求进行淬火及磨削，其设计尺寸如图 4-14 所示。要求保证键槽尺寸 $43.6^{+0.34}_{0}mm$，有关工艺过程如下：

1）镗内孔至 $\phi 39.6^{+0.1}_{0}$ （$R19.8^{+0.05}_{0}$）mm。

2）插键槽至尺寸 A_1。

3）淬火（变形忽略不计）。

4）磨内孔，同时保证内孔直径 $\phi 40^{+0.05}_{0}$（$R20^{+0.025}_{0}$）mm 和键槽深度 $43.6^{+0.34}_{0}$mm 两个设计尺寸的要求。

要求确定工序尺寸 A_1 及其偏差。

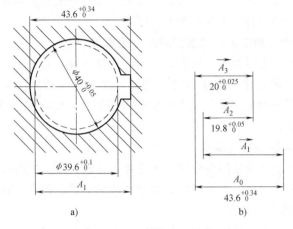

图 4-14　键槽内孔结构图

解：

（1）建立尺寸链　键槽深度 $43.6^{+0.34}_{0}$mm 是间接保证的，是封闭环。$\phi 40^{+0.05}_{0}$（$R20^{+0.025}_{0}$）mm 是本序直接保证的，是组成环；还有插键槽尺寸 A_1 和镗内孔 $\phi 39.6^{+0.1}_{0}$（$R19.8^{+0.05}_{0}$）mm 是组成环。建立尺寸链如图 4-14b 所示，其中，A_1、A_3 是增环，A_2 是减环。

（2）尺寸计算

将各组成环的基本尺寸代入式（4-4），得

$$A_1 = A_0 - A_3 + A_2 = 43.4\text{mm}$$

将各组成环的极限偏差依次代入式（4-7）、式（4-8），得

$$\text{ES}_1 = \text{ES}_0 - \text{ES}_3 + \text{EI}_2 = 0.315\text{mm}$$

$$\text{EI}_1 = \text{EI}_0 - \text{EI}_3 + \text{ES}_2 = 0.05\text{mm}$$

则插键槽工序尺寸 $A_1 = 43.4^{+0.315}_{+0.05}\text{mm} = 43.45^{+0.265}_{0}\text{mm}$。

任务6　拟订零件工艺路线

工艺路线的拟订是工艺规程制定过程中的关键阶段，是工艺过程的总体设计。工艺路线的拟订合理与否，对零件加工质量、生产效率和成本有决定性的影响。因此，工艺路线的拟订应在仔细分析零件图样、合理确定毛坯的基础上，结合具体的生产类型和生产条件，提出

多个方案进行比较分析，以求最优方案。拟订工艺路线时，主要考虑以下几方面的问题。

一、表面加工方法的选择

在拟订零件的工艺路线时，首先要确定各个表面的加工方法。零件的形状尽管有各种各样，但它们都可以认为是由多种简单的几何表面组成的，如外圆、孔、平面、锥面、成形表面等。针对每一种几何表面，都有一系列加工方法与之相对应，可供选择。各种加工方法所能达到的经济精度和表面粗糙度，可参考典型表面加工部分的有关内容。

表面加工方法的选择应符合以下三方面的要求。

1. 要保证加工表面的加工精度和表面粗糙度的要求

首先，根据零件主要表面的技术要求和工厂的具体条件，先选定它的最终加工方法；然后再逐一选定各有关前导工序的加工方法。例如，加工一个精度为IT6，表面粗糙度值为 $0.2\mu m$ 的外圆表面，其最终工序的加工方法如果选用精磨，则前导工序可分别选为：粗车、半精车、粗磨和半精磨。

2. 符合生产效率和经济性的要求

大批大量生产时，应尽量采用高效率的先进加工方法，如拉削内孔与平面等。但在年产量不大的情况下，应采用一般的加工方法，如镗孔或钻、扩、铰孔，以及铣或刨平面等。

3. 符合工件材料的应用要求

例如，有色金属就不宜采用磨削方法进行精加工，而淬火钢的精加工需要采用磨削加工的方法。所以，选择加工表面的加工方法时，应综合考虑如下因素。

（1）加工表面技术要求　这些技术要求主要是零件图样上所规定的要求，但有时由于工艺上的原因，会在某些方面提出一些更高的要求。例如，由于基准不重合而提高某些表面的加工要求，或由于某些不加工表面或精度要求低的表面要在工艺过程中用作精基准而对其提出更高的加工要求等。

（2）工件材料的性质　例如，淬火钢的精加工要采用磨削；有色金属的精加工为避免磨削时堵塞砂轮，则要采用高速精细车或精细镗。

（3）工件的形状和尺寸　例如，公差等级为IT7的孔可采用镗、铰、拉和磨的加工方法，但箱体上的孔一般不采用拉或磨，而常常采用镗孔（大孔）或铰孔（小孔）。

（4）生产类型　所选择的加工方法要与生产类型相适应。大批大量生产应选用生产效率高和质量稳定的加工方法。例如，平面和孔可采用拉削加工，单件小批生产则采用刨削、铣削方法加工平面和钻、扩、铰、镗孔。

（5）具体生产条件　应充分利用现有设备和工艺手段，发挥创造性、发掘潜力，重视新技术、新工艺的应用与推广，不断提高工艺水平。

（6）特殊要求　选择加工方法时还要考虑加工表面的特殊要求，例如，用不同方法加工的表面纹路方向有所不同，如铰削、镗削的纹路方向和拉削的纹路方向就不同。

二、加工顺序的安排

（一）加工阶段的划分

在选定了零件上各表面的加工方法后，还需进一步确定这些加工方法在工艺路线中的顺序及位置。这与加工阶段的划分有关，当零件的加工质量要求较高时，一般都要经过粗加工、半精加工和精加工三个阶段；如果零件精度要求特别高或表面粗糙度值要求特别小时，还要经过光整加工阶段。各个加工阶段的主要任务如下。

（1）粗加工阶段　高效地切除各加工表面上的大部分余量，使毛坯在形状和尺寸上接近零件成品。

（2）半精加工阶段　减小粗加工后留下的误差，使被加工工件达到一定精度，为精加工做准备，并完成一些次要表面的加工，如钻孔、攻螺纹、铣键槽等。

（3）精加工阶段　保证各主要表面达到图样规定的质量要求。

（4）光整加工阶段　对于精度要求很高（IT6 及以上）、表面粗糙度值要求很小（0.2μm 以下）的零件，需安排光整加工，其主要任务是减小表面粗糙度值或进一步提高尺寸精度和形状精度，一般不能纠正各表面的位置误差。

拟订工艺路线时，划分加工阶段的原因是：

1）保证加工质量的需要。在粗加工阶段，由于切除的金属层较厚，产生的切削力和切削热都比较大，所需的夹紧力也大，因而工件会产生较大的弹性变形和内应力，从而造成较大的加工误差和较大的表面粗糙度值；之后，需通过半精加工和精加工逐步减小切削用量、切削力和切削热，逐步修正工件的变形，提高加工精度，降低表面粗糙度，最后达到零件图样的要求。同时，各阶段之间的时间间隔可使工件得到自然时效，有利于消除工件的内应力，使工件有变形恢复的时间，以便在后一道工序中加以修正。

2）合理使用机床设备的需要。粗加工时，一般采用功率大、精度不高的高效率设备；而精加工时，需采用高精度机床。这样不但提高了粗加工的生产效率，而且也有利于高精度机床在使用中保持高精度加工。

3）热处理工序自然地将机械加工工艺过程划分为几个阶段。例如，在精密主轴加工中，要在粗加工后进行去应力时效处理，在半精加工后进行淬火，在精加工后进行冷却处理及低温回火，最后再进行光整加工。

4）粗加工阶段可及早发现毛坯的缺陷，及时报废或修补；精加工阶段安排在最后，可保护精加工后的表面尽量不受损伤。

应当指出，将工艺过程划分成几个阶段是对整个加工过程而言的，不能单纯从某一表面的加工或某一工序的性质来判断。例如，工件的定位基准，在半精加工阶段（甚至在粗加工阶段）就需要加工得很准确；而在精加工阶段安排某些钻孔之类的粗加工工序也是常有的。

还需注意的是，划分加工阶段并不是绝对的。例如，对于刚性好、加工精度要求不高或余量不大的工件，就不必划分加工阶段；有些精度要求高的重型件，由于运输、安装费时费工，一般也不划分加工阶段，而是在一次装夹下完成全部粗加工和精加工任务。此外，为减小夹紧变形对加工精度的影响，可在粗加工后松开夹紧机构，然后用较小的夹紧力重新夹紧工件，继续进行精加工，这对提高加工精度有利。

（二）工序集中与工序分散

零件上加工表面的加工方法选择好后，就可确定组成该零件的加工工艺过程的工序数。确定工序数有两种截然不同的原则，一种是工序集中原则，另一种是工序分散原则。

1．工序集中原则

所谓工序集中，就是使每道工序包括比较多的工步，完成比较多的表面加工任务，而整个工艺过程由比较少的工序组成。它的特点是：

1）工序数目少、设备数量少，可相应减少操作工人人数和生产面积。

2）工件装夹次数少，不但缩短了辅助时间，而且在一次装夹下加工的各个表面之间容易保证较高的位置精度。

3）便于采用高效专用机床和工艺装备，生产效率高。

4）由于采用比较复杂的专用设备和专用工艺装备，因此生产准备工作量大、调整费时，对产品更新的适应性差。

2．工序分散原则

所谓工序分散，就是使每道工序包括比较少的工步，甚至只有一个工步，而整个工艺过程由比较多的工序组成。它的特点是：

1）工序数目多、设备数量多，相应地增加了操作工人人数和生产面积。

2）可以选用最有利的切削用量。

3）机床、刀具、夹具等结构简单，调整方便。

4）生产准备工作量小，改变生产对象容易，生产适应性好。

工序集中和工序分散各有特点，必须根据生产类型、工厂的设备条件、零件的结构特点和技术要求等具体生产条件选择。

在大批大量生产中，大多采用高效机床、专用机床及自动生产线等设备按工序集中原则组织工艺过程，但也可采用彻底的工序分散原则组织工艺过程，例如，轴承制造厂加工轴承外圈、内圈等，就是按工序分散原则组织工艺过程的。在成批生产中，既可按工序分散原则组织工艺过程，也可采用多刀半自动车床和转塔车床等高效通用机床按工序集中原则组织工艺过程。在单件小批生产中，宜采用通用机床按工序集中原则组织工艺过程。

在现代生产中，由于数控机床的广泛使用，趋向于按工序集中原则组织工艺过程。

（三）加工顺序的确定

1．机械加工工序的安排

机械加工工序的安排应遵循以下四个原则。

（1）先基面后其他　选作精基准的表面应安排在工艺过程一开始就进行加工，以便为后续工序的加工提供精基准。

（2）先粗后精　整个零件的加工工序安排，应是粗加工工序在前，后序依次为半精加工工序、精加工工序及光整加工工序。

（3）先主后次　先加工零件的主要工作表面及装配基准面，然后加工次要表面。由于次要表面的加工工作量通常比较小，而且它们往往与主要表面有位置精度的要求，因此一般都放在主要表面的主要加工结束之后，而在最后的精加工或光整加工之前进行。当次要表面的加工工作量很大时，为了减少加工主要表面产生废品造成的工时损失，主要表面的精加工工序也可安排在次要表面加工之前进行。

（4）先面后孔　对于箱体类、支架类等零件，平面的轮廓尺寸较大，用它定位比较稳定,因此应选平面作精基准,先加工平面,然后以平面定位加工孔,有利于保证孔的加工精度。

2. 热处理工序的安排

为了提高工件材料的力学性能,或改善工件材料的切削性能,或消除工件材料内部的内应力,在工艺过程的适当位置应安排热处理工序。

(1) 预备热处理 预备热处理包括退火、正火、时效和调质处理等,其目的是改善加工性能、消除内应力和为最终热处理做好组织准备。预备热处理一般安排在粗加工前后进行。

退火和正火是为了改善切削加工性能和消除毛坯的内应力。例如,碳的质量分数大于0.5%的碳钢和合金钢,为降低硬度以便于切削,常采用退火;碳的质量分数低于0.3%的低碳钢和低合金钢,为避免因硬度过低致使切削时黏刀,采用正火以提高硬度。退火和正火常安排在毛坯制造之后、粗加工之前进行。

调质处理即淬火后的高温回火,能使材料获得均匀细致的索氏体组织,为之后的表面淬火和渗氮做组织准备,所以调质处理可作为预备热处理,常置于粗加工之后进行。

时效处理主要用于消除毛坯制造和机械加工中产生的内应力,最好安排在粗加工之后进行。对于加工精度要求不高的工件,也可放在粗加工之前进行。

对于机床床身、立柱等结构比较复杂的铸件,在粗加工前后都要进行人工时效(或自然时效)处理,使材料组织稳定,确保日后不再有较大的变形。

所谓人工时效,就是将铸件放入时效炉内,以 $50 \sim 100 ℃/h$ 的速度加热到 $500 \sim 550 ℃$,保温 $3 \sim 5h$,然后以 $20 \sim 50 ℃/h$ 的速度随炉冷却。所谓自然时效,就是将铸件露天放置几个月,甚至几年。虽然目前机床铸件大多采用人工时效来代替自然时效,但是对于精密机床的铸件还是采用自然时效为好。

除铸件外,对一些刚性差的精密零件(如精密丝杠),为消除加工过程中产生的内应力,稳定零件的加工精度,在粗加工、半精加工和精加工之间通常安排多次时效工序。

(2) 最终热处理 最终热处理包括淬火、渗碳淬火和渗氮、碳氮共渗处理等。其目的主要是提高零件材料的硬度和耐磨性。它们在工艺过程中的安排如下:

1) 淬火处理一般安排在半精加工和精加工之间进行。这是由于工件淬火后,表面会产生氧化层,且有一定的变形,所以淬火处理后需安排精加工工序,以修整热处理工序中产生的变形。在淬火工序之前,需将铣槽、钻孔、攻螺纹和去毛刺等次要表面的加工进行完毕,以防工件淬硬后无法加工。

2) 渗碳淬火常用于处理低碳钢和低碳合金钢,目的是增加零件表层含碳量,淬火后表层硬度增加,而心部仍保持其较高的韧性。渗碳淬火有局部渗碳淬火及整体渗碳淬火之分。整体渗碳淬火时,有时须先将有关部位(如淬后需钻孔的部位等)进行防渗保护,以便淬后加工;或将有关部位的加工放在渗碳和淬火之间进行。

3) 渗氮、碳氮共渗等热处理工序,可根据零件的加工要求安排在粗、精磨之间,或在精磨之后进行,用于装饰及防锈表面的电镀、发蓝处理等工序,一般都安排在机械加工完毕后进行。

常见的热处理工艺路线安排如图 4-15 所示。

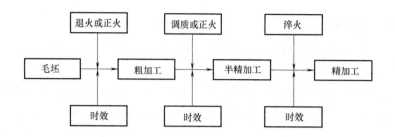

图 4-15　热处理工艺路线的安排

3. 辅助工序的安排

辅助工序种类很多，包括工件的检验、去毛刺、平衡及清洗工序等，其中，检验工序对保证产品质量有极重要的作用，需在下列工序或场合安排检验工序：

1）粗加工全部结束之后，精加工之前。

2）工件从一个车间转到另一个车间时。

3）重要工序加工前后。

4）零件全部加工结束之后。

检验工序除了一般性的尺寸检查（包括形位误差检查）和表面粗糙度检查之外，还有其他检查，例如，X 射线检查、超声波探伤检查等，用于检查工件内部的质量，一般都安排在工艺过程的开始进行；荧光检查和磁力探伤等，主要用于检查工件表面质量，通常安排在精加工阶段进行。

需特别注意的是，不应忽视去毛刺、倒棱以及清洗等辅助工序，特别是一些重要零件，会由于这些工序安排不当而影响产品的使用性能和工作寿命。

例 4-5　如图 4-16 所示，加工方头小轴，中批生产，材料为 20Cr，要求 ϕ12h7 段渗碳（深 0.8~1.1mm），淬火硬度为 50~55HRC，试拟订其工艺路线。

解：

（1）分析零件图

1）大圆 ϕ12h7 段表面粗糙度要求为 $Ra1.25\mu m$，精加工需研磨中心孔，铣削 17mm×17mm 的方头，零件有淬火硬度为 50~55HRC 的要求。

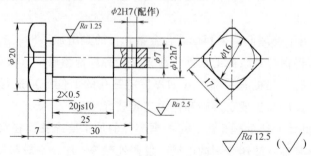

图 4-16　方头小轴

2）工件材料为20Cr钢，零件尺寸变化不大，结构也不复杂，故采用棒料毛坯。

3）分粗加工、半精加工、精加工三个阶段。

（2）确定加工方法 粗加工采用车削，半精加工采用车削，方头采用铣削、精加工采用磨削。

（3）拟订工艺路线 见表4-6。

表4-6 方头小轴加工工艺路线

下料：20Cr 圆棒 φ22mm×470mm 若干段			
粗加工	1	车	车右端面及右端外圆,留磨余量每面0.2mm(φ7mm不车),按长度切断,每段切留余量2~3mm
	2	车	夹右端圆柱段,车左端面,留余量2mm;车左端外圆至φ20mm
	3	检验	
4		渗碳	
半精加工	5	车	夹左端φ20mm段,车右端面,留余量1mm,打中心孔;车φ7mm、φ12mm圆柱段
	6	车	夹φ12mm部分,车左端面至尺寸,打中心孔
	7	铣	铣削17mm×17mm方头
	8	检验	
9		淬火50~60HRC	
精加工	10		研中心孔,表面粗糙度Ra0.4μm
	11	磨	磨φ12h7外圆,达到图样要求
	12	检验	
13		清洗、油封、包装	

任务7 制订零件机械加工工艺规程

制订零件机械加工工艺规程的步骤大致如下。

一、分析零件图样和产品装配图

1）熟悉产品的性能、用途、工作条件，结合总装图、部装图，了解零件在产品中的功用、工作条件，掌握零件中影响产品性能的关键加工部位和关键技术要求，以便在制订机械加工工艺规程时采用相应措施予以重点保证。

2）审查图样的正确性、合理性，如审查视图是否正确、完整，尺寸标注、技术要求是否合理，材料选择是否恰当等。

3）审查零件的结构工艺性。零件的结构工艺性对其工艺规程的制订影响很大，使用性能相同而结构不同的零件，其制造难易程度和成本可能会有很大差别。零件的结构工艺性问题涉及面很广，毛坯制造、机械加工、热处理、装配等对零件都有结构工艺性要求。零件结

构要素的机械加工工艺性常见问题及改进方法见表 4-7。

表 4-7   零件结构要素的机械加工工艺性常见问题及改进

	图 例		说明
	改进前	改进后	
工件便于在机床或夹具上装夹图例			将圆弧面改成平面,便于装夹和钻孔
			改进后的圆柱面,易于定位夹紧
		工艺凸台加工完成后铣去	改进后增加工艺凸台,易定位夹紧
		工艺凸台	
			增加夹紧边缘或夹紧孔
		工艺凸台	改进后不仅使三端面处于同一平面上,而且还设计了两个工艺凸台,其直径分别小于或等于被加工孔,孔钻通时,凸台脱落

（续）

	图　例		说明
	改进前	改进后	
减少装夹次数图例			
			改为通孔可减少装夹次数，并保证孔的同轴度要求
			改进前需两次装夹完成磨削，改进后只需一次装夹即可磨削完成
			原设计需从两端进行加工，改进后只需一次装夹即可
			改进后无台阶，同轴孔径在一次装夹中同时或依次加工完

（续）

	图 例		说明
	改进前	改进后	
减少刀具的调整与走刀次数图例			被加工表面（1、2面）尽量设计在同一平面上，可以一次走刀加工完成，缩短调整时间，并保证加工面的相对位置精度
			锥度相同，只需做一次调整
			底部为圆弧形，只能单件垂直进刀加工，改成平面，可多件同时加工
采用标准刀具减少刀具种类图例			轴的退刀槽或键槽的形状与宽度尽量一致
			磨削或精车时，轴上的过渡圆角应尽量一致

（续）

	图 例		说明
	改进前	改进后	
减少切削加工难度图例			避免把加工平面布置在低凹处
			避免在加工平面中间设计凸台
			合理应用组合结构，用外表面加工取代内端面加工
			避免平底孔的加工
			研磨孔易贯通
			外表面沟槽加工比内沟槽加工方便，并容易保证加工精度

（续）

图　例		说明
改进前	改进后	
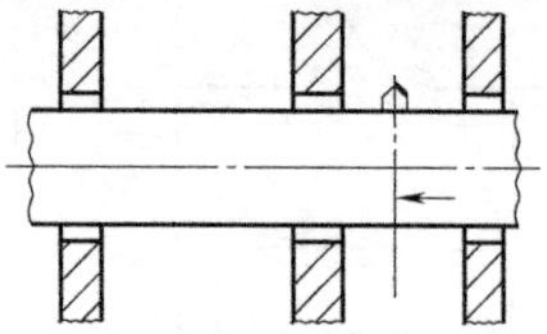	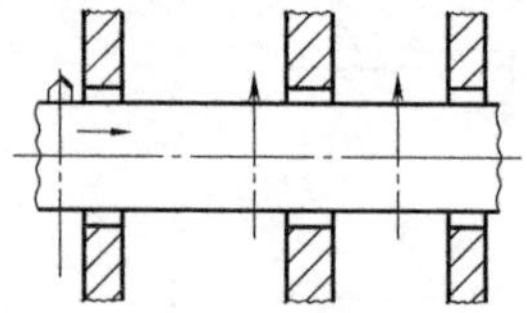	内大外小的同轴孔不易加工
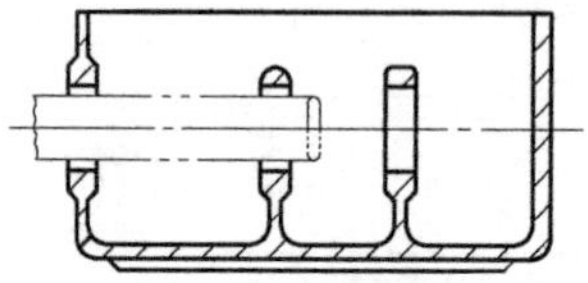	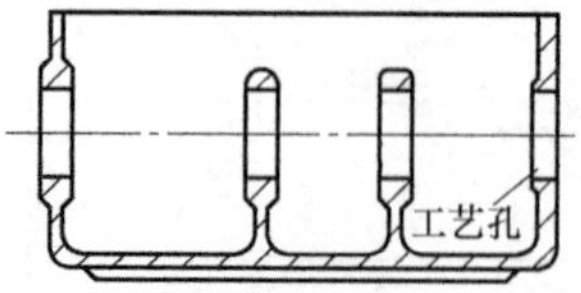 工艺孔	改进后可采用前后双导向支承加工，保证加工质量
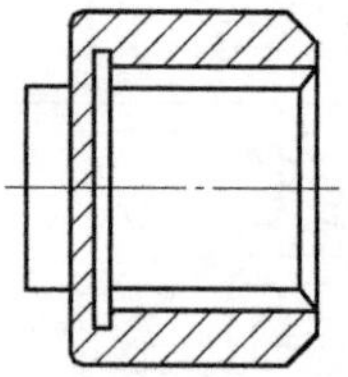	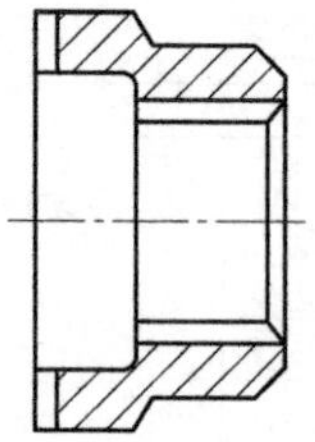	花键孔宜贯通、易加工
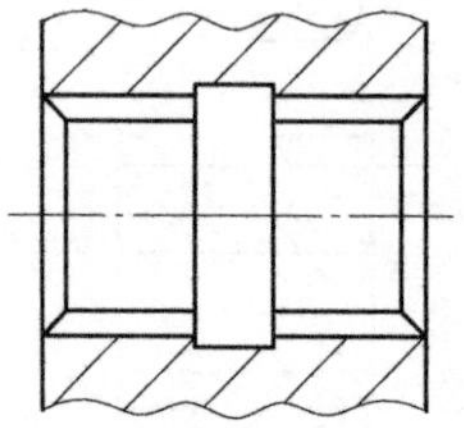	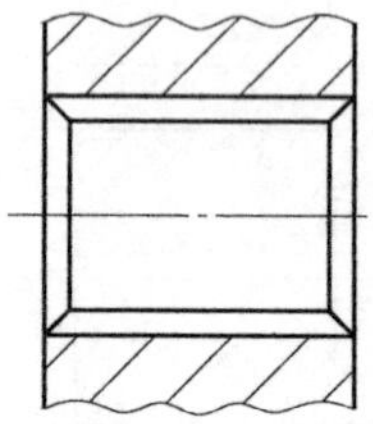	花键孔宜连接、易加工
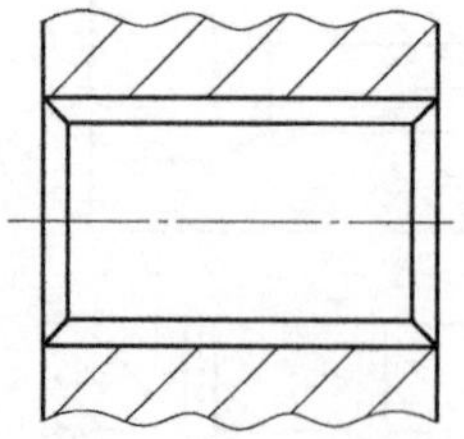	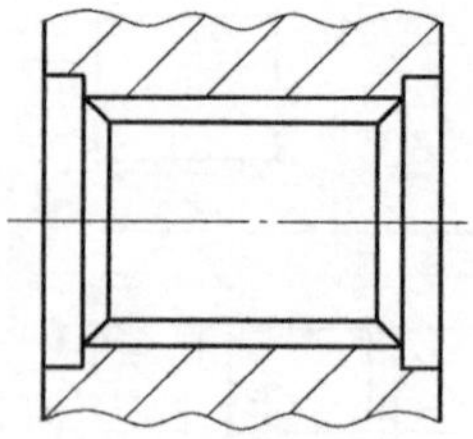	花键孔不宜过长，应易加工
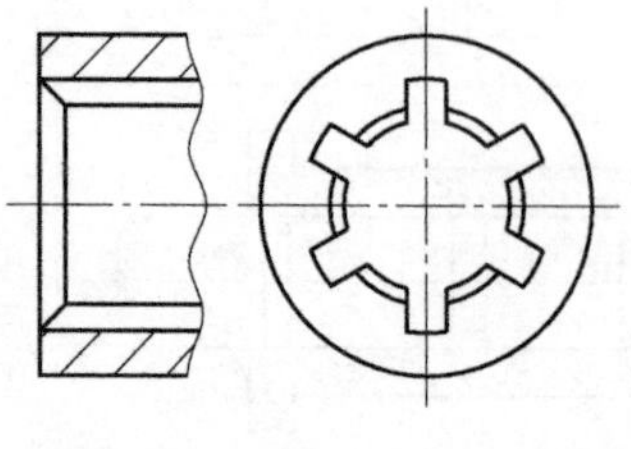	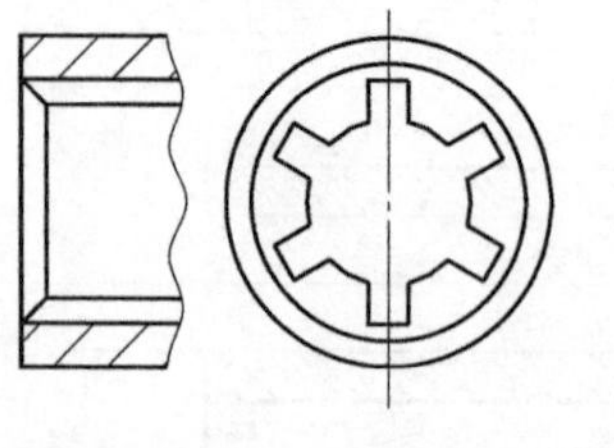	花键孔端部倒棱应超过底圆面

减少切削加工难度图例

（续）

图 例		说明
改进前	改进后	
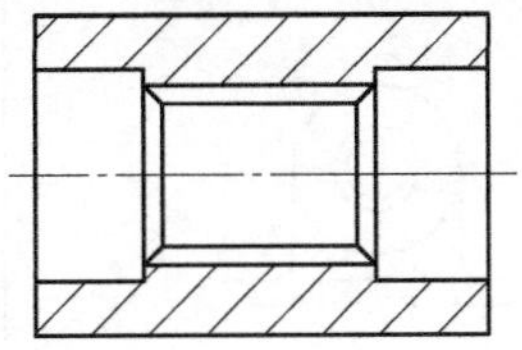	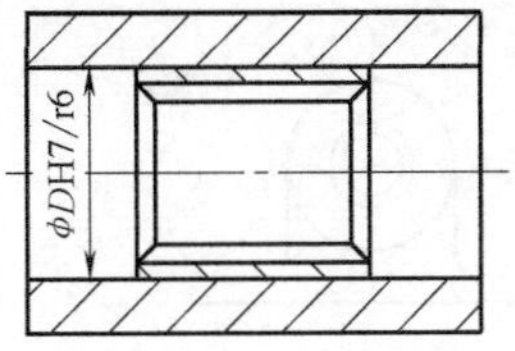	改进前,加工花键孔很困难;改进后的花键孔由管材和拉削后的中间体组合而成
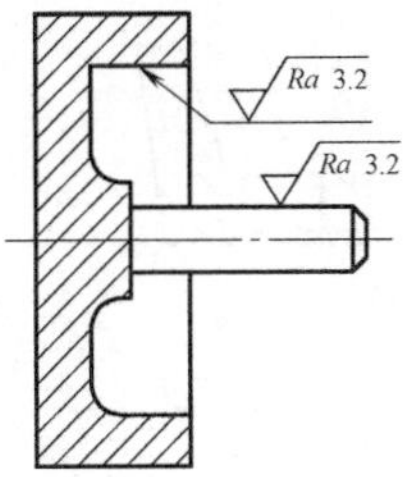	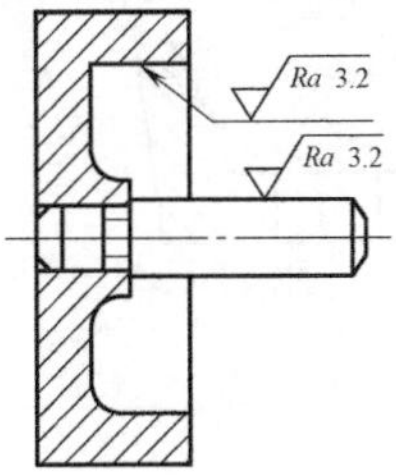	复杂型面改为组合件,加工方便
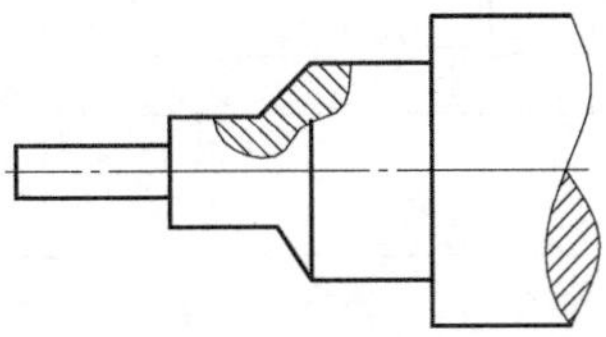	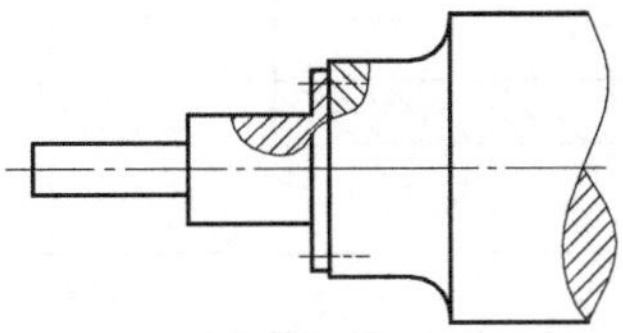	细小轴端的加工比较困难,材料损耗大,改为装配式后,省料且便于加工
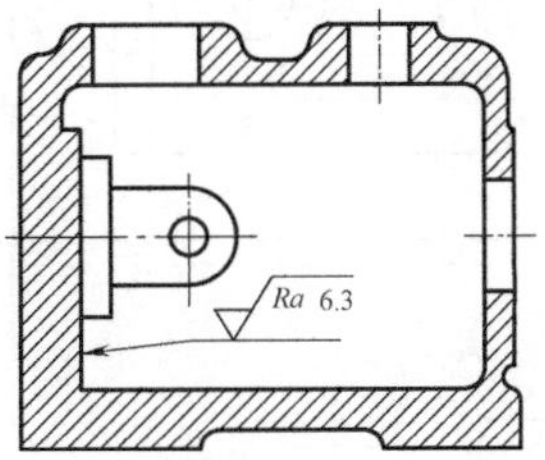	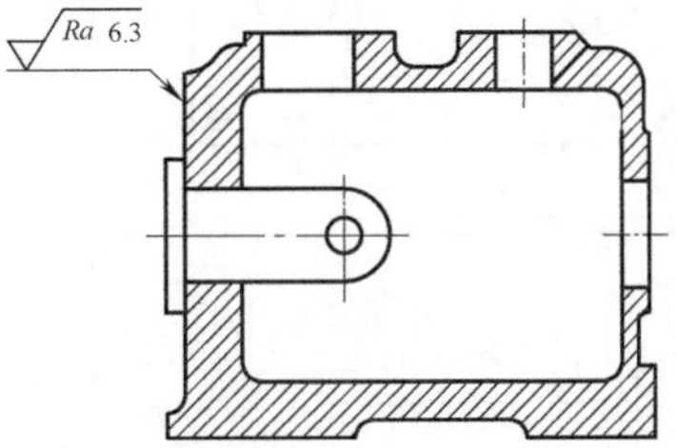	位于箱体内的轴承,应改箱内装配为箱外装配,避免箱体内表面的加工
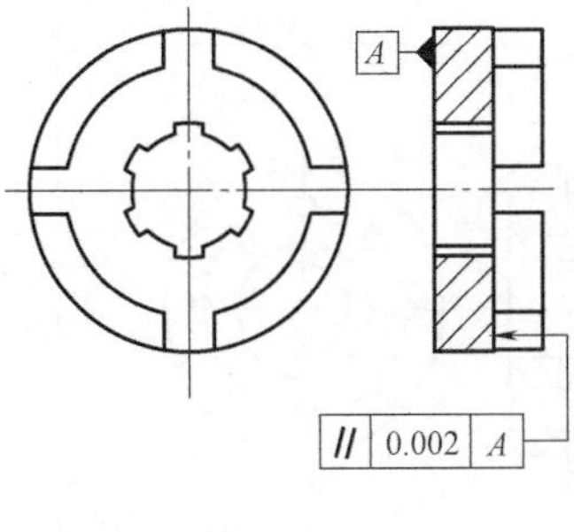	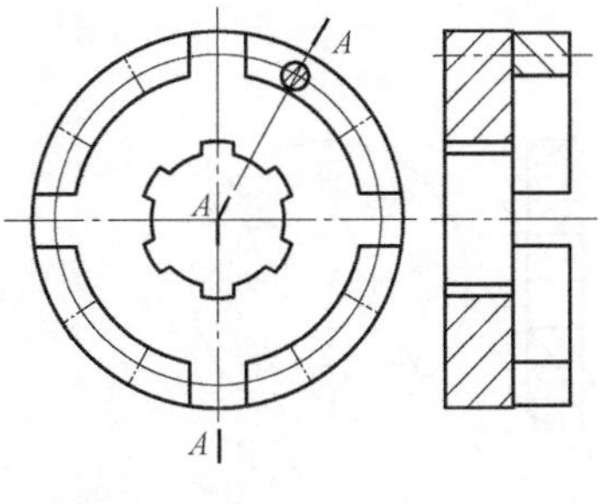	合理应用组合结构,改进后槽底与底面的平行度要求易保证

减少切削加工难度图例

（续）

	图　例		说明
	改进前	改进后	
减少加工量的图例			将整个支承面改成台阶支承面,减少了加工面积
			铸出凸台,以减少切去金属的体积
			将中间部位多粗车一些,以减少精车的长度
			减少大面积的铣、刨、磨削加工面
			若轴上仅有一部分直径有较高的精度要求,应将轴设计成阶梯状,以减小磨削加工量
			将孔的锪平面改为车削端面,可减少加工表面

（续）

图　例			说明
	改进前	改进后	
减少加工量的图例			接触面改为环形带后，减少加工面
加工时便于进刀、退刀和测量的图例			加工螺纹时，应留有退刀槽或开通，不通的螺孔应具有退刀槽或螺纹尾扣段，最好改成开通
			磨削时，各表面间的过渡部位应设计出越程槽，以保证砂轮自由退出和加工的空间
			改进后便于加工和测量

（续）

图 例		说明
改进前	改进后	
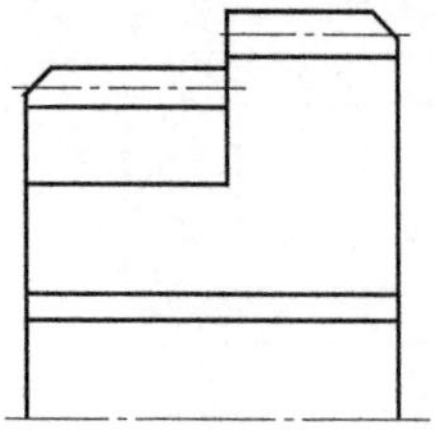 加工时便于进刀、退刀和测量的图例	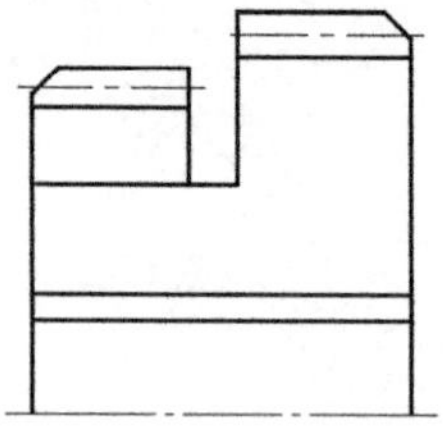	加工多联齿轮时，应留有空刀
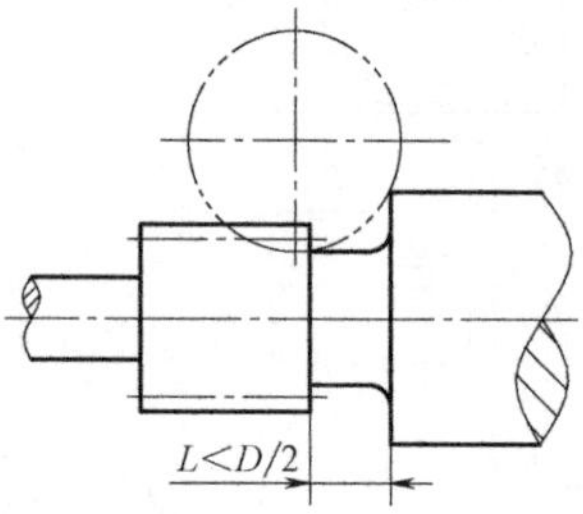	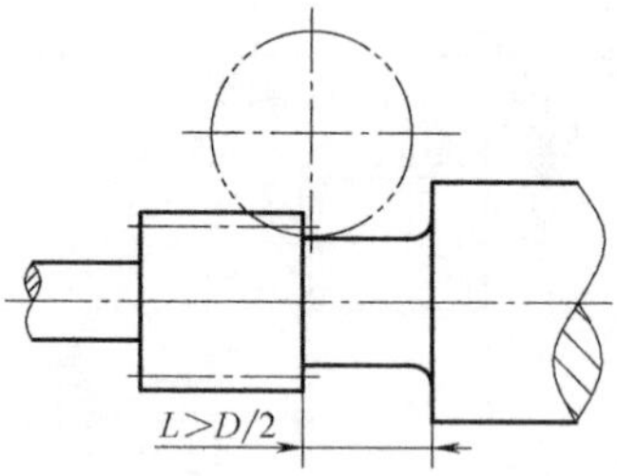	退刀槽长度 L 应大于铣刀的半径 $D/2$
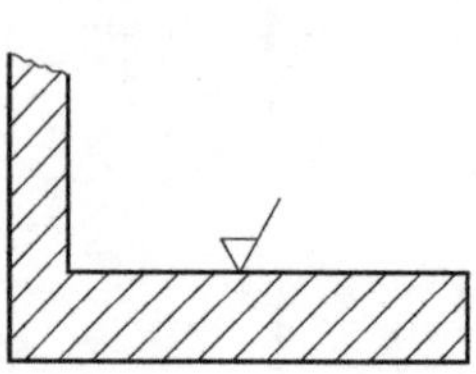	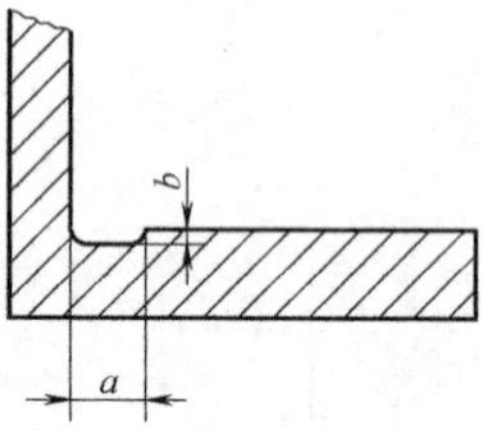	刨削时，在平面的前端必须留有让刀部位
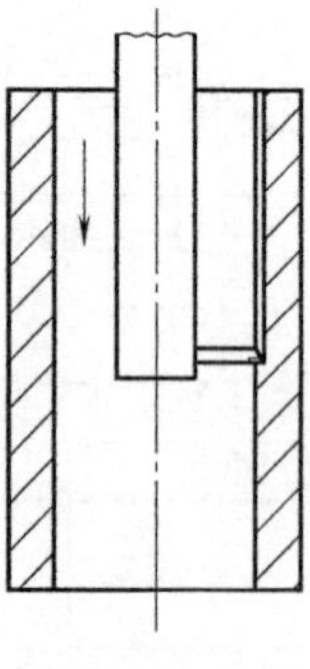	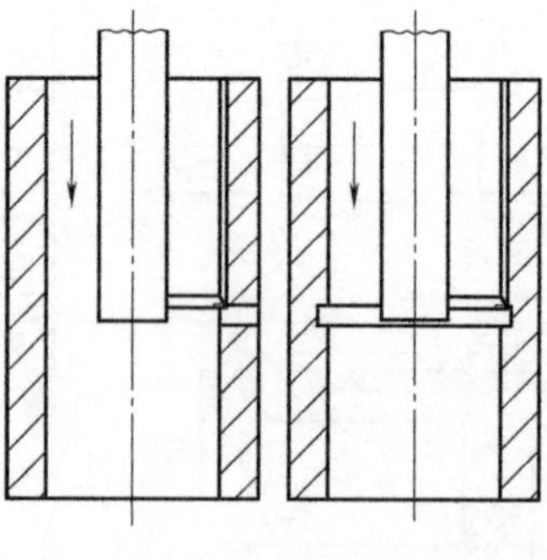	在套筒上插削键槽时，应在键槽前端设置一孔或车出空刀环槽，以便让刀
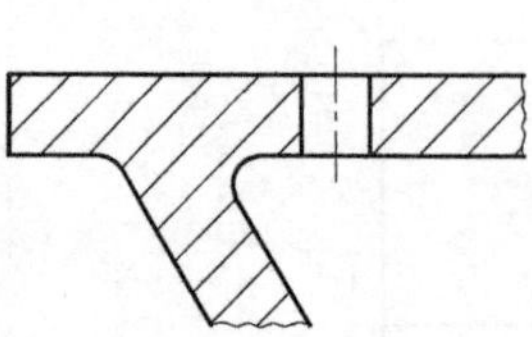	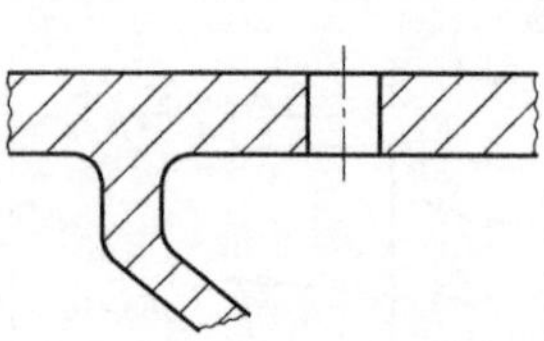	留出较大的空间，以保证钻削顺利

$L<D/2$　　　$L>D/2$

（续）

图 例		说明
改进前	改进后	

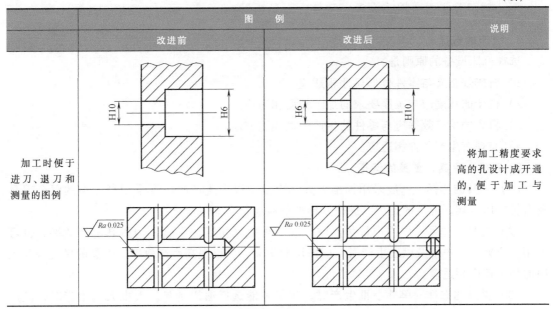

加工时便于进刀、退刀和测量的图例 ｜ 将加工精度要求高的孔设计成开通的，便于加工与测量

应该指出，评定零件结构工艺性好坏，还需同生产类型相联系。例如，对于箱体类零件，单件小批生产时，其同轴线孔的直径应设计成单向递减，如图 4-17a 所示，以便于在普通卧式镗床上从一个方向加工同轴线上的所有孔；而大批生产时，同轴线孔的孔径应设计成双向递减，如图 4-17b 所示，该结构可以采用双面联动镗床从两边同时加工同轴线上的孔，以缩短加工工时，提高生产效率。

工艺人员对零件图样进行工艺审查时，如发现问题，应及时提出，并会同有关设计人员共同研究，通过必要的手续及时进行修改。

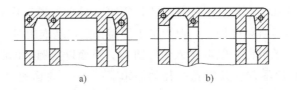

　　　　a)　　　　　　　　b)

图 4-17　不同生产类型对结构工艺性的不同要求

二、确定毛坯

毛坯选择正确与否，对产品质量与生产成本都有很大影响。选择毛坯时，除按之前所述原则合理选择毛坯的种类和制造方法外，还要从工艺的角度出发，对毛坯的结构、形状提出要求，必要时，应和毛坯车间共同商定毛坯图样。

三、拟订工艺路线

这是制订机械加工工艺规程中关键性的一步，所涉及的问题较多，参照任务 6 中的要求和步骤进行。

四、确定各工序所用的设备、刀具、夹具、量具

1. 机床的选择

选择机床设备的原则是：

1）机床规格应与零件外形尺寸相适应。

2）机床的精度应与工序要求的加工精度相适应。

3）机床的生产效率应与零件的生产类型相适应。

4）与现有生产条件相适应。

2. 刀具、夹具、量具的选择

（1）刀具的选择　一般采用标准刀具，中批及以上生产时，可采用高效率的复合刀具及有关专用刀具。刀具的类型、规格及精度等级应符合加工要求。

（2）夹具的选择　单件小批生产时，应尽可能采用通用夹具，为提高生产效率，也可采用组合夹具。中批及以上生产时，应采用专用夹具，以提高生产效率，夹具的精度应与工序的加工精度相适应。

（3）量具的选择　单件小批生产时，应尽可能选择通用量具。大批大量生产时，应广泛采用各种专用量具和检具。量具的精度等级应与被测工件的加工精度相适应。

五、确定各工序的工序尺寸及公差

工序尺寸的确定有两种情况：第一种情况为工序基准与设计基准重合；第二种情况为工序基准与设计基准不重合。

当工序基准与设计基准不重合时，工序尺寸的确定需通过尺寸链计算来解决，已在任务5中进行详细介绍，这里不再赘述。

当工序基准与设计基准重合时，工序尺寸与设计尺寸、加工余量有关，前、后两道工序的工序尺寸仅相差工序加工余量。工序尺寸的计算可从最后一道工序开始，逐步向前推算。工序尺寸的公差一般按经济精度加工，但当加工面需作定位基准用时，可按定位精度的要求提高其加工精度，偏差的取向一般取"入体"方向，下面以实例来说明。

例4-6　有一个套筒零件，其内孔孔径为 $\phi60^{+0.019}_{0}$mm，表面粗糙度值为 $0.4\mu m$；外圆直径为 $\phi80^{0}_{-0.03}$mm，表面粗糙度值为 $0.8\mu m$，内、外圆均需淬硬，毛坯为锻件。内孔需经"粗车—半精车—磨削—珩磨"加工；外圆需经"粗车—半精车—磨削"加工，试确定各工序尺寸及公差。

解：

对内孔而言，珩磨为最后一道工序，故珩磨的工序尺寸 D_1 即为图样尺寸 $\phi60^{+0.019}_{0}$mm。

查《机械工人切削手册》得珩磨的加工余量为0.05mm，故磨削工序基本尺寸为 $D_2 = (60-0.05)$mm = 59.95mm，磨削加工的经济精度为IT7，查《机械工人切削手册》得 $T_2 = 0.03$mm，由此可得磨削工序尺寸为 $\phi59.95^{+0.03}_{0}$mm。

查《机械工人切削手册》得磨削的加工余量为0.4mm，故半精车内孔的工序基本尺寸为 $D_3 = (59.95-0.4)$mm = 59.55mm，半精车内孔的经济精度为IT11，查《机械工人切削手册》得 $T_3 = 0.19$mm，由此可得半精车内孔工序尺寸为 $\phi59.55^{+0.19}_{0}$mm。

半精车内孔的加工余量为 1.6mm，因此，粗车内孔的工序基本尺寸为 $D_4 = (59.55-1.6)\text{mm} =$ 57.95mm$\approx$58mm。粗车内孔的经济精度为 IT13，即 $T_4 = 0.46$mm，故粗车内孔的工序尺寸为 $\phi 58^{+0.46}_{0}$mm。

粗加工的加工余量没有具体规定，毛坯孔的基本尺寸由加工总余量决定，查《机械工人切削手册》得毛坯孔的加工总余量为 8mm，故毛坯孔的基本尺寸为：$D_{毛} = (60-8)\text{mm} =$ 52mm，毛坯上、下极限偏差为 ±2mm，所以毛坯孔的尺寸为 $\phi 52\pm2$mm。

对外圆而言，磨削为最后一道工序，故磨削的工序尺寸 d_1 即为图样尺寸 $\phi 80^{0}_{-0.03}$mm。各工序的加工余量为：磨削加工余量 $Z_1 = 0.5$mm，半精车的加工余量 $Z_2 = 1.1$mm，外圆加工的总余量 $Z_{总} = 5$mm。

由此可求出各工序的基本尺寸为：半精车工序基本尺寸 $d_2 = (80+0.5)\text{mm} = 80.5$mm，粗车工序基本尺寸 $d_3 = (80.5+1.1)\text{mm} = 81.6$mm，外圆毛坯的基本尺寸 $d_{毛} = (80+5)\text{mm} = 85$mm。

外圆半精车的经济精度为 IT11，即 $T_2 = 0.22$mm；外圆粗车的经济精度为 IT13，即 $T_3 = 0.54$mm；毛坯极限偏差 $T_{毛} = \pm2$mm，故可求出外圆各工序尺寸为：半精车工序尺寸为 $\phi 80.5^{0}_{-0.22}$mm，粗车工序尺寸为 $\phi 81.6^{0}_{-0.54}$mm，外圆毛坯尺寸为 $\phi 85\text{mm}\pm2$mm。

六、确定各工序的切削用量及时间定额

所谓合理的切削用量，是指充分利用刀具的切削性能和机床性能，在保证加工质量的前提下，获得高的生产效率和低的加工成本的切削用量。制订切削用量，就是要在已经选择好刀具材料和几何角度的基础上，参照机床实际转速和走刀量档速，合理地确定切削速度、背吃刀量、进给量。

时间定额是指在正常和合理使用机械的条件下，完成单位合格产品所必须的工作时间，时间定额以台班为单位，1 台班相当于 1 台机械工作 8h 的劳动量。

时间定额由基本时间（T_j）、辅助时间（T_f）、布置工作地时间（T_w）、休息时间（T_x）、准备与终结时间（T_z）组成。

（1）基本时间 T_j　直接改变生产对象的尺寸、形状、相对位置以及表面状态等工艺过程所消耗的时间，称为基本时间。对机加工而言，基本时间就是切去金属所消耗的时间。

（2）辅助时间 T_f　各种辅助动作所消耗的时间，称为辅助时间。主要指装卸工件、开停机床、改变切削用量、测量工件尺寸、进退刀等动作所消耗的时间。

（3）操作时间　操作时间=基本时间 T_j+辅助时间 T_f。

（4）服务时间 T_w（布置工作地时间）　为正常操作服务所消耗的时间，称为服务时间。主要指换刀、修整刀具、润滑机床、清理切屑、收拾工具等所消耗的时间。计算方法：一般按操作时间的 2%~7% 进行计算。

（5）休息时间 T_x　操作人员为恢复体力和满足生理卫生需要所消耗的时间，为休息时间。计算方法：一般按操作时间的 2% 进行计算。

（6）准备与终结时间 T_z　为生产一批零件，进行准备和结束工作所消耗的时间，称为准备与终结时间。主要指熟悉工艺文件、领取毛坯、安装夹具、调整机床、拆卸夹具等所消耗的时间。计算方法：根据经验进行估算。

七、填写工艺文件

常用的机械加工工艺过程卡片和机械加工工序卡片见表 4-8~表 4-9。

表 4-8　机械加工工艺过程卡片

工厂		机械加工工艺过程卡片		产品型号			零(部)件图号			共　页
				产品名称			零(部)件名称			共　页
材料牌号		毛坯种类		毛坯外形尺寸		每毛坯件数	每台件数		备注	
工序号	工序名称	工序内容		车间	工段	设备	工艺装备		工时	
									准终	单件
						编制(日期)	审核(日期)		会签(日期)	
标记	处记	更改文件号	签字	日期	标记	处记	更改文件号	签字	日期	

表 4-9　机械加工工序卡片

工厂	机械加工工序卡片	产品型号		零(部)件型号		共　页
		产品名称		零(部)件名称		共　页
材料牌号	毛坯种类	毛坯外形尺寸	每毛坯件数	每台件数	备注	
车间	工序号	工序名称	材料牌号			
毛坯种类	毛坯外形尺寸	每毛坯件数	每台件数			
设备名称	设备型号	设备编号	同时加工件数	切削液		
夹具编号	夹具名称			工序工时	准终	单件
工步号	工步内容	工艺装备		进给次数	工序工时 机动	辅助
	编制(日期)	审核(日期)		会签(日期)		
标记	处记	更改文件号	签字	日期	标记 处记 更改文件号 签字 日期	

项目小结

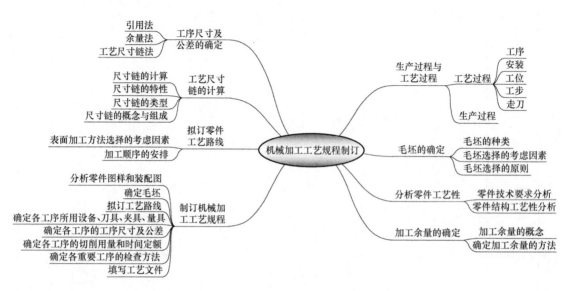

练习思考题

一、选择题

1. 生产技术准备工作属于（　　）。
   A. 生产过程　　　　B. 工艺过程　　　　C. 机械加工过程　　　　D. 工序过程

2. 在一台车床上对一个零件完成车外圆、倒角、切槽加工属于（　　）。
   A. 一个工步　　　　B. 一个走刀　　　　C. 一个工序　　　　D. 一个安装

3. 零件的生产纲领是（　　）。
   A. 年产量　　　　B. 总数量　　　　C. 批量　　　　D. 月产量

4. 产品数量很大，大多数工作地重复进行某一零件的某一道工序的加工，这种生产类型属于（　　）。
   A. 单件生产　　　　B. 成批生产　　　　C. 大量生产　　　　D. 批量生产

5. 某一加工表面在一道工序中被切除的金属层厚度为（　　）。
   A. 工序基本余量　　　　B. 总余量　　　　C. 最大余量　　　　D. 工序余量

6. 加工过程中间接获得的、最后保证的尺寸为（　　）。
   A. 组成环　　　　B. 增环　　　　C. 减环　　　　D. 封闭环

7. 在一个封闭的尺寸链中，封闭环数是（　　）。
   A. 1个　　　　B. 2个　　　　C. 3个　　　　D. 多个

8. 产品数量很小，工作地不是重复进行某一零件的某一道工序的加工，这种生产类型属于（　　）。
   A. 单件生产　　　　B. 成批生产　　　　C. 大量生产　　　　D. 批量生产

9. 产品的装配属于（　　）。
   A. 生产过程
   C. 安装过程
   B. 工艺过程
   D. 机械加工工艺过程

10. 封闭环随之增大而增大的环为（　　　）。

    A. 组成环　　　　　　B. 增环　　　　　　C. 减环　　　　　　D. 封闭环

11. 粗加工的关键问题是（　　　）。

    A. 提高生产效率　　　　　　　　　B. 精加工余量的确定

    C. 零件的加工精度　　　　　　　　D. 零件的表面质量

二、填空题

1. _____是工艺过程的基本组成部分，也是生产组织和计划的基本单元。

2. 工件在一次装夹后，相对于机床或刀具所占据的每一个加工位置称为_____。

3. 在正常条件下，所能保证的加工精度和表面粗糙度是_____。

4. 工序余量指_____。

5. 工序总余量是_____。

6. 制订机械加工工艺规程的核心是_____。

7. 机械加工工艺规程是规定机械加工过程和操作方法的_____。

8. 常用毛坯种类包括_____、_____、_____、_____、_____。

三、简答题

1. 简述机械加工工艺规程的制订步骤。

2. 简述工序的概念。

3. 简述生产过程的组成。

四、计算题

1. 进行图 4-18 所示零件加工时，图样要求保证尺寸 10mm±0.1mm，但这一尺寸不便直接测量，要通过测量尺寸 L 来间接保证，试求工序尺寸 L 及其上、下极限偏差。

2. 如图 4-19 所示零件，镗孔前表面 A、B、C 已加工好。镗孔时，为了使工件装夹方便，选择了 A 面为定位基准，此时通过测量尺寸 L 来间接保证 20mm±0.15mm，试求工序尺寸 L 及其上、下极限偏差。

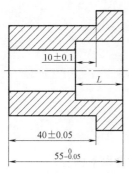

图 4-18　题 1 图

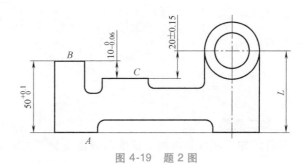

图 4-19　题 2 图

项目 5
CHAPTER 5

机械加工质量分析

【学习目标】

1. 知识目标
1) 了解加工精度与加工误差的关系。
2) 明确加工原理误差的含义。
3) 掌握工艺系统几何误差的组成。
4) 掌握零件表面质量对机器零件使用性能的影响。
5) 了解影响表面粗糙度的因素。
6) 掌握影响表面层物理力学性能的因素及其控制。

2. 技能目标
1) 能够分析影响零件加工精度的因素。
2) 能够分析影响零件加工表面质量的因素并进行控制。

任务 1　机械加工精度认知

一、加工精度概述

1. 加工质量
零件的加工质量是由加工精度和表面质量两方面决定的。它包含以下内容：

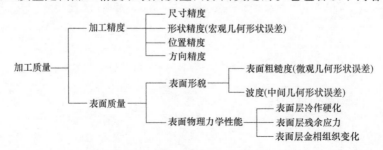

2. 加工精度与加工误差

加工精度指零件加工后的实际几何参数（尺寸、形状和相互位置）与理想几何参数的符合程度。符合程度越高，加工精度越高。

加工误差指零件加工后的实际几何参数（尺寸、形状和相互位置）与理想几何参数的偏离程度。偏离程度越大，加工误差越大。

3. 原始误差

（1）原始误差的概念　凡是能直接引起加工误差的因素都称为原始误差，主要包含以下内容：

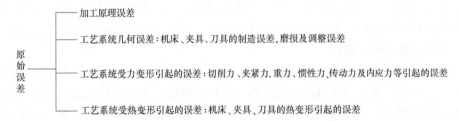

（2）原始误差与加工误差的关系　当工艺系统存在原始误差时，该误差可能会缩小或放大地反映到工件上，造成工件的加工误差，原始误差与加工误差的关系如图 5-1 所示。

设原始误差为 $\overline{AA'}=\delta$，则加工误差 ΔR 为

$$\Delta R = R - R_0 = OA' - OA = \sqrt{R_0^2 + \delta^2 - 2R_0\delta\cos\phi} - R_0 \tag{5-1}$$

在非误差敏感方向，当 $\phi = 90°$ 时，原始误差在工件被加工表面的切线上，所引起的加工误差最小，如图 5-1b 所示。

在误差敏感方向，当 $\phi = 0°$ 时，原始误差在工件被加工表面的法线上，所引起的加工误差最大，如图 5-1c 所示。

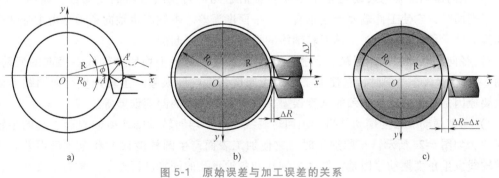

图 5-1　原始误差与加工误差的关系

二、加工原理误差

加工原理误差是指由于采用了近似的成形运动或近似的切削刃轮廓进行加工而产生的误差，也称为理论误差。

生产中采用近似的加工原理进行加工的例子很多，例如，用齿轮滚刀滚齿就有两种原理误差：一种是为使滚刀制造方便，采用了阿基米德蜗杆或法向直廓蜗杆代替渐开线蜗杆而产生的近似造形误差；另一种是由于齿轮滚刀刀齿数有限，导致实际加工出的齿形是一条由微

小折线段组成的曲线，而不是一条光滑的渐开线。采用近似的加工方法或近似的切削刃轮廓加工，虽然会带来加工原理误差，但往往可简化工艺过程及机床和刀具的设计和制造，提高生产效率，降低成本，只是由此带来的原理误差必须控制在允许的范围内。

三、工艺系统的几何误差

工艺系统的几何误差主要是机床、刀具和夹具的制造误差、磨损误差及调整误差。在刀具与工件发生关系之前就已经客观存在，并在加工过程中反映到工件上去。

1. 机床的几何误差

加工时刀具相对于工件的成形运动一般都是通过机床完成的，因此，工件的加工精度在很大程度上取决于机床的精度。机床的制造误差对工件加工精度影响较大的有：主轴回转误差、导轨误差和传动链误差。

（1）主轴回转误差　机床主轴是用来装夹工件或刀具，并将运动和动力传递给工件或刀具的部件，主轴回转误差将直接影响被加工工件的精度。主轴回转误差是指主轴各瞬间的实际回转轴线相对其平均回转轴线的变动量，可分解为轴向窜动、径向圆跳动、角度摆动三种基本形式，如图 5-2 所示。

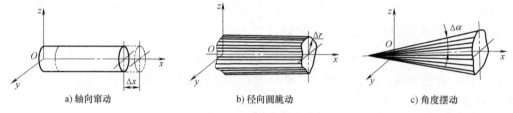

| a) 轴向窜动 | b) 径向圆跳动 | c) 角度摆动 |

图 5-2　主轴回转误差的基本形式

1）轴向窜动。轴向窜动是指主轴回转轴沿平均回转轴线方向的变动量，如图 5-2a 所示。车端面时，它使工件端面产生垂直度、平面度误差。主轴产生轴向窜动是由主轴轴肩端面和推力轴承承载端面相对主轴回转轴线的垂直度误差引起的。

2）径向圆跳动。径向圆跳动是指主轴回转轴线相对于平均回转轴线在径向的变动量，如图 5-2b 所示。车外圆时，它使加工面产生圆度和圆柱度误差。主轴产生径向圆跳动误差的主要原因是：主轴支承轴颈的圆度误差、轴承工作表面的圆度误差等。

3）角度摆动。角度摆动是指主轴回转轴线相对平均回转轴线产生倾斜而引起的主轴回转误差，如图 5-2c 所示。车削加工时，它使加工表面产生圆柱度误差和全跳动误差。主轴回转轴线发生角度摆动原因是：箱体主轴孔和各轴承孔的同轴度误差、主轴各段支承轴颈的同轴度误差、轴承间隙误差等。

提高主轴及箱体轴承孔的制造精度、选用高精度的轴承、提高主轴部件的装配精度、对主轴部件进行平衡、对滚动轴承进行预紧等，均可提高机床主轴的回转精度。在实际生产中，可以用千分表对机床主轴回转精度进行测量，如图 5-3 所示。

（2）机床导轨误差　导轨是机床上确定各机

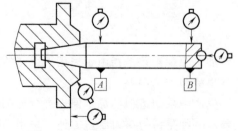

图 5-3　主轴回转精度的千分表测量

床部件相对位置关系的基准，也是机床运动的基准。机床导轨的精度要求主要有以下四个方面：在水平面内的直线度、在垂直面内的直线度、前后导轨的平行度（扭曲）、导轨与主轴回转轴线的平行度。

1）在水平面内的直线度。导轨在水平面内的直线度误差直接反映在被加工工件表面的法线方向，即误差敏感方向上，它对工件加工精度的影响最大。导轨在水平面内若有直线度误差 Δx，则在导轨全长上，刀具相对于工件的正确位置产生 Δx 的偏移量，使工件半径产生 $\Delta R = \Delta x$ 的误差，如图 5-4 所示。

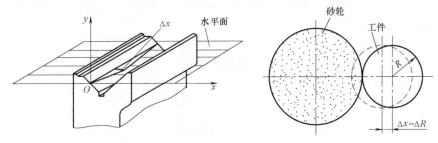

图 5-4　导轨在水平面内直线度的影响

2）在垂直面内的直线度。导轨在垂直面内有直线度误差 Δy 时，也会使车刀在水平面内发生位移，如图 5-5 所示。导轨在垂直面内若有直线度误差 Δy，会使工件半径产生误差 ΔR，$\Delta R \approx \dfrac{(\Delta y)^2}{2R}$。若 $\Delta y = 0.1\text{mm}$，$R = 20\text{mm}$，则 $\Delta R = (0.01/40)\text{mm} = 0.00025\text{mm}$。与 Δy 数值相比，ΔR 属微小量。由此可知，导轨在垂直面内的直线度误差对工件加工精度影响较小，一般可忽略不计。

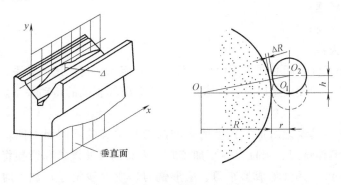

图 5-5　导轨在垂直面内直线度的影响

3）前后导轨的平行度（扭曲）。当前后导轨在垂直平面内有平行度误差时，即存在扭曲误差，刀架将产生摆动。此时，刀架沿床身导轨做纵向进给运动时，刀尖的运动轨迹是一条空间曲线，使加工表面产生圆柱度误差。如图 5-6 所示，导轨在垂直方向上有平行度误差 δ 时，将使刀具在误差敏感方向产生 Δy 的偏移量，$\Delta y \approx (H/B)\delta$，使工件加工半径产生 $\Delta R = \Delta y$ 的误差，对加工精度影响较大。

4）导轨与主轴回转轴线的平行度。在镗床上镗孔时，主轴做进给运动，镗床导轨与主轴轴线不平行时，即产生平行度误差，如图 5-7b 所示；会使所镗孔产生圆度误差，如图 5-7c 所示。

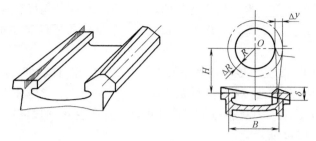

图 5-6　导轨扭曲引起的加工误差

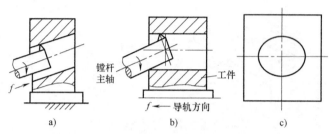

图 5-7　导轨与主轴平行度误差引起的加工误差

（3）传动链误差　滚齿时，要求滚刀的转速和工件的转速之比恒定不变，关系式为

$$\frac{n_{\mathrm{d}}}{n_{\mathrm{g}}} = \frac{z_{\mathrm{g}}}{K} \tag{5-2}$$

式中　K——滚刀头数；

　　　n_{g}——滚刀转速；

　　　n_{d}——工件转速；

　　　z_{g}——工件齿数。

因此，刀具和工件之间必须采用内联系传动链才能保证传动速比关系，当传动链中的传动元件有制造误差、装配误差以及使用磨损时，就会破坏正确的传动关系。

2. 刀具误差

机械加工中的刀具误差对加工精度的影响随刀具种类的不同而不同。采用定尺寸刀具（如钻头、铰刀、键槽铣刀、圆拉刀等）加工时，刀具的尺寸误差和磨损将直接影响工件的尺寸精度。采用成形刀具（如成形车刀、成形铣刀、成形砂轮等）加工时，刀具的形状误差和磨损将直接影响工件的几何精度。对于一般刀具（如车刀、铣刀、镗刀等）而言，其制造误差对工件加工精度无直接影响。

3. 夹具误差

夹具误差直接影响加工表面的位置精度和尺寸精度，对位置精度的影响最大。

夹具的误差主要包括：

1）定位元件、刀具引导元件、分度机构、夹具体等的制造误差。

2）夹具装配后，以上各元件工作面间的位置误差。

3）夹具在使用过程中工作面的磨损。

4）夹具使用过程中工件定位基面与定位元件工作面间的位置误差。

4．测量误差

由于量具本身的制造误差，测量时的接触力、温度、目测正确程度等都直接影响加工精度，因此要正确地选择和使用量具，保证测量精度。

四、工艺系统的受力变形

机械加工工艺系统在切削力、夹紧力、惯性力、重力、传动力等力的作用下，会产生相应的变形，从而破坏刀具和工件之间正确的相对位置，使工件的加工精度下降。

1．基本概念

（1）工艺系统刚度　系统受外力作用时，抵抗变形的能力称为工艺系统刚度。

垂直作用于工件加工表面（加工误差敏感方向）的径向切削分力 F_y 与工艺系统在该方向上的变形 y 之间的比值，称为工艺系统刚度，用 K 表示，其表达式为

$$K = \frac{F_y}{y} \tag{5-3}$$

若各环节受力均为 F_y，由式（5-3）得系统（xt）、机床（jc）、夹具（jj）、刀具（dj）、工件（gj）的刚度表达式分别为

$$K_{xt} = \frac{F_y}{y_{xt}}; K_{jc} = \frac{F_y}{y_{jc}}; K_{jj} = \frac{F_y}{y_{jj}}; K_{dj} = \frac{F_y}{y_{dj}}; K_{gj} = \frac{F_y}{y_{gj}} \tag{5-4}$$

$$y_{xt} = y_{jc} + y_{jj} + y_{dj} + y_{gj} \tag{5-5}$$

将式（5-5）代入式（5-4），得工艺系统刚度表达式为

$$K_{xt} = \frac{1}{\dfrac{1}{K_{jc}} + \dfrac{1}{K_{jj}} + \dfrac{1}{K_{dj}} + \dfrac{1}{K_{gj}}} \tag{5-6}$$

（2）负刚度　如图5-8所示，当 F_z 引起的 y 向位移量 y_{Fz} 超出 F_Y 引起的 y 向位移量 y_{Fy} 时，总的位移即与 y 方向相反而呈负值，此时刀架处于负刚度状态。负刚度会使刀尖扎入工件表面，还会促使系统产生振动，引起刀架在切削力作用下的变形。

（3）接触刚度　工艺系统是由许多零部件构成的，相互间的接触表面并非理想的几何表面，如图5-9所示。零件经机械加工总是存在许多宏观和微观的表面缺陷，所以实际接触的仅是表面上的凸峰。把互相接触的两表面抵抗接触变形的能力称为接触刚度。

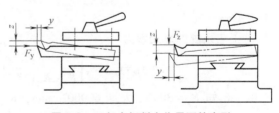

图 5-8　刀架在切削力作用下的变形

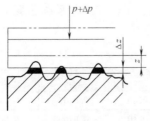

a）表面接触模型

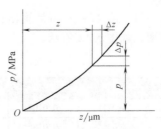

b）变形与压强的关系

图 5-9　表面接触情况

影响接触刚度的主要因素有表面几何形状误差与表面粗糙度、材料及其硬度。

2. 工艺系统受力变形对加工精度的影响

（1）切削力引起的变形对加工精度的影响

1）切削力作用点位置变化引起的加工误差。以卧式车床在两顶尖间加工光轴为例，如图 5-10 所示，假定：①切削过程中切削力的大小保持不变；②车床刚度由头架、尾座和刀架三部分保障；③车刀悬伸很短，受力后弯曲变形极小，可忽略不计。这时，工艺系统的受力变形就取决于机床和工件的变形。

a. 机床的变形。在讨论机床受力变形时，可将工件刚度看成是绝对刚度，此时机床的受力变形为

$$y_{jc} = F_y \left[\frac{1}{K_{dj}} + \frac{1}{K_{tj}} \left(\frac{L-x}{L} \right)^2 + \frac{1}{K_{wz}} \left(\frac{x}{L} \right)^2 \right] \tag{5-7}$$

由式（5-7）可看出，车床的变形是切削刃切削位置的二次函数，为一条抛物线。由于切削刃所走过的轨迹是抛物线，从而使工件出现两头粗、中间细的鞍形圆柱度误差（图 5-11）。

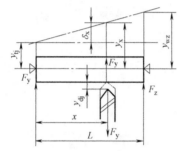

图 5-10 两顶尖间车光轴时的机床变形

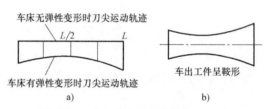

车床无弹性变形时刀尖运动轨迹

车床有弹性变形时刀尖运动轨迹

a)

车出工件呈鞍形

b)

图 5-11 由机床变形引起的加工误差

b. 工件的变形。在讨论工件受力变形时，可将机床刚度看成是绝对刚度，此时可把工件视为简支梁，当车刀作用在 x 处时，工件的变形可表示为

$$y_{gj} = \frac{F_y}{3EI} \frac{(L-x)^2 x^2}{L} \tag{5-8}$$

式中 EI——抗弯刚度。

c. 工艺系统的总变形为

$$y_{xt} = y_{jc} + y_{gj} = F_y \left[\frac{1}{K_{dj}} + \frac{1}{K_{tj}} \left(\frac{L-x}{L} \right)^2 + \frac{1}{K_{wz}} \left(\frac{x}{L} \right)^2 + \frac{(L-x)^2 x^2}{3EIL} \right] \tag{5-9}$$

例 已知 $F_y = 300N$，$K_{tj} = 60000N/mm$，$K_{wz} = 40000N/mm$，$L = 600mm$，工件直径 $d = 50mm$，$E = 2 \times 10^5 N/mm^2$，工件在车床上以顶尖安装进行外圆切削，试确定沿工件长度方向上工艺系统的变形量。

解：利用式（5-7）~式（5-9）可计算出机床、工件和工艺系统总变形量，见表 5-1；将相应结果绘成曲线图，如图 5-12 所示。

表 5-1 工艺系统变形量 （单位：mm）

x	0(头架处)	$L/6$	$L/3$	$L/2$	$2L/3$	$5L/6$	L(尾座处)
y_{jc}	0.0125	0.0111	0.0104	0.0103	0.0107	0.0118	0.0135
y_{gj}	0	0.0065	0.0166	0.0210	0.0166	0.0065	0
y_{xt}	0.0125	0.0176	0.0270	0.0313	0.0273	0.0183	0.0135

2）切削力的大小变化引起的加工误差。具有形状或位置误差的工件毛坯，经机械加工后的工件仍具有与毛坯相似的形状或位置误差，这种现象称为误差复映，如图 5-13 所示。误差复映程度用复映系数体现，计算公式如下：

$$\varepsilon = \frac{\Delta \omega}{\Delta m} = \frac{y_1 - y_2}{a_{p1} - a_{p2}} = \frac{A}{K_{xt}} \tag{5-10}$$

式中　A——径向切削力系数。

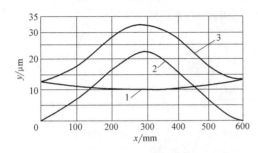

图 5-12　工艺系统变形曲线

1—机床变形　2—工件变形　3—工艺系统总变形

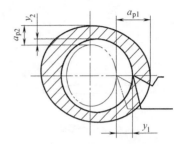

图 5-13　毛坯的误差复映

复映系数 ε 定量地反应了毛坯误差经过加工后减少的程度。工艺系统刚度越大，ε 越小，即复映在工件上的毛坯误差也越小。

由于 ε 是一个远小于 1 的正数，所以，当一次走刀不能满足精度要求时，可以用多次走刀的办法来降低毛坯的误差复映。n 次走刀的误差复映系数分别为 ε_1、ε_2、ε_3、$\cdots$、ε_n，则总的误差复映系数为

$$\varepsilon_z = \varepsilon_1 \varepsilon_2 \varepsilon_3 \cdots \varepsilon_n \ll 1 \tag{5-11}$$

在一般情况下，只在粗加工时才用误差复映规律来估算加工误差，但当系统刚度很低时（如车、磨细长轴，精镗小孔等），即使是精加工，也应充分考虑它的影响。

（2）传动力、惯性力、夹紧力和重力引起的变形对加工精度的影响

1）传动力的影响。工件表面是在瞬时回转轴线相对平均回转轴线以后顶尖为锥角顶点所形成的圆锥轨迹中加工出来的。

由传动力引起的加工误差示意图如图 5-14 所示。为减少传动力的影响，在精密加工中，常常改用双销拨盘或柔性链接装置来带动工件转动。

2）惯性力的影响。常采用配重的方法来消除惯性力导致的不平衡的现象。

3）夹紧力的影响。对于刚性较差的工件，如套筒零件，若夹紧力施力不当，常常会引起变形而造成工件的几何形状误差，为改善这种现象，可在夹紧元件卡盘上加开口过渡环，如图 5-15 所示。

图 5-16 所示为薄片零件磨削时由于夹紧不当产生的变形，为改善这种误差，可在磨削加工时在工件翘曲处垫上薄胶皮或纸片。

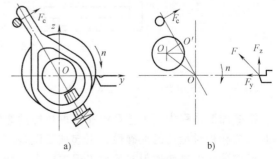

a)　　　　　　　b)

图 5-14　由传动力引起的加工误差

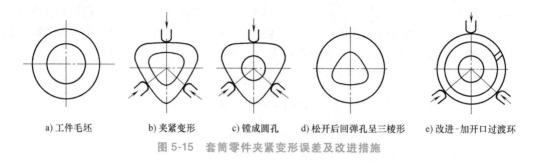

a) 工件毛坯　　b) 夹紧变形　　c) 镗成圆孔　　d) 松开后回弹孔呈三棱形　　e) 改进-加开口过渡环

图 5-15　套筒零件夹紧变形误差及改进措施

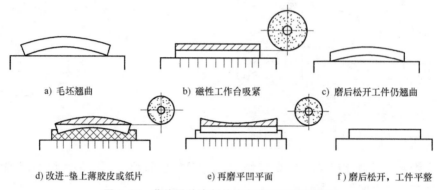

a) 毛坯翘曲　　　　b) 磁性工作台吸紧　　　　c) 磨后松开工件仍翘曲

d) 改进-垫上薄胶皮或纸片　　　e) 再磨平凹平面　　　f) 磨后松开，工件平整

图 5-16　薄片零件磨削的夹紧变形及改进措施

4）重力的影响。大型机床中某些部件作进给运动时，本身自重对支承的作用点位置不断变化，使得部件本身或支承件的受力变形随之改变而产生加工误差。

（3）工件内应力引起的变形对加工精度的影响

在外部载荷去除后，仍残存在工件内部的应力称为内应力（或残余应力）。

内应力的产生原因：工件在冷热加工过程中，金属内部的宏观或微观组织发生了不均匀的体积变化。

具有内应力的零件，内部组织处于极不稳定状态，具有强烈要恢复到稳定的没有应力状态的趋向，只要外界条件变化，暂时的平衡就会遭到破坏，直到达到新的平衡。在变化的过程中，零件的形状和原有的加工精度必将受到影响，如图 5-17 所示。

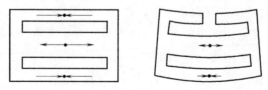

图 5-17　内应力引起的变形

五、工艺系统热变形产生的误差

机械加工过程中，工艺系统在各种热源的影响下，会产生复杂的变形，破坏工件与刀具相对位置和相对运动的准确性，引起加工误差。

据统计，由热变形引起的加工误差约占总加工误差的 40% ~ 70%。工艺系统的热变形不仅严重影响加工精度，而且还影响加工效率的提高，因此，解决工艺系统热变形问题已成为现代工艺技术进一步发展的一个重要研究课题。

1. 工艺系统热源

工艺系统在加工过程中的热源包括以下方面：

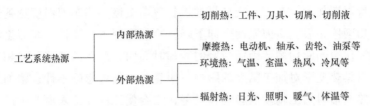

在上述热源中，切削热对加工精度的影响最为直接，而摩擦热则是机床热变形的主要热源；外部热源主要影响大型和精密工件的加工。

2. 机床热变形对加工精度的影响

使机床产生热变形的热源主要是摩擦热、传动热和外部热源传入的热量。由于热源分布不均匀和机床结构的复杂性，机床各部件的温升各不相同，机床各部件将发生不同程度的变形，破坏了机床各部件原有的相对位置关系，从而降低了机床的加工精度。不同类型的机床，其主要热源各不相同，热变形对加工精度的影响也不同。

车床、铣床和钻、镗类机床的主要热源来自主轴箱。以车床为例，主轴箱的温升将使主轴温度升高，由于主轴前轴承的发热量大于后轴承的发热量，故主轴的前端高于后端；主轴箱的热量传给床身，还会使床身和导轨向上凸起，如图5-18所示。

3. 工件热变形对加工精度的影响

（1）工件均匀受热　对于一些形状简单、对称的零件，如轴、套筒等，加工时（如车削、磨削）切削热能较均匀地传入工件，工件热变形量可按下式估算：

$$\Delta L = \alpha L \Delta t \qquad (5-12)$$

式中　α——工件材料的热膨胀系数，单位为 $1/℃$；

L——工件在热变形方向的尺寸，单位为 mm；

Δt——工件温升，单位为 ℃。

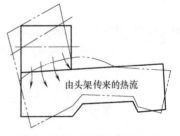

图5-18　机床床身的热变形

在精密丝杠加工过程中，工件的热伸长会产生螺距的累积误差。在较长的轴类零件加工过程中，将出现锥度误差。

例如，在磨削 400mm 长的丝杠螺纹时，每磨一次温度升高 1℃，则被磨丝杠将伸长 $\Delta L = (1.17 \times 10^{-5} \times 400 \times 1)\,\text{mm} = 0.0047\text{mm}$，而 5 级丝杠的螺距累积误差在 400mm 长度上不允许超过 5μm。因此，热变形对工件加工精度影响很大。

（2）工件不均匀受热　在刨削、铣削、磨削加工平面时，工件单面受热，上、下平面间产生温差，导致工件向上凸起，而凸起部分会被工具切去，加工完毕后冷却，工件加工表面就产生了凹陷，造成了几何误差，如图5-19所示。

4. 刀具热变形对加工精度的影响

刀具产生热变形的热源主要来自于切削热。虽然切削热传入刀具的比例不大（车削加工时约为 5%），但由于刀具体积小、热容量

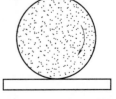

图5-19　磨削工件受热
不均而变形

小，刀具切削部分的温升较高。车削时，高速工具钢车刀切削刃部位的温度可达 600℃，硬质合金刀具切削刃部分的温度可达 1000℃。

图 5-20 所示为车刀的热变形曲线，刀具热变形量 ξ 在切削初期增加很快，随着车刀温度的增高，散热量逐渐加大，车刀热变形量的增长逐渐变慢，当车刀温度达到热平衡时，车刀便不再变形。切削停止后，车刀温度立即下降，冷却速度由快变慢，车刀逐渐收缩。在实际加工中，刀具往往做间断切削，因而短暂的冷却时间内，刀具的热变形量相对较小。

粗加工时，刀具热变形对加工精度的影响不明显，一般可忽略不计；精加工，尤其是精密加工时，刀具热变形对加工精度的影响较显著，它会使工件加工表面产生尺寸误差和形状误差。

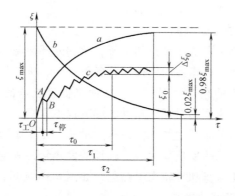

图 5-20 车刀的热变形曲线

曲线 a—车刀连续工作时的热变形曲线　曲线 b—切削停止后，车刀的变形曲线　曲线 c—刀具做间断切削的热变形曲线
τ_1—刀具加热至热平衡时间　τ_2—刀具冷却至热平衡时间　τ_0—刀具间断切削至热平衡时间

六、加工误差及提高加工精度的途径

1. 加工误差的性质及分类

在实际生产中，影响加工精度的因素往往是错综复杂的，并且常常带有随机性，很难用单因素的估算法来分析其因果关系，也无法凭个单个零件的误差情况去推断整批零件的误差情况。这时就应以批量零件整体为对象来进行综合分析。各种加工误差，根据其在一批零件中出现的规律分为系统误差和随机误差。各类误差关系和不同性质误差的解决途径如下：

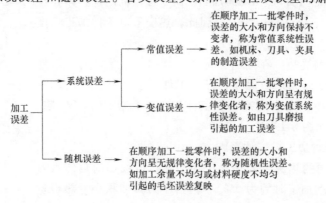

对于常值系统性误差，在查明其大小和方向后，通过相应地调整或检修工艺装备，或者用一种常值系统性误差去补偿原来的常值系统性误差，即可消除或控制误差在公差范围之内

不同性质误差的解决途径

对于变值系统性误差，在查明其大小和方向随时间变化的规律后，可采用自动连续补偿或自动周期补偿的方法消除

对随机性误差，从表面上看似乎没有规律，但是应用数理统计的方法可以找出一批工件加工误差的总体规律，查出产生误差的根源，在工艺上采取措施来加以控制

2. 提高加工精度的途径

（1）减少误差法 查明产生加工误差的主要因素后，设法直接对其进行消除或削弱。如细长轴加工，用中心架或跟刀架可提高工件的刚度，也可采用反拉法切削，使工件受拉不受压，不会因偏心压缩而产生弯曲变形。

（2）误差补偿法 误差补偿法是人为制造出一种新的原始误差，以抵消原来工艺系统中存在的原始误差，尽量使两者大小相等、方向相反，从而使误差抵消得尽可能彻底。

（3）误差分组法 误差分组法是把毛坯或上道工序加工的工件尺寸经测量按大小分为 n 组，每组尺寸误差就缩减为原来的 $1/n$；然后按各组的误差范围分别调整刀具位置，使整批工件的尺寸分散范围大大缩小。

（4）误差转移法 误差转移法是把原始误差从误差敏感方向转移到误差的非敏感方向。

（5）"就地加工"法 将全部零件按经济精度制造，然后装配成部件或产品，且各零部件之间具有工作时要求的相对位置，最后以一个表面为基准加工另一个有位置精度要求的表面，最终实现精加工，这就是"就地加工"法，也称自身加工修配法。"就地加工"的要点是，要求保证零部件间什么样的位置关系，就在这样的位置关系上利用一个部件装上刀具去加工另一个部件。

（6）控制误差法 控制误差法是利用测量装置在加工过程中连续地测量工件的实际尺寸，随时给刀具以附加的补偿，控制刀具和工件间的相对位置，直至实际值与调定值的差不超过预定的公差为止。

任务2　机械加工表面质量控制

评价零件是否合格的质量指标除了机械加工精度外，还有机械加工表面质量。机械加工表面质量是指工件经过机械加工后的表面层状态。研究机械加工表面，掌握机械加工过程中各种工艺因素对表面质量的影响规律，对于保证和提高产品的质量具有十分重要的意义。

一、机械加工表面质量的含义

机械加工表面质量又称为表面完整性，其含义包括两个方面的内容，即表面层的几何形状特征和表面层的物理力学性能。

1. 表面层的几何形状特征

表面层的几何形状特征如图5-21所示，主要由以下几部分组成。

（1）表面粗糙度　它是指加工表面上较小间距和峰谷所组成的微观几何形状特征。判定条件通常为 $\lambda/h<50$，即加工表面的微观几何形状误差，其评定参数主要有轮廓算术平均偏差 Ra 和轮廓微观不平度十点平均高度 Rz。

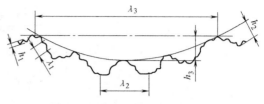

图 5-21　表面层的几何形状特征

（2）表面波度　它是介于宏观几何形状误差与表面粗糙度之间的周期性形状误差，判定条件通常为 $50<\lambda/h<1000$，它主要是由机械加工过程中的低频振动引起的，应作为工艺缺陷设法消除。

（3）宏观几何形状误差　判定条件通常为 $\lambda/h>1000$，主要是由机床、夹具、刀具几何精度及定位夹紧误差等因素引起的。

2. 表面层的物理力学性能

机械零件在加工过程中受切削力和热的综合作用，表面层金属的物理力学性能和基体金属大不相同，主要有以下三个方面的变化：

1）表面层因塑性变形发生冷作硬化。

2）表面层因切削热发生金相组织的变化。

3）表面层产生残余应力。

二、表面质量对零件使用性能的影响

1. 表面质量对零件耐磨性的影响

耐磨性是零件的一项重要性能指标，在摩擦副的材料、润滑条件和加工精度确定之后，零件的表面质量对耐磨性起着关键性的作用。由于零件表面存在着几何形状误差，两个零件的表面开始接触时，接触部分集中在其波峰处，因此实际接触面积远远小于名义接触面积，并且表面粗糙度越大，实际接触面积越小。在外力作用下，波峰接触部分将产生很大的压应力。

当两个零件做相对运动时，开始阶段由于接触面积小、压应力大，接触处的波峰会产生较大的弹性变形、塑性变形及剪切变形，波峰很快被磨平，即使有润滑油存在，也会因为接触点处压应力过大使油膜被破坏而形成干摩擦，从而导致零件接触表面的磨损加剧。当然，表面粗糙度并非越小越好，如果表面粗糙度过小，接触表面间储存润滑油的能力变差，接触表面容易发生分子胶合、咬焊的现象，同样也会造成磨损加剧。

表面层的冷作硬化可使表面层的硬度提高，增强表面层的接触刚度，从而降低接触处的弹性、塑性变形，使耐磨性有所提高。但如果硬化程度过大，表面层金属组织会变脆，易出现微观裂纹，甚至会使金属表面组织剥落而加剧零件的磨损。

2. 表面质量对零件疲劳强度的影响

表面粗糙度对承受交变载荷的零件的疲劳强度影响很大。在交变载荷作用下，表面粗糙度波谷处容易产生应力集中，从而产生疲劳裂纹。并且表面粗糙度越大、表面划痕越深，其抗疲劳破坏能力越差。

表面层残余压应力对零件的疲劳强度影响也很大。当表面层存在残余压应力时，能延缓疲劳裂纹的产生、扩展，提高零件的疲劳强度；但当表面层存在残余拉应力时，则容易引起晶间破坏、产生表面裂纹而降低其疲劳强度。

表面层的加工硬化对零件的疲劳强度也有影响。适度的加工硬化能阻止已有裂纹的扩展和新裂纹的产生，从而提高零件的疲劳强度；但加工硬化过于严重会使零件表面组织变脆，容易出现裂纹，从而使疲劳强度降低。

3. 表面质量对零件耐蚀性的影响

表面粗糙度对零件耐蚀性的影响很大。零件表面粗糙度越大，在波谷处越容易积聚腐蚀性介质，从而使零件发生化学腐蚀和电化学腐蚀。

表面层残余压应力对零件的耐蚀性也有影响。残余压应力使表面组织致密，腐蚀性介质不易侵入，有助于提高表面的耐蚀能力；残余拉应力对零件耐蚀性的影响则相反。

4. 表面质量对零件间配合性质的影响

相配零件间的配合性质是由过盈量或间隙量来决定的。在间隙配合中，如果零件配合表面的粗糙度大，则磨损迅速，使得配合间隙增大，从而降低了配合质量，影响了配合的稳定性；在过盈配合中，如果零件配合表面的粗糙度大，则装配时表面波峰被挤平，使得实际有效过盈量减小，降低了配合件的连接强度，影响了配合的可靠性。因此，对有配合要求的表面应规定较小的表面粗糙度值。

在过盈配合中，如果表面硬化严重，可能出现表面层金属与内部金属脱落的现象，从而破坏配合性质和配合精度。表面层残余应力会引起零件变形，使零件的形状、尺寸发生改变，因此也将影响配合性质和配合精度。

5. 表面质量对零件其他性能的影响

表面质量对零件的使用性能还有一些其他影响。如对间隙密封的液压缸、滑阀来说，减小表面粗糙度可以减少泄漏、提高密封性能；较小的表面粗糙度可使零件具有较高的接触刚度；对于滑动零件，减小表面粗糙度能使摩擦因数降低、运动灵活性提高，减少发热和功率损失；表面层的残余应力会使零件在使用过程中继续变形，失去原有的精度，从而使机器工作性能恶化等。

总之，提高加工表面质量，对于保证零件性能、提高零件使用寿命是十分重要的。

三、影响机械加工表面粗糙度的因素及其控制

1. 影响切削加工表面粗糙度的因素

在切削加工中，影响加工表面粗糙度的因素主要包括几何因素、物理因素和加工中工艺系统的振动。下面以车削加工为例来说明。

（1）几何因素 切削加工时，表面粗糙度的值主要取决于切削部分的残留高度。

当刀尖圆弧半径 $r_\varepsilon = 0$ 时，如图 5-22a 所示，残留高度 H 为

$$H = \frac{f}{\cot\kappa_r + \cot\kappa_r'} \tag{5-13}$$

当刀尖圆弧半径 $r_\varepsilon > 0$ 时，如图 5-22b 所示，残留高度 H 为

$$H = r_\varepsilon(1 - \cos\alpha) \approx \frac{f^2}{8r_\varepsilon} \tag{5-14}$$

从式（5-13）和式（5-14）可知，进给量 f、主偏角 κ_r、副偏角 κ_r' 和刀尖圆弧半径 r_ε 对切削加工表面粗糙度的影响较大。减小进给量 f、减小主偏角 κ_r 和副偏角 κ_r'、增大刀尖圆弧

半径 r_ε，都能减小残留高度 H，也就减小了零件的表面粗糙度。

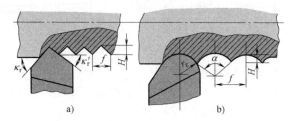

图 5-22　车削时工件表面残留高度

（2）物理因素　在切削加工过程中，刀具对工件的挤压和摩擦使金属材料发生塑性变形，引起原有的残留部分扭曲或沟纹加深，增大表面粗糙度。当采用中等或中等偏低的切削速度切削塑性材料时，在前刀面上容易形成硬度很高的积屑瘤，它虽然可以代替刀具进行切削，但状态极不稳定，积屑瘤的生成、长大和脱落将严重影响加工表面的表面粗糙度值。另外，由于切削过程中切屑和前刀面的强烈摩擦作用以及撕裂现象，还可能在加工表面上产生鳞刺，使加工表面的表面粗糙度增大。

（3）动态因素——振动　在加工过程中，工艺系统有时会发生振动，即在刀具与工件间出现除切削运动之外的另一种周期性的相对运动。振动的出现会使加工表面出现波纹，增大加工表面的表面粗糙度，强烈的振动甚至会使切削加工无法继续下去。

除上述因素外，造成加工表面粗糙不平的原因还有被切屑拉毛和划伤等。

2. 切削加工表面粗糙度的控制

1）在精加工时，应选择较小的进给量 f、较小的主偏角 κ_r 和副偏角 κ_r'、较大的刀尖圆弧半径 r_ε，以得到较小的表面粗糙度。

2）加工塑性材料时，应采用较高的切削速度以防止积屑瘤的产生，减小表面粗糙度。

3）根据工件材料、加工要求，合理选择刀具材料，可有利于减小表面粗糙度。

4）适当增大刀具前角和刃倾角，提高刀具的刃磨质量，降低刀具前、后刀面的表面粗糙度，均能降低工件加工表面的粗糙度。

5）对工件材料进行适当的热处理，以细化晶粒、均匀晶粒组织，可减小表面粗糙度。

6）选择合适的切削液，减小切削过程中的界面摩擦，降低切削区温度，减小切削变形，抑制鳞刺和积屑瘤的产生，可以大大减小表面粗糙度。

3. 影响磨削加工表面粗糙度的因素及其控制

（1）砂轮的影响　砂轮的粒度越细，单位面积上的磨粒数越多，在磨削加工表面产生的刻痕就越细，表面粗糙度越小；但若粒度过细，加工时砂轮易被堵塞，反而会使表面粗糙度增大，还容易产生波纹和引起烧伤。

砂轮的硬度应大小合适，其半钝化期越长越好；若砂轮的硬度太高，磨削时磨粒不易脱落，加工表面受到的摩擦、挤压作用加剧，将会增加塑性变形，使得表面粗糙度增大，还易引起烧伤；但若砂轮太软，磨粒太易脱落，会使磨削作用减弱，也导致表面粗糙度增加。所以，要选择合适的砂轮硬度。

砂轮的修整质量越高，砂轮表面的切削微刃数越多、各切削微刃的等高性越好，磨削表面的粗糙度越小。

（2）磨削用量的影响　增大砂轮速度，单位时间内通过加工表面的磨粒数增多，每颗磨粒磨去的金属厚度减小，工件表面的残留高度减小；同时，提高砂轮速度还能减少工件材料的塑性变形，这些都可使加工表面的表面粗糙度值降低。降低工件速度，也可使单位时间内通过加工表面的磨粒数增多，表面粗糙度值减小；但工件速度太低，工件与砂轮的接触时间过长，传递到工件上的热量增多，反而会增大表面粗糙度，还可能产生表面烧伤。

增大磨削深度和纵向进给量，工件的塑性变形增大，会导致表面粗糙度值增大。径向进给量增加，磨削过程中磨削力和磨削温度都会增加，磨削表面塑性变形增大，从而也会增大表面粗糙度值。

为在保证加工质量的前提下提高磨削效率，可将要求较高的表面的粗磨工艺和精磨工艺分开进行，粗磨时采用较大的径向进给量，精磨时采用较小的径向进给量，最后进行无进给磨削，以获得表面粗糙度值很小的表面。

（3）工件材料的影响　工件材料的硬度、塑性、导热性等对表面粗糙度的影响较大。塑性大的软材料容易堵塞砂轮，导热性差的耐热合金容易使磨粒早期崩落，都会导致磨削表面粗糙度增大。

另外，由于磨削温度高，合理使用切削液既可以降低磨削区的温度、减少烧伤，还可以冲去脱落的磨粒和切屑，避免划伤工件，从而降低表面粗糙度值。图 5-23 所示为安装在砂轮上带有空气挡板的切削液喷嘴，并采用高压大流量切削液，这样既可加强冷却作用，又能减轻高速旋转砂轮表面的高压附着作用，使切削液顺利地喷注到磨削区。此外，还可采用多孔砂轮、内冷却砂轮和浸油砂轮。图 5-24 所示为内冷却砂轮结构，切削液被引入砂轮的中心腔内，由于离心力的作用，切削液经过砂轮内部的孔隙从砂轮四周的边缘甩出，这样切削液即可直接进入磨削区，发挥有效的冷却作用。

图 5-23　切削液喷嘴

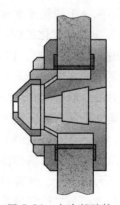

图 5-24　内冷却砂轮

四、影响表面层物理力学性能的因素及其控制

1. 表面层残余应力

外载荷去除后，残存在工件表层与基体材料交界处的相互平衡的应力称为残余应力。产生表面残余应力的原因主要有以下三个方面。

（1）冷态塑性变形引起的残余应力　切削加工时，加工表面在切削力的作用下产生强烈的塑性变形，表层金属的比容增大，体积膨胀，但受到相连里层金属的阻止，从而在表层产生了残余压应力，在里层产生了残余拉应力。当刀具在被加工表面上切除金属时，由于后刀面的挤压和摩擦作用，表层金属纤维被严重拉长，但仍会受到里层金属的阻止，从而在表层产生残余压应力，在里层产生残余拉应力。

（2）热态塑性变形引起的残余应力　切削加工时，大量的切削热会使加工表面产生热膨胀，基体金属的温度较低，会对表层金属的膨胀产生阻碍作用，因此表层产生热态压应力。当加工结束后，表层温度下降，进行冷却收缩，也会受到基体金属阻止，从而在表层产生残余拉应力，在里层产生残余压应力。

（3）金相组织变化引起的残余应力　如果在加工过程中工件表层温度超过金相组织的转变温度，则工件表层将产生组织转变，表层金属的比容也随之发生变化，而表层金属的这种比容变化必然会受到相连基体金属的阻碍，从而在表层、里层产生互相平衡的残余应力。例如，在磨削淬火钢时，磨削热可能导致表层产生回火，表层金属组织将由马氏体转变成接近珠光体的屈氏体或索氏体，密度增大，比容减小，表层金属要产生相变收缩但会受到基体金属的阻止，从而在表层产生残余拉应力，在里层产生残余压应力。如果磨削时表层金属的温度超过相变温度，且冷却充分，表层金属将成为淬火马氏体，密度减小，比容增大，则将在表层产生残余压应力，在里层产生残余拉应力。

2. 表面层加工硬化

（1）加工硬化产生的原因　机械加工过程中，工件表层金属在切削力的作用下产生强烈的塑性变形，金属的晶格扭曲，晶粒被拉长、纤维化甚至破碎，从而使表层金属的强度和硬度增加，塑性降低，这种现象称为加工硬化（或冷作硬化）。另外，加工过程中产生的切削热会使工件表层金属温度升高，当温度升高到一定程度时，会使已强化的金属恢复到正常状态，失去其在加工硬化中得到的物理力学性能，这种现象称为软化。因此，金属的加工硬化程度实际取决于硬化速度和软化速度的比率。

（2）影响加工硬化的因素

1）切削用量的影响。切削用量中，进给量和切削速度对加工硬化的影响较大。增大进给量，切削力随之增大，表层金属的塑性变形程度增大，加工硬化程度增大；增大切削速度，刀具对工件的作用时间减少，塑性变形的扩展深度减小，故而硬化层深度减小。另外，增大切削速度会使切削区温度升高，有利于减少加工硬化。

2）刀具几何形状的影响。切削刃钝圆半径对加工硬化的影响最大。实验证明，已加工表面的显微硬度随着切削刃钝圆半径的加大而增大，这是因为径向切削分力会随着切削刃钝圆半径的增大而增大，使得表层金属的塑性变形程度加剧，导致加工硬化增大。此外，刀具磨损会使后刀面与工件间的摩擦加剧，表层的塑性变形增加，导致表面冷作硬化增大。

3）加工材料性能的影响。工件的硬度越低、塑性越好，加工时塑性变形越大，冷作硬化越严重。

五、机械加工振动对表面质量的影响及其控制

在机械加工过程中，工艺系统有时会发生振动（人为利用振动来进行加工的振动车削、振动磨削、振动时效、超声波加工等除外），即在刀具的切削刃与工件正在切削的表面之间，除了名义上的切削运动之外，还会出现一种周期性的相对运动。这是一种破坏正常切削运动的极其有害的现象。

1. 机械加工振动的来源

1）机内振源。旋转件的不平衡、传动机构的缺陷、冲击、惯性力等引起的振动。

2）机外振源。其他机床、锻锤等。

2. 机械加工振动对表面质量的影响

1）振动使工艺系统的各种成形运动受到干扰和破坏，使加工表面出现振纹，增大表面粗糙度值，恶化加工表面质量。

2）振动还可能引起切削刃崩裂，引起机床、夹具连接部分松动，缩短刀具、机床、夹具寿命。

3）振动限制了切削用量的进一步提高，降低了切削加工的生产效率，严重时甚至还会使切削加工无法继续进行。

4）振动所发出的噪声会污染环境，有害工人的身心健康。

3. 机械加工振动的控制

研究机械加工过程中振动产生的机理，探讨如何提高工艺系统的抗振性以及如何消除振动的措施，一直是机械加工工艺学的重要课题之一。机械加工振动的控制手段如下。

（1）改进机床传动结构　消振与隔振最有效的办法是找出外界的干扰力（振源）并去除。如果不能去除，则可以采用隔绝的方法，如机床通过厚橡胶垫或木材等将机床与地基隔离，以隔绝相邻机床的振动影响。精密机械、仪器采用空气垫也是很有效的隔振措施。

（2）提高传动件的制造精度　传动件的制造精度会影响传动的平衡性，引起振动。在齿轮啮合、滚动轴承传动以及带传动等传动中，减振的途径主要是提高制造精度和装配质量。

（3）合理选择刀具几何角度　适当增大前角 γ_o、主偏角 κ_r，能减小切削力 F_y，从而减轻振动。后角 α_o 可尽量取小，但在精加工中，若 α_o 较小，则切削刃不容易切入工件，而且 α_o 过小时，刀具后刀面和加工表面间的摩擦可能过大，这样反而容易引起颤振。所以，通常在车刀的主后刀面上磨出一段负倒棱，能起到很好的减振作用，此种刀具称为消（防）振车刀。

（4）提高工艺系统本身的抗振性

1）提高机床的抗振性。机床的抗振性往往占主导地位，可以从改善机床的刚性、合理安排各部件的固有频率、增大阻尼以及提高加工和装配的质量等角度来提高其抗振性。

2）提高刀具的抗振性。通过配置刀杆等部件的惯性矩、弹性模量和阻尼系数，使刀具具有较高的抗弯强度和抗扭强度、高的阻尼系数。例如，硬质合金虽有高弹性模量，但阻尼性能较差，因此可以和钢组合使用，以发挥钢和硬质合金两者的优点。

3）提高工件安装时的刚性。主要是提高工件的抗弯强度，如细长轴的车削可以使用中心架、跟刀架，当用拨盘传动销拨动夹头传动时，要保持切削过程中传动销和夹头不发生脱离。

4）使用消（吸）振器装置。典型的消振器装置应用如图5-25和图5-26所示。

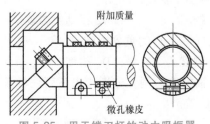

图 5-25　用于镗刀杆的动力吸振器

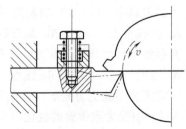

图 5-26　冲击式消振器

项目小结

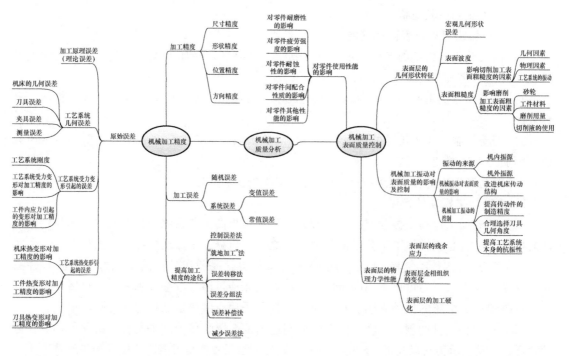

练习思考题

一、填空题

1. 零件的加工质量包含零件的_____和_____。

2. 刨削加工时，加工误差的敏感方向为_____方向；车削加工时，加工误差的敏感方向为_____方向。

3. 机床主轴回转误差包括_____、_____、_____三种基本形式。

4. 机床导轨误差可分为：水平直线度、_____、_____、_____。

5. 一个完整的工艺系统由_____、_____、_____、_____构成。

6. 在顺序加工一批零件时，其加工误差的大小和方向都保持不变的，称为_____；若加工误差按一定规律变化，称为_____。

二、选择题

1. 车削加工时，主轴的三种回转运动误差中，（   ）会造成工件的圆度误差。

    A. 径向圆跳动   B. 轴向窜动   C. 角度摆动

2. 下述刀具中，（   ）的制造误差会直接影响加工精度。

    A. 内孔车刀   B. 端面铣刀   C. 铰刀   D. 浮动镗刀块

3. 在接触零件间施加预紧力，是提高工艺系统（   ）的重要措施。

    A. 精度   B. 强度   C. 刚度   D. 柔度

4. 研究工艺系统受力变形，以车床两顶尖间光轴加工为例，分别指出下列三种条件下，由于切削过程中受力点位置的变化引起的工件形状误差。

    1）只考虑机床变形（   ）。

2）只考虑车刀变形（　　　）。

3）只考虑工件变形（　　　）。

  A. 圆锥形   B. 腰鼓形

  C. 马鞍形（双曲线）   D. 圆柱形

5. 误差的敏感方向是指产生加工误差的工艺系统的原始误差处于加工表面的（　　　）。

  A. 法线方向   B. 切线方向   C. 轴线方向

6. （多选）下列刀具中，（　　　）的制造误差会直接影响加工精度。

  A. 齿轮滚刀   B. 外圆车刀   C. 面铣刀   D. 铰刀

  E. 成形铣刀   F. 键槽铣刀   G. 内圆磨头

7. 判别下列误差因素所引起的加工误差的误差类型及误差性质。

1）夹具在机床上的安装误差（　　　）。

2）工件的安装误差（　　　）。

3）刀具尺寸调整不准确引起的多次调整误差（　　　）。

4）加工一批套筒外圆时的车刀磨损（　　　）。

5）工件残余应力引起的变形（　　　）。

  A. 尺寸误差   B. 几何形状误差

  C. 相互位置误差   D. 常值误差

  E. 变值规律性误差   F. 随机误差

8. （多选）加工齿轮、丝杠时，下列各情况中属于加工原理误差的是（　　　）。

  A. 传动齿轮的制造与安装误差   B. 母丝杠的螺距误差

  C. 用阿基米德滚刀切削渐开线齿轮   D. 用模数铣刀加工渐开线齿轮

  E. 用近似传动比切削螺纹

9. 在切削加工时，下列哪个因素对表面粗糙度没有影响？（　　　）

  A. 刀具几何形状   B. 切削用量   C. 工件材料   D. 检测方法

10. （　　　）的加工方法是一种典型的易产生加工表面金相组织变化的加工方法。

  A. 车削   B. 铣削   C. 钻削   D. 磨削

11. 磨削加工中，切削热大部分传给了（　　　）。

  A. 机床   B. 工件   C. 砂轮   D. 切屑

12. 在相同的磨削条件下，砂轮的粒度越大，磨削后工件的表面粗糙度就（　　　）。

  A. 越大   B. 越小   C. 没有影响

13. 在卧式镗床上，精镗车床尾架长孔时，为减小表面粗糙度，一般应优先考虑采用的有效工艺措施是（　　　）。

  A. 先对工件材料进行正火、调质等热处理

  B. 增大刀尖圆弧半径和减小副偏角

  C. 使用润滑性能良好的切削液

  D. 采用较高的切削速度并配合较小的进给量

14. 为保证磨削表面的质量及生产效率，下列各种影响因素中对磨削过程具有关键作用的是（　　　）。

  A. 具有精密加工的设备及环境   B. 合理选用磨削用量

C. 合理选用砂轮并精细修正砂轮　　　D. 良好的冷却和润滑

15.（多选）机械加工时，工件表面产生残余应力的原因有（　　）。

A. 塑性变形　　　　　　　　　B. 表面烧伤

C. 切削过程中的振动　　　　　D. 金相组织变化

16.（多选）机械加工表面的几何形状特征主要包括（　　）。

A. 表面粗糙度　　　B. 表面波度　　　C. 纹理方向　　　D. 宏观几何形状误差

三、简答题

1. 零件的加工质量包含哪两个方面？具体内容是什么？

2. 简述表面质量对零件使用性能的影响。

3. 简述机械加工振动对表面质量的影响。

4. 简述在切削加工时，如何控制工件的表面粗糙度。

项目6
CHAPTER 6
机械装配精度

【学习目标】

1. 知识目标

1）掌握保证装配精度的方法。

2）了解影响装配精度的因素。

3）掌握装配尺寸链的计算。

2. 技能目标

1）学会分析影响零件装配精度的因素，并掌握保证装配精度的方法。

2）能够进行装配尺寸链的计算。

任务 1　装配概述

一、装配的基本概念

根据技术要求规定，将若干个零件或部件进行配合和连接，使之成为半成品或成品的过程，称为装配。

机器装配是整个机器制造过程的最后一个阶段，包括装配、调整、检验、试验、涂装和包装等。机器装配在产品制造过程中占有重要地位，这是因为产品的质量最终是由装配工作来保证的。

为保证有效地进行装配工作，通常将机器划分为若干能进行独立装配的装配单元。

零件是组成机器的最小单元。套件是在基准零件上装上一个或若干个零件构成的。

组件是在基准件上装上若干个零件和套件构成的，例如，车床主轴箱中的主轴组件就是在主轴上装上若干齿轮、套、垫、轴承等零件构成的，为此而进行的装配工作称为组装。

部件是在基准件上装上若干个组件、套件和零件构成的，为此而进行的装配工作称为部装，例如，车床主轴箱装配就是部装，主轴箱箱体是进行主轴箱部件装配的基准件。

一台机器则是在基准件上装上若干部件、组件、套件和零件构成的，为此而进行的装配工作称为总装。

二、装配工作的基本内容

1. 清洗

机器装配过程中，零部件的清洗对保证产品的装配质量和延长产品的使用寿命均有重要的意义。特别对于像轴承、密封件等精密元件以及有特殊清洗要求的工件更为重要。

清洗的目的是去除制造、贮藏、运输过程中所黏附的切屑、油脂和灰尘，以保证装配质量。清洗的方法有擦洗、浸洗、喷洗和超声波清洗等。

清洗工艺的要点主要是清洗液（如煤油、汽油、碱液及各种化学清洗液等）及其工艺参数（如温度、时间、压力等）。清洗工艺的选择，须根据工件的清洗要求、工件材料、批量大小、油脂、污物性质及其黏附情况等因素确定；此外，还须注意工件清洗后应具有一定的中间防锈能力。清洗液的选择应与清洗方法相适应，并有相应的设备和劳动保护要求。

2. 连接

连接即将两个或两个以上的零件结合在一起。在装配过程中，有大量的连接工作，连接的方式一般有两种：可拆卸连接和不可拆卸连接。

所谓可拆卸连接，即相互连接的零件拆卸时不损坏任何零件，且拆卸后还能重新装在一起。常见的可拆卸连接有螺纹连接、键连接、销钉连接等。其中以螺纹连接、键连接应用较广。

所谓不可拆卸连接，即被连接的零件在使用过程中是不可拆卸的，如果要拆卸，必损坏某些零件。常见的不可拆卸连接有焊接、铆接和过盈连接等。其中，过盈连接多用于轴、孔的配合。过盈连接的方法有压入配合法、热胀和冷缩配合法。一般机械装配常采用压入配合法，重要或精密机械常用热胀和冷缩配合法。

3. 校正、调整与配作

在产品的装配过程中，特别是单件小批量生产的条件下，为了保证装配精度，常需要进行一些校正、调整和配作工作。这是因为完全依靠零件装配互换法保证装配精度往往是不经济的，有时甚至是不可能的。

校正是指各零部件间相互位置的找正、找平及相应的调整工作。在产品的总装和大型机械基体件装配中，常需进行校正。例如，卧式车床总装中床身安装水平校正及导轨扭曲的校正、主轴箱主轴中心与尾座套筒中心等高的校正、水压机立柱的垂直度校正、棉纺机机架的找平（平车）等。

常用的校正方法有平尺校正、角尺校正、水平仪校正、拉钢丝校正、光学校正，以及近年来发展的激光校正等。

调整是指相关零部件之间相互位置的调节工作。除了配合校正工作调节零部件的位置精度外，运动副的间隙调节也是调整的主要内容。例如，滚动轴承内、外圈及滚动体之间间隙的调整、镶条松紧的调整、齿轮与齿条啮合间隙的调整等。

配作是指在装配过程中，零件与零件之间，或部件与部件之间的配钻、配铰、配刮和配磨等，它们是装配中附加的一些钳工和机械加工工作。配钻和配铰多用于固定连接，配钻多用于螺纹连接，配铰则多用于定位销孔的加工。

配刮多用于运动副配合表面的精加工，如按床身导轨配刮工作台或溜板的导轨面，按轴颈配刮轴瓦等。配刮可以提高工件尺寸精度和几何精度，减小表面粗糙度值和提高接触刚度。因此，在机器装配或修理中，配刮是一种重要的工艺方法。但刮削的生产效率低、劳动强度大。为了提高生产效率和减轻工人劳动强度，机械装配中应尽量采用"以磨代刮"，即以配磨代替配刮。

应当指出，配作是和校正、调整工作结合进行的，只有经过认真地校正、调整之后，才能进行配作。但在大批量生产中，不宜过多利用配作，否则将影响生产效率的提高。

4. 平衡

对于转速较高、运转平衡性要求高的机器（如精密磨床、鼓风机、内燃机等），为了防止使用过程中出现振动，影响机器的工作精度，在装配时要对有关的旋转零部件（有时还包括整机）进行平衡试验，部件和整机的平衡要以旋转零件的平衡为基础。

旋转体的不平衡是由于旋转体内部质量分布不均匀引起的。消除旋转零件或部件不平衡的工作叫作平衡。平衡的方法有静平衡法和动平衡法两种。

对于旋转体内的不平衡量，一般可采用下述方法校正。

1）用补焊、铆接、胶接或螺纹连接等方法加配质量。

2）用钻、铣等机械加工方法去除不平衡质量。

3）在预制的平衡槽内改变平衡块的位置和数量（如砂轮的静平衡）。

5. 验收试验

机械产品装配完成后，应根据有关技术标准的规定对产品进行较全面的验收和试验工作，合格后才能出厂。各类产品检验和试验工作的内容、项目是不相同的，其验收试验工作的方法也不相同。

除上述五点外，装配工作的基本内容还包括涂装、包装等工作。

三、装配精度与装配尺寸链

1. 装配精度

机器的装配精度即装配后实际达到的精度，是装配工艺的质量指标。装配精度应根据机器的工作性能和要求来确定。例如，CA6140 型卧式车床的主轴回转精度要求为 0.01mm，CM6132 型精密车床主轴回转精度要求就是 $1\mu m$，而中国航空精密机械研究所研制的 CTC-1 型超精密车床的主轴回转精度要求则高达 $0.1 \sim 0.2\mu m$。正确地规定机器和部件的装配精度是产品设计的重要环节之一，它不仅关系到产品的质量，也影响产品的经济性。装配精度既是制定装配工艺规程的基础，也是合理确定零件尺寸公差和技术条件的主要依据。因此，必须正确地规定机器的装配精度。

机器的装配精度一般包括零部件间的距离精度、位置精度、相对运动精度和接触精度等。

（1）距离精度　距离精度是指相关零部件间的距离尺寸精度。距离精度还包括配合面间达到的规定间隙或过盈的要求，即配合精度。例如轴和孔的配合间隙或配合过盈，齿轮啮合中非工作齿面间的侧隙以及其他一些运动副的间隙等。

（2）位置精度　位置精度主要指相关零部件间的平行度、垂直度、同轴度和各种跳动等。

（3）相对运动精度 相对运动精度是指有相对运动的零部件间在运动方向和运动位置上的精度。运动方向上的精度包括零部件间相对运动时的直线度、平行度和垂直度等。显然，零部件在运动方向上的相对运动精度的保证是以位置精度为基础的。运动位置上的精度即传动精度，是指内联系传动链中，始末两端传动元件间的相对运动（转角）精度。如滚齿机主轴（滚刀）与工作台的相对运动精度，车床车螺纹时主轴与刀架的相对运动精度等。

（4）接触精度 接触精度是指两配合表面、接触表面和连接表面间达到规定的接触面积大小与接触点的分布情况。它主要影响接触刚度和配合质量的稳定性；同时对相互位置和相对运动精度的保证也有一定的影响。如锥体配合、齿轮啮合等，均有接触精度要求。

2. 装配尺寸链

机器由零、部件组装而成。机器的装配精度与零、部件的精度有关，如图 6-1a 所示，卧式车床主轴中心线和尾座中心线相对床身导轨有等高度要求，这项装配精度要求与主轴箱 1、尾座 2、底板 3 等有关部件的加工精度有关。

从查找影响此项装配精度的有关尺寸入手，建立以此项装配要求为封闭环的装配尺寸链，如图 6-1b 所示，其中，A_1 是主轴箱中心线相对于床身导轨面的垂直距离，A_3 是尾座中心线相对于底板的垂直距离，A_2 是底板相对于床身导轨面的垂直距离，A_0 则是在装配中间接获得的尺寸，是装配尺寸链的封闭环。A_0、A_1、A_2、A_3 组成装配尺寸链。由此可知，所谓装配尺寸链，是在装配关系中，由相关零件的尺寸（表面或轴线距离）或相互位置关系（同轴度、平行度、垂直度等）所组成的尺寸链。

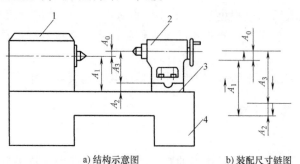

a) 结构示意图   b) 装配尺寸链图

图 6-1 卧式车床床头和尾座两顶尖的等高度要求示意图

1—主轴箱 2—尾座 3—底板 4—床身

装配尺寸链的封闭环就是装配所要保证的装配精度或技术要求，这是因为装配精度或技术要求是在零部件装配后才形成的尺寸或位置关系，如图 6-1 中的 A_0。

在装配关系中，对装配精度有直接影响的零部件的尺寸或位置关系都是装配尺寸链的组成环，如图 6-1 中的 A_1、A_2、A_3。如同工艺尺寸链一样，装配尺寸链的组成环也可分为增环和减环，其中 A_2、A_3 为增环，A_1 为减环。

装配尺寸链还可按各环的几何特征和所处的空间位置分为如下几种。

（1）线性尺寸链 由长度尺寸组成，且各尺寸互相平行，所涉及的问题一般为距离尺寸的精度问题，如图 6-1 所示。

（2）角度尺寸链 由角度、平行度、垂直度等尺寸所组成的尺寸链，所涉及的问题一般为相互位置的精度问题。

（3）平面尺寸链 平面尺寸链是由成角度关系布置的长度尺寸构成，且各环处于同一平面或彼此平行的平面内。

（4）空间尺寸链　空间尺寸链由位于三维空间的尺寸构成，在一般的机器装配中较为少见。

本项目重点讨论线性尺寸链。

从以上分析可知，产品的装配精度和零件的加工精度有密切的关系。零件加工精度是保证装配精度的基础，但装配精度并不完全取决于零件的加工精度。装配精度的合理保证，应从产品结构、机械加工和装配工艺等方面进行综合考虑。而装配尺寸链的分析，是进行综合分析的有效手段。一台机器从组装、部装到总装，涉及很多装配精度要求项目，一般都可以用装配尺寸链的分析方法予以解决。

任务2　装配尺寸链分析

一、装配尺寸链的组成和查找方法

正确地查明装配尺寸链的组成，是进行尺寸链计算的依据。因此，在进行装配尺寸链计算时，首要问题是查明装配尺寸链的组成。

如前所述，装配尺寸链的封闭环就是装配后的精度要求。对于每一个封闭环，都可以通过对装配关系的分析，找出对装配精度有直接影响的零部件的尺寸和位置关系，即查明装配尺寸链的各组成环。

装配尺寸链组成环的一般查找方法是：首先根据装配精度要求确定封闭环，再以封闭环两端的那两个零件为起点，沿装配精度要求的位置和方向，以装配基准面为联系线索，分别查找装配关系中影响装配精度要求的相关零件，直至找到同一个基准零件甚至同一基准表面为止。装配尺寸链组成环的查找，还可自封闭环一端开始，顺次查至另一端；也可自共同的基准面或零件开始，分别查至封闭环的两端。不管何种方法，关键在于整个尺寸链系统要正确封闭。

下面举例说明装配尺寸链的查找方法。

图6-2所示为车床主轴锥孔中心线和尾座顶尖锥孔中心线相对床身导轨的等高度要求的装配尺寸链示例图。在图示的高度方向上分析装配关系，主轴方面：主轴以其轴颈为接触面装在滚动轴承内环的内表面上，轴承内环通过滚子装在轴承外环的内滚道上，轴承外环装在主轴箱的主轴孔内，主轴箱装在车床床身的平导轨面上；尾座方面：尾座顶尖套筒以其外圆柱面为接触面装在尾座的导向孔内，尾座以其底面为接触面装在尾座底板上，尾座底板装在床身的导轨面上。通过同一个装配基准件——床身，将装配关系最后联系和确定下来。因此，影响该项装配精度的因素有：

A_1——主轴锥孔中心线至车床平导轨面的距离。

A_2——尾座底板厚度。

A_3——尾座顶尖套锥孔中心线至尾座底板的距离。

e_1——主轴箱体孔中心线与主轴前锥孔中心线的同轴度。

e_2——尾座套筒锥孔与外圆的同轴度。

e_3——尾座套筒外圆与尾座孔内圆的同轴度。

e——床身上安装主轴箱的平导轨面和安装尾座的导轨面之间的等高度偏差。

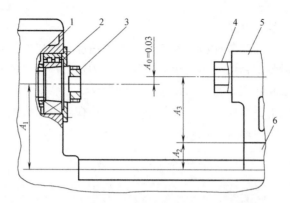

图 6-2 影响车床等高度要求的尺寸链简图

1—主轴箱 2—滚动轴承 3—主轴 4—尾座套筒 5—尾座体 6—尾座底板

因此，车床主轴锥孔中心线和尾座顶尖套筒锥孔中心线相对床身导轨的等高度的装配尺寸链如图 6-3 所示。

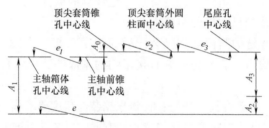

图 6-3 车床等高度要求的装配尺寸链

在确定和查找装配尺寸链时，应注意以下原则。

1. 装配尺寸链的简化原则

机械产品结构通常比较复杂，对装配精度有影响的因素很多。确定和查找装配尺寸链时，在保证装配精度的前提下，可不考虑那些影响较小的因素，以使装配尺寸链的组成环适当简化。以上即为装配尺寸链的简化原则。

如上例中，由于 e_1、e_2、e_3、e 的数值相对 A_3、A_2、A_1 的误差值较小，可简化，故上例中装配尺寸链的组成也可简化为图 6-1b 所示的形式。

2. 装配尺寸链组成的最短路线原则

由尺寸链的基本理论可知，封闭环的误差是各组成环误差累积得到的。在封闭环公差一定的情况下，即在装配精度要求一定的条件下，组成环数目越少，各组成环的公差值就越大，零件的加工就越容易，越经济。

为了达到这一要求，在产品结构既定的情况下组成装配尺寸链时，应使每一个有关零件仅作为一个组成环来列入尺寸链，即将两个装配基准面间的位置尺寸直接标注在零件图上。这样，组成环的数目就等于有关零部件的数目，即"一件一环"，这就是装配尺寸链的最短路线（环数最少）原则。

二、装配尺寸链的计算

装配尺寸链建立后，即需要通过计算来确定封闭环和各组成环的内在关系。装配尺寸链的计算方法有两种：极值法和概率法。用极值法计算时，封闭环的极限尺寸是按组成环的极限尺寸来计算的，封闭环和组成环公差之间的关系为封闭环公差等于各组成环公差之和：$T_0 = \sum T_i$。显然，此时各零件具有完全的互换性，产品的性能可得到充分的保证。这种方法的特点是简单、可靠，但是当封闭环精度要求较高，而组成环数目又较多时，则各组成环的公差值 T_i 必将取得很小，从而导致加工困难，制造成本增加。所以，极值法常用于工艺尺寸链的计算中。

概率法是应用概率论原理来进行尺寸链计算的一种方法，在上述情况下比极值法计算更合理。本节主要讨论概率法。

机械制造中的尺寸分布多数为正态分布，但也有非正态分布，非正态分布又有对称分布与不对称分布之分，后者的计算要比前者复杂。为了由简到繁地把问题说清，本节先介绍正态分布情况下的概率计算法。

1. 各环公差值的概率法计算

从装配尺寸链的基本概念中可知，在装配尺寸链中，各组成环是有关零件上的加工尺寸或位置关系，这些加工数值是一些彼此独立的随机变量。根据概率论的原理，各独立随机变量（装配尺寸链的组成环）的标准差 σ_i 与这些随机变量之和（装配尺寸链的封闭环）的标准差 σ_0 之间的关系为

$$\sigma_0 = \sqrt{\sum_{i=1}^{m} \sigma_i^2} \tag{6-1}$$

式中　m——组成环的环数。

但在解算尺寸链时，是以误差量或公差量之间的关系来计算的，所以式（6-1）还需转化成所需要的形式。

当加工误差呈正态分布时，其误差量（尺寸分散带）ω 与标准差 σ 间的关系为 $\omega=6\sigma$，即 $\sigma=\omega/6$。

所以，当尺寸链各环呈正态分布时，各组成环的尺寸分散带 $\omega_i=6\sigma_i$，封闭环的尺寸分散带 $\omega_0=6\sigma_0$，即 $\sigma_i=\omega_i/6$，$\sigma_0=\omega_0/6$。将 σ_i 和 σ_0 代入式（6-1），可得

$$\omega_0 = \sqrt{\sum_{i=1}^{m} \omega_i^2} \tag{6-2}$$

在取各环的误差量 ω_i 及 ω_0 等于公差值 T_i 和 T_0 的条件下，式（6-2）可改写为

$$T_0 = \sqrt{\sum_{i=1}^{m} T_i^2} \tag{6-3}$$

式（6-3）表明：当各组成环呈正态分布时，封闭环公差等于组成环公差平方和的平方根。

若组成环的各公差带都相等，即 $T_i=T_{av}$，则可得各组成环平均公差 T_{av} 为

$$T_{av} = \frac{T_0}{\sqrt{m}} = \frac{\sqrt{m}}{m} T_0 \tag{6-4}$$

将式（6-4）与极值法的 $T_{av}=T_0/m$ 相比，可明显看出，概率法可将组成环的平均公差扩大 $\sqrt{m}$ 倍，m 越大，T_{av} 越大。可见概率法适用于环数较多的尺寸链。

应当指出，用概率法计算之所以能扩大公差，是因为假设封闭环正态分布的尺寸分散带为 $\omega_0=6\sigma_0$，而这时部件装配后在 $T_0=6\sigma_0$ 范围内的数量可占总数的 99.73%，只有 0.27% 的部件装配后不合格，这个不合格率常常可忽略不计，只有在必要时才通过调换个别组件或零件来解决废品问题。

2. 各环平均尺寸 A_{av} 的计算

计算装配尺寸链的一个主要目的是，在产品设计阶段，根据装配精度指标确定组成环公差、标注组成环基本尺寸及其偏差，然后将这些已确定的基本尺寸及基本偏差标注到零件图上。由尺寸链计算的基本公式可知，当各环公差确定以后，如能确定各环的平均尺寸 A_{av} 或平均偏差 ΔA，则各环的极限尺寸可通过公差相对平均尺寸的对称分布很方便地求出。因此，在概率法确定各环公差后，即应进一步确定各环的平均尺寸或平均偏差。

各环的平均尺寸和平均偏差与各环公差带的分布位置有关，而尺寸分布的集中位置是用算术平均值表示的。因此，在研究各环的平均尺寸或平均偏差之前，先研究各环算术平均值间的关系。

根据概率论原理，封闭环的算术平均值等于各组成环算术平均值的代数和，即

$$\bar{A}_0 = \sum_{i=1}^{K} A_i - \sum_{i=K+1}^{m} A_i \tag{6-5}$$

式中　K——增环的环数。

当各组成环的分布曲线呈正态分布，且分布中心与公差带中心重合时，平均尺寸 A_{av} 即等于算术平均值，将此关系代入式（6-5），则

$$A_{0av} = \sum_{i=1}^{K} A_{iav} - \sum_{i=K+1}^{m} A_{iav} \tag{6-6}$$

将上式各环减去其基本尺寸，即可得各环平均偏差 ΔA_0，其关系式为

$$\Delta A_0 = \sum_{i=1}^{K} \Delta A_i - \sum_{i=K+1}^{m} \Delta A_i \tag{6-7}$$

以上两式和极值法的计算公式完全相同。

当按式（6-3）和式（6-7）分别求得 T_0 和 ΔA_0 以后，封闭环的上、下极限偏差可按下式计算：

$$\left. \begin{array}{l} ES(A_0)=\Delta A_0+\dfrac{T_0}{2} \\[2mm] EI(A_0)=\Delta A_0-\dfrac{T_0}{2} \end{array} \right\} \tag{6-8}$$

例　用概率法求解图 6-1 所示尺寸链中封闭环的尺寸、公差及上、下极限偏差。设尺寸链中 $A_1=202_{-0.02}^{0}$ mm、$A_2=46_{0}^{+0.01}$ mm、$A_3=156_{0}^{+0.02}$ mm，各组成环尺寸均呈正态分布，且分布中心与公差带中心重合。

解：

（1）封闭环基本尺寸

$$A_0=A_2+A_3-A_1=(46+156-202)\,mm=0$$

（2）封闭环公差

$$T_0 = \sqrt{\sum_{i=1}^{m} T_i^2} = \sqrt{(0.02)^2 + (0.01)^2 + (0.02)^2}\,\text{mm} = 0.03\text{mm}$$

（3）封闭环平均偏差

$$\Delta A_0 = \Delta A_2 + \Delta A_3 - \Delta A_1 = [0.005 + 0.01 - (-0.01)]\,\text{mm} = 0.025\text{mm}$$

（4）封闭环上、下极限偏差

$$\text{ES}(A_0) = \Delta A_0 + \frac{T_0}{2} = \left(0.025 + \frac{0.03}{2}\right)\,\text{mm} = 0.04\text{mm}$$

$$\text{EI}(A_0) = \Delta A_0 - \frac{T_0}{2} = \left(0.025 - \frac{0.03}{2}\right)\,\text{mm} = 0.01\text{mm}$$

（5）封闭环尺寸

$$A_0 = 0^{+0.04}_{+0.01}\,\text{mm}$$

若用极值法求解上例封闭环尺寸，则会得到：封闭环公差 $T_0 = 0.05\text{mm}$，封闭环尺寸 $A_0 = 0^{+0.05}_{0}\,\text{mm}$。如果上例要求 $T_0 < 0.05\text{mm}$，采用极值法计算时则必须缩小组成环 A_1、A_2、A_3 的公差，才能达到要求。

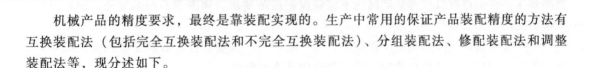

任务 3 保证装配精度的方法

机械产品的精度要求，最终是靠装配实现的。生产中常用的保证产品装配精度的方法有互换装配法（包括完全互换装配法和不完全互换装配法）、分组装配法、修配装配法和调整装配法等，现分述如下。

一、互换装配法

互换装配法是指装配过程中，零件互换后仍能达到装配精度要求的一种方法。互换装配法的实质是通过控制零件的加工误差来保证产品的装配精度。

根据互换程度的不同，互换装配法又可分为完全互换装配法和不完全互换装配法两种。

1. 完全互换装配法

在产品装配过程中，各组成环不需挑选或改变其大小或位置，装入后就能达到封闭环的公差要求，即零件按图样公差加工，装配时不需要进行任何选择、修配和调节，就能达到装配精度和技术要求。这种装配方法称为完全互换装配法。

采用完全互换法装配时，装配尺寸链一般用极值法进行计算。为保证装配精度要求，尺寸链各组成环公差之和应小于或等于封闭环公差。

在进行装配尺寸链计算时，若已知封闭环的公差（装配精度）T_0，求各组成环的公差 T_i 时，应按下列原则和方法确定各有关零件的公差 T_i。

1）按"等公差原则"，确定各有关零件的平均极值公差 T_{av}，作为确定各组成环极值公差的基础，即

$$T_{av} = T_0 / m$$

2）若组成环是标准件（如轴承环、弹性挡圈等）尺寸，其公差值及分布在相应标准中已有规定，应视为已定值。

3）组成环是几个尺寸链的公共环时，其公差值及分布由对其要求最严的尺寸链先行确定，在其余尺寸链中则视为已定值。

4）尺寸相近、加工方法相同的组成环，其公差值相等。

5）难以加工或测量的组成环，其公差值可取大些；易加工、易测量的组成环，其公差值可取小些。

6）在确定各组成环极限偏差时，仍然按"入体原则"，即对相当于轴的被包容尺寸，可将公称尺寸注成单向负偏差；对相当于孔的包容尺寸，可将公称尺寸注成单向正偏差；而相对于孔中心距的极限偏差，仍按对称分布选取。

7）若各组成环都按上述原则确定其公差值，则按公式计算的公差累积值往往不符合封闭环的要求。因此，需要选择一个组成环，它的公差与分布要经过计算确定，以便与其他组成环协调，最后满足封闭环公差大小和位置的要求，这个组成环称为"协调环"。在选择协调环时，不能选择标准件或公共环，因为它们的公差和极限偏差是已定值。

2. 不完全互换装配法

不完全互换装配法又称统计互换装配法，它是指在装配时，各组成环不需挑选或改变其大小或位置，装配后绝大多数产品能达到封闭环的公差要求。不完全互换装配法一般采用概率法进行装配尺寸链计算。采用概率法时，各有关零件公差值的平方之和的平方根应小于或等于装配公差，当生产条件比较稳定，各组成环的尺寸分布也比较稳定时，也能达到完全互换的效果；否则将有极少部分产品达不到装配精度的要求，须采取必要的措施。由此可见，概率法适用于大批量生产。

互换装配法的优点是装配工作简单，生产效率高，维修方便，有利于组织流水线生产、协作生产。因此，在条件可能时，应优先选用互换装配法。

二、分组装配法

分组装配法亦称分组互换法，这种方法是将组成环的公差放大到经济可行的程度，然后按实际测量尺寸将零件分组，再按对应组分别进行装配，以满足装配精度的要求。

采用分组装配法，关键是保证分组后各对应组的配合性质和配合精度满足装配精度的要求，同时，对应组内相配件的数量要配套。为此，应注意以下几点：

1）配合件的公差应相等，公差要同方向增大，增大的倍数应等于分组数。

2）配合件的表面粗糙度、几何公差必须保持原设计要求，不能随着公差的放大而降低表面质量要求或放大几何公差。

3）为保证零件分组后在装配时各组数量相匹配，应使配合件的尺寸分布为相同的对称分布（如正态分布）。如果分布曲线不相同或为不对称分布曲线，将造成各组相配零件数量不等，使一些零件积压浪费。在实际生产中，常常专门加工一批与剩余件相配的零件，以解决零件配套数量的问题。

4）分组数不宜过多，零件尺寸公差只要放大到经济加工精度即可，否则会因零件的测量、分类、保管工作量的增加而使生产组织工作变得复杂，甚至造成生产过程的混乱。

分组装配法适用于装配精度要求很高和相关零件较少的大批量生产。

与分组装配法有着选配共性的装配方法还有直接选配法和复合选配法。直接选配法是由装配工人从许多待装配的零件中，凭经验挑选合格的零件，通过试凑进行装配的方法。复合装配法是将零件预先测量分组，装配时再在各对应组内凭工人经验直接选配的方法。复合装配法的特点是配合件公差可以不等，装配质量高，且装配速度较快，能满足一定的生产节奏要求。发动机装配中，气缸与活塞的装配多采用复合装配法。

三、修配装配法

修配装配法是将尺寸链中各组成环按经济加工精度制造，装配时，通过改变尺寸链中某一预定的组成环（修配环）尺寸的方法来保证装配精度。由于对该组成环的修配是为了补偿其他各组成环的累积误差，故该环又称补偿环。这种方法的关键问题是确定修配环及修配环在加工时的实际尺寸，使修配时有足够的、最小的修配量。

1. 选择补偿环并确定其尺寸

（1）选择补偿环 采用修配法装配时，应正确选择补偿环。补偿环一般应满足以下要求：

1）便于装拆，易于修配。一般应选形状比较简单、修配面积较小的零件。

2）尽量不选公共环。作为同属于几个尺寸链的组成环，公共环的变化会引起几个尺寸链中封闭环的变化。若选公共环为补偿环，则可能出现保证了一个尺寸链的精度，而又破坏了另一个尺寸链精度的情况。

（2）补偿环尺寸的确定 补偿环被修配后对封闭环尺寸的影响有两种情况：一是使封闭环尺寸变大；二是使封闭环尺寸变小。因此，解用修配法装配的尺寸链时，应分别根据以上两种情况来进行计算。

2. 修配的方法

生产中通过修配来达到装配精度的方法很多，常见的有以下三种。

（1）单件修配法 单件修配法就是在多环尺寸链中，选定某一固定的零件作修配件（补偿环），装配时用去除金属层的方法改变其尺寸，以达到装配精度的要求。此法在生产中应用最广。

（2）合并加工修配法 合并加工修配法是将两个或更多个零件合并在一起进行加工修配。合并后的零件尺寸作为一个组成环，从而减少组成环数量，有利于减小修配量。

合并加工修配法虽然有上述优点，但是合并零件、对号入座，给加工、装配和生产组织工作带来不便，因此，这种方法多用于单件小批量生产中。

（3）自身加工修配法 在机床制造中，有一些装配精度要求需要在总装时用自己加工自己的方法去达到，这种方法称为自身加工修配法。

修配装配法适用于成批生产中封闭环公差要求较严、组成环较多的场合，或单件小批量生产中封闭环公差要求较严、组成环较少的场合。

四、调整装配法

调整装配法与修配装配法相似，即各零件公差仍可按经济精度的原则来确定，并且仍选择一个组成环为补偿环（又称调整环），但两者在改变补偿环尺寸的方法上有所不同。修配法采用机械加工的方法去除补偿环零件上的金属层，改变其尺寸，以补偿因各组成环公差扩大产生的累积误差。调整法采用改变补偿环零件的位置或对补偿环进行更换（改变调整环的尺寸）来补偿其累积误差，以保证装配精度。常见的调整方法有可动调整法、固定调整法和误差抵消调整法三种。

1. 可动调整法

通过调整零件的位置来保证装配精度的方法称为可动调整法。常用的可调整件有螺栓、斜面件、挡环等。在调整过程中，不需拆卸零件，应用方便，能获得比较高的装配精度。同时，在产品使用过程中，由于某些零件的磨损而使装配精度下降时，应用此法有时还能使产品恢复原来的精度。因此，可动调整法在实际生产中应用较广。可动调整法的缺点是会削弱机构的刚性，因而对刚性要求较高的机构，不宜用此法。

2. 固定调整法

在装配尺寸链中，选择某一组成环为调整环，将作为调整环的零件按一定尺寸间隔制成一组专门零件。产品装配时，根据各组成环所形成累积误差的大小，在调整环中选定一个尺寸等级合适的调整件进行装配，以保证装配精度。这种方法称为固定调整法。常用的调节件有轴套、垫片、垫圈等。

固定调整法多用于大批量生产中。当产量大、装配精度要求高时，固定调整件还可以采用多件组合的方式。如预先将调整垫做成不同的厚度（1mm、2mm、3mm、5mm、10mm等），再制作一些薄金属片（0.01mm、0.02mm、0.05mm、0.10mm等），装配时根据尺寸组合原理把不同厚度的垫片组成不同的尺寸，以满足装配精度的要求。这种调整方法更为简便，在汽车、拖拉机生产中广泛应用。

3. 误差抵消调整法

在产品或部件装配时，根据尺寸链中某些组成环误差的方向做定向装配，使其误差互相抵消一部分，以提高装配精度，这种方法叫作误差抵消调整法。其实质与可动调整法类似，这种方法在机床装配时应用较多。如车床主轴装配时，通过调整主轴前后轴颈的径向圆跳动方向来控制主轴的径向圆跳动；在滚齿机工作台分度蜗轮装配中，通过调整二者偏心方向来抵消误差以提高二者的同轴度。

五、装配方法的选择

上述各种装配法各有特点。在选择装配方法时，要认真研究产品的结构和精度要求，深入分析产品及其相关零件之间的尺寸关系，建立整个产品及各级部件的装配尺寸链。尺寸链建立后，即可根据各级装配尺寸链的特点，结合产品的生产纲领和生产条件来确定产品的装配方法。

选择装配方法的原则：一般来说，当组成环的加工经济可行时，优先选用完全互换装配法；对于成批生产，组成环又较多时，可考虑采用不完全互换装配法；在封闭环精度较高、组成环数较少时，可考虑采用分组装配法；环数多的尺寸链采用调整装配法；单件小批生产时，则常用修配装配法。

值得注意的是，一种产品采用何种装配方法保证装配精度，通常在设计阶段即应确定。因为只有在装配方法确定之后，才能进行尺寸链的计算。同一产品的相同装配精度要求，在不同生产类型和生产条件下，可能采用不同的装配方法；同时，同一产品的不同部件也可能采用不同的装配方法。

项目小结

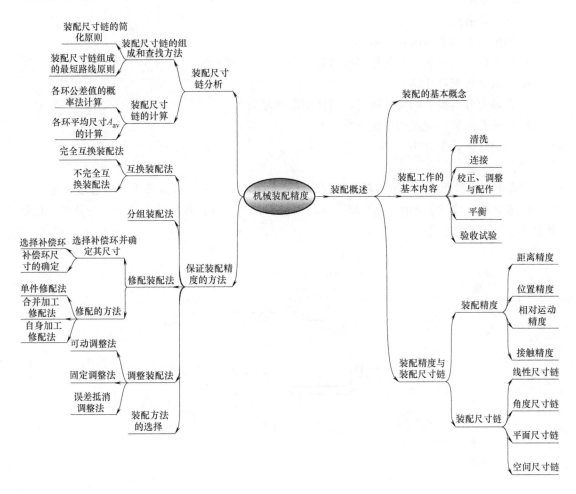

练习思考题

一、选择题

1. 车床主轴箱的装配属于（　　　）。

    A. 组装　　　　　　　　B. 部装　　　　　　　　C. 总装　　　　　　　　D. 涂装

2. 将两个或两个以上的零件结合在一起是指（　　　）。

    A. 清洗　　　　　　　　B. 连接　　　　　　　　C. 平衡　　　　　　　　D. 验收试验

3. 各零部件之间相互位置的找正、找平及相应的调整工作是指（　　　）。

    A. 校正　　　　　　　　B. 调整　　　　　　　　C. 配作　　　　　　　　D. 平衡

4. 相关零部件间的平行度、垂直度、同轴度和各种跳动属于（　　　）。

    A. 距离精度　　　　　　B. 位置精度　　　　　　C. 相对运动精度　　　　D. 接触精度

5. 由角度、平行度、垂直度等尺寸组成的尺寸链是（　　　）。

    A. 线性尺寸链　　　　　B. 角度尺寸链　　　　　C. 平面尺寸链　　　　　D. 空间尺寸链

6. 在装配过程中，零件互换后仍能达到装配精度要求的一种方法是（　　　）。

    A. 互换装配法   B. 分组装配法   C. 修配装配法   D. 调整装配法

二、问答题

1. 什么是装配？

2. 装配工作的基本内容有哪些？

3. 机器的装配精度一般包括哪些内容？

4. 什么是装配尺寸链？

5. 在确定和查找装配尺寸链时，应注意哪些原则？

6. 保证产品装配精度的方法有哪些？

7. 如何选择装配方法？

三、计算题

用概率法求解图 6-4 所示主轴部件尺寸链中封闭环的尺寸、公差及上、下极限偏差。

设图中 $A_1 = 32.5_{-0.2}^{0}$ mm、$A_2 = 35_{0}^{+0.2}$ mm、$A_3 = 2.5_{-0.1}^{0}$ mm，各组成环均呈正态分布，且分布中心与公差带中心重合。

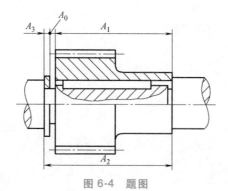

图 6-4　题图

项目7
CHAPTER 7
典型汽车零件加工工艺制订

【学习目标】

1. 知识目标
1）了解齿面加工方法的分类。
2）掌握齿面加工方案的选择。
3）掌握滚齿、插齿、剃齿、磨齿的特点。
4）掌握发动机缸体及连杆的加工方法及工艺特点。

2. 技能目标
1）能对齿面加工方案进行选择。
2）能对滚齿、插齿、剃齿、磨齿的特点进行分析和相应选择。
3）能够分析发动机缸体的加工工艺过程。
4）能够分析发动机连杆的加工工艺过程。

任务 1 　齿轮加工工艺制订

一、齿轮的结构

按照齿圈上轮齿的分布形式，齿轮有直齿、斜齿、人字齿等齿形；按照轮体的结构形式，齿轮可分为盘类齿轮、套类齿轮、轴类齿轮、扇形齿轮及齿条等。常见的圆柱齿轮结构形式如图7-1所示。

圆柱齿轮的结构形式直接影响齿轮加工工艺的制订。普通单联齿轮的工艺性最好，可以采用任何一种齿形的加工方法；双联或三联等多齿圈齿轮中小齿圈的加工受其轮缘间轴向距离的限制，其齿形加工方法的选择也受到限制，加工工艺性较差。

二、齿轮传动的精度要求

齿轮加工质量和安装精度的高低直接影响机器的工作性能、承载能力、噪声和使用寿

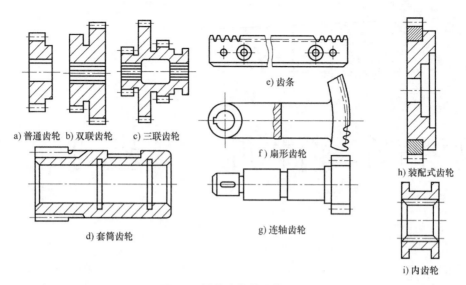

a) 普通齿轮 b) 双联齿轮   c) 三联齿轮

d) 套筒齿轮

e) 齿条

f) 扇形齿轮

g) 连轴齿轮

h) 装配式齿轮

i) 内齿轮

图 7-1　圆柱齿轮的结构形式

命，因此，根据齿轮的使用要求，对齿轮传动提出以下四个方面的精度要求。

（1）传递运动的准确性　即要求齿轮在一转中的转角误差最大值不超过某一定值。

（2）传递运动的平稳性　即要求齿轮在一齿转角内的最大转角误差在规定范围内，使齿轮副的瞬时传动比变化小，以保证传动的平稳性，减少振动、冲击和噪声。

（3）载荷分布的均匀性　要求齿轮工作时齿面接触良好，并保证有一定的接触面积和符合要求的接触位置，以保证载荷分布均匀，不至于使齿面产生应力集中，引起齿面过早磨损，从而降低使用寿命。

（4）齿侧间隙的合理性　要求啮合齿轮的非工作齿面间留有一定的侧隙，便于存储润滑油，补偿弹性变形、热变形及齿轮的制造安装误差。

以上四项要求根据齿轮传动装置的用途和工作条件要求可能有所不同。例如，滚齿机分度蜗杆副、读数仪表所用的齿轮传动副，对传动准确性要求高，对工作平稳性也有一定要求，而对载荷分布的均匀性要求一般不严格。

三、齿面加工方法

齿轮加工的关键是齿面加工。目前，齿面加工的主要方法有齿面的切削加工和齿面的磨削加工。前者加工效率高，加工出来的零件有较高的精度，是目前广泛采用的齿面加工方法；后者加工效率比较低，主要用于齿面精加工。按照加工原理，齿面加工可以分为成形法和展成法两大类。

1. 成形法

成形法是利用与被加工齿轮的齿槽形状一致的刀具，直接在齿坯上加工出齿面的方法。成形铣削一般在普通铣床上进行，如图 7-2 所示。铣削时，工件安装在分度头上，铣刀旋转对工件进行切削加工，工作台做直线进给运动，加工完一个齿槽；分度头将工件转过一个齿的角度，再加工另一个齿槽；依次类推，加工出所有齿槽。当加工模数大于 8mm 的齿轮时，采用指状铣刀进行铣削。

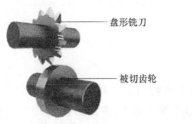

a) 盘形齿轮铣刀铣削　　　　　　b) 指状齿轮铣刀铣削

图 7-2　直齿圆柱齿轮的成形铣削

铣削斜齿圆柱齿轮必须在万能铣床上进行。铣削时，工作台偏转一个齿轮螺旋角 β，工件在随工作台进给的同时，由分度头带动做附加旋转运动以形成螺旋齿槽。

常用的成形齿轮铣刀有盘形铣刀和指状铣刀。后者适用于加工大模数的直齿、斜齿齿轮，特别是人字齿齿轮。图 7-2a 中的刀具为盘形铣刀，用这种铣刀加工齿轮时，齿轮的齿廓精度是由铣刀切削刃形状来保证的；而渐开线齿廓形状是由齿轮的模数和齿数决定的。所以，齿轮的模数、齿数不同，渐开线齿廓就不一样，要加工出准确的齿廓，对应每一个模数、每一种齿数的齿轮，就要相应地采用某一种铣刀，这样做显然是行不通的。在实际生产中，将同一模数的齿轮，按其齿数分为 8 组（精确的是 15 组），每一组共用一把铣刀，对应关系见表 7-1。即每一个模数都有 8 把铣刀，如果齿轮的模数是 3mm，齿数是 28，则应选用模数为 3mm 的 5 号铣刀来加工。

表 7-1　盘形齿轮铣刀刀号及加工齿数范围

刀号	1	2	3	4	5	6	7	8
加工齿数范围	12、13	14~16	17~20	21~25	26~34	35~54	55~134	≥135

标准齿轮铣刀的模数、压力角和加工的齿数范围都标记在铣刀的端面上。由于每种编号铣刀的刀齿形状均按加工齿数范围中最小齿数设计，因此，加工该范围内其他齿数的齿轮时，就会产生一定的齿廓误差。盘形齿轮铣刀适用于加工 $m \leqslant 8mm$ 的齿轮。

当所加工的斜齿圆柱齿轮精度要求不高时，可以借用加工直齿圆柱齿轮的铣刀。但此时铣刀号数不应根据斜齿圆柱齿轮的实际齿数选择，而应按照齿轮法向截面内的当量齿数（假想齿数）来选择，当量齿数和实际齿数关系为

$$z_{当} = z/\cos^3 \beta \tag{7-1}$$

式中　β——斜齿圆柱齿轮的螺旋角；

　　　z——斜齿圆柱齿轮实际齿数；

　　$z_{当}$——斜齿圆柱齿轮当量齿数。

成形法铣齿加工一般用于单件小批生产和机修工作中加工精度为 9~12 级、齿面粗糙度 $Ra3.2~6.3\mu m$ 的直齿、斜齿和人字齿圆柱齿轮。

2. 展成法

展成法是利用一对齿轮啮合或齿轮齿条啮合原理，将其中一个作为刀具，在啮合过程中加工齿面的方法，如滚齿、插齿、剃齿、珩齿、磨齿。加工齿数不同的齿轮，只要模数和齿形角相同，都可以用同一把刀具加工，展成法加工的刀具通用性好、加工精度和生产效率较

高，在生产中应用广泛。

四、滚齿加工

1. 滚齿加工的原理和工艺特点

滚齿加工是利用展成法的原理来加工齿轮的。用滚刀加工齿轮，相当于一对交错轴的螺旋齿轮啮合，如图 7-3a 所示。在交错轴的螺旋齿轮啮合的传动副中，使一个齿轮的齿数很少（只有一个或几个）、螺旋角很大，就演变成了一个蜗杆，如图 7-3b 所示。再将蜗杆开槽并铲背，就成为了齿轮滚刀，如图 7-3c 所示。

在齿轮滚刀螺旋线法向剖面内，各刀齿面形成了一根齿条，滚刀连续转动时就相当于一根无限长的齿条沿刀具轴向连续移动。因此，当齿轮滚刀按给定的切削速度做旋转运动时，工件则按齿轮齿条啮合关系传动（即滚刀转一转，相当于齿条移动一个或几个齿距，齿坯也相应转过一个或几个齿距），在齿坯上切出齿槽，形成渐开线齿面。在滚切过程中，分布在螺旋线上的各滚刀刀齿相继切出齿槽中的一薄层金属，每个齿槽在滚刀旋转过程中由几个刀齿依次切出，渐开线齿廓则由切削刃一系列的瞬时位置包络而成，如图 7-3d 所示。

因此，滚齿时齿面的成形方法是展成法，成形运动是由滚刀的旋转运动和工件的旋转运动组成的复合运动，这个复合运动称为展成运动。当滚刀与工件连续转动时，便在工件整个圆周上依次切出所有齿槽，在这一过程中，齿面的形成与齿轮的分度是同时进行的，因而展成运动也就是分度运动。

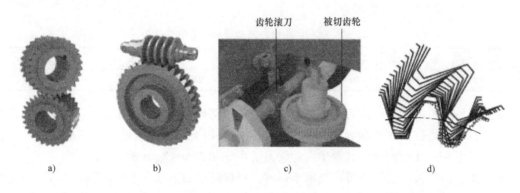

a) b) c) d)

图 7-3 滚齿加工的原理

滚齿加工通用性好，既可加工圆柱齿轮，又可加工蜗轮；既可加工渐开线齿形，又可加工圆弧、摆线等齿形；既可加工小模数、小直径齿轮，又可加工大模数、大直径齿轮。

滚齿加工的精度等级一般为 6~9 级，对于 8、9 级精度的齿轮，可直接滚齿得到；对于 7 级精度及以上的齿轮，滚齿通常可作为齿形的粗加工或半精加工工序。当采用 AA 级齿轮滚刀和高精度滚齿机时，可直接加工出 7 级精度及以上的齿轮。

2. 滚齿加工直齿圆柱齿轮的传动原理

为得到渐开线齿廓和齿轮齿数，滚齿时，滚刀和工件之间必须保持严格的相对运动关系，即滚刀转过一转，工件相应转过 K/z 转（K 为滚刀头数，z 为工件齿数）。

用滚刀加工直齿圆柱齿轮必须具备两个运动：形成渐开线齿廓的成形运动和形成直线齿面（导线）的运动。图 7-4 所示为滚切直齿圆柱齿轮的传动原理图。

（1）展成运动传动链　渐开线齿廓是由展成法形成的，由滚刀的旋转运动 B_{11} 和工件的旋转运动 B_{12} 组成复合运动，因此，联系滚刀主轴和工作台的传动链（刀具-4-5-置换机构 u_x-6-7-工作台）为展成运动传动链，由它保证工件和刀具之间的严格运动关系。其中，置换机构 u_x 适于工件齿数和滚刀头数的变化。

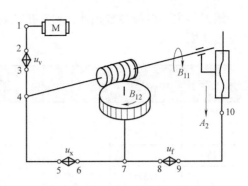

图 7-4　滚切直齿圆柱齿轮的传动原理图

这是一条内联系传动链，不仅要求传动比准确，而且要求滚刀和工件两者的旋转方向必须符合一对交错轴螺旋齿轮啮合时的相对运动方向，当滚刀旋转方向一定时，工件的旋转方向由滚刀的螺旋方向确定。

（2）主运动传动链　每一个表面成形运动都必须有一个外联系传动链与动力源相连，在图 7-4 中，展成运动的外联系传动链为：电动机 M-1-2-置换机构 u_v-3-4-滚刀。这条传动链产生切削运动，是主运动。其中，置换机构 u_v 用于调整渐开线齿廓的成形速度，应当根据工艺条件确定滚刀转速，来调整其传动比。

（3）垂直进给运动传动链　为了切出整个齿宽，滚刀在自身旋转的同时必须沿工件轴线做直线进给运动，这种导线的形成方法是相切法。在图 7-4 中，滚刀的垂直进给运动是滚刀刀架沿立柱导轨移动实现的。为了使刀架得到运动，用垂直进给传动链"7-8-置换机构 u_f-9-10-刀架"将工作台和刀架联系起来。其中，置换机构 u_f 用于调整垂直进给量的大小和方向，以适应不同的加工表面粗糙度的要求。由于刀架的垂直进给运动是简单运动，因此，这条传动链是外联系传动链。这里之所以采用工作台作为间接动力源，是因为滚齿时的进给量通常是以工件每转一转时刀架的位移量来计量的，且刀架运动速度较低，从而保证齿面表面粗糙度的要求。采用这种传动方案，不仅可满足工艺上的需要，而且能简化机床的结构。

3. 齿轮滚刀

在齿面切削加工中，齿轮滚刀的应用范围很广，可以用来加工外啮合的直齿轮、斜齿轮及变位齿轮。其加工齿轮的范围大，模数范围 0.5～40mm 的齿轮均可用齿轮滚刀加工。每一把滚刀都可以加工同一模数任意齿数的齿轮。由齿轮加工原理可知，齿轮滚刀是一个蜗杆形刀具。为了形成切削刃的前角和后角，在蜗杆上开出了容屑槽，并经铲背形成滚刀。如图 7-5 所示，滚刀的侧切削刃应分布在蜗杆的螺旋表面上。

a) 齿轮滚刀的基本形态

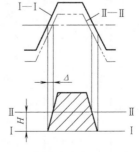

b) 分圆柱截面展开图

图 7-5　齿轮滚刀的形态

滚刀的主要结构参数是外径 D，孔径 d、长度 L_0 和容屑槽数 Z。标准单头滚刀的基本尺寸见表7-2。

表7-2　标准单头滚刀的基本尺寸　　　　　　　　（单位：mm）

模数 m 系列Ⅰ	系列Ⅱ	轴台直径 D_1	外径 D	孔径 d	常用容屑槽数 Z	最小轴台长度	总长 L_0
1	—						
—	1.125		50				
1.25	—			22			
—	1.375						65
1.5	—		55				70
—	1.75						
2	—		65				75
—	2.25				14	4	
2.5	—			27			
—	2.75		70				80
3	—		75				85
—	3.5		80				90
4	—	由制造商自行定制	85				95
—	4.5		90				100
5	—		95				105
—	5.5		100				110
6	—		105				115
—	6.5		110	32	12		125
—	7		115			5	130
8	—		120				
—	9		125				160
10	—		130		10		
—	11		150				190
12	—		160	40			
—	14		180				220
16	—		200	50			
—	18		220				275
20	—		240				
—	22		250	60	9	6	325
25	—		280				385
—	28		320				430
32	—		350	80			
—	36		380				480
40	—		400				510

一般来说，滚刀外径增大能使孔径增大，有利于提高滚刀安装刚性及滚齿效率。滚刀外径越大，则分度圆螺旋升角越小，从而可以减小齿面误差，同时增加容屑槽数，有利于提高切削过程平稳性，但是会给滚刀锻造和热处理带来困难。

4. 滚齿加工的特点及应用

（1）适应性好 由于滚齿加工是采用展成法加工，因而一把滚刀可以加工与其模数和齿形角相同的不同齿数的齿轮。

（2）生产效率较高 滚齿为连续切削，无空行程，还可用多头滚刀来提高效率，所以滚齿生产效率一般比插齿高。

（3）被加工齿轮的一齿精度比插齿要低 滚齿加工时，工件转一个齿，滚刀转过 $1/K$ 转（K 为滚刀的头数），所以在工件上加工出一个完整的齿槽，工件至少需转 $1/z$ 转（z 为工件齿数），刀具则相应转 $1/K$ 转。如果滚刀上开有 n 个刀槽，则工件的齿廓将由 $i=n/K$ 个折线组成。受滚刀强度所限，对于直径在 $50\sim200mm$ 范围内的滚刀，n 值一般取 $8\sim12$，因此，滚齿加工所形成工件齿廓的包络线很少，比插齿加工少得多。

滚齿加工适于加工直齿、斜齿圆柱齿轮和蜗轮，但不能加工内齿轮、扇形齿轮和间距很近的多联齿轮。

五、插齿加工

1. 插齿加工的原理

插齿的加工过程，从原理上讲，相当于一对直齿圆柱齿轮的啮合，如图 7-6 所示。插齿刀实际上是一个端面磨有前角、齿侧及齿顶均磨有后角的齿轮。插齿时，刀具沿工件轴线方向做高速的往复直线运动，形成切削加工的主运动；同时还与工件做无间隙的啮合运动，在工件上加工出全部轮齿齿廓。在加工过程中，刀具每往复运动一次仅切出工件齿槽的很小一部分，工件齿槽的齿面曲线是由插齿刀切削刃多次切削的包络线所形成的。

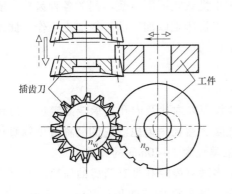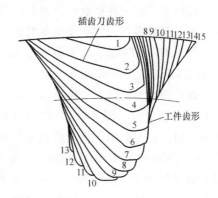

图 7-6 插齿原理

插齿加工时，机床必须具备以下运动：

（1）切削加工的主运动 插齿刀做上、下往复运动，向上为返回的退刀运动。

（2）展成运动 在加工过程中，必须使插齿刀和工件保持一对齿轮的啮合关系，即在刀具转过一个齿（$1/z_刀$ 转）时，工件也应准确地转过一个齿（$1/z_工$ 转）。

（3）径向进给运动 为了逐渐切至工件的全齿深，插齿刀必须要有径向进给，径向进给量是插齿刀每往复一次径向移动的距离，当达到全齿深后，机床便自动停止径向进给运动。工件和刀具对滚一周，才能加工出全部完整的齿面。

（4）圆周进给运动　圆周进给运动是插齿刀的回转运动，插齿刀每往复一次，同时回转一个角度，其转动的快慢直接影响每一次的切削用量和工件转动的快慢。圆周进给量用每次往复行程中插齿刀在分度圆上转过的圆周弧长表示，其单位为 mm。

（5）让刀运动　在回程时，为了避免插齿刀擦伤已加工表面和减少刀具磨损，刀具和工件之间应让开一段距离；而在插齿刀重新开始向下进入工作行程时，应立刻恢复到原位，以便刀具向下切削工件。这种让开和恢复原位的运动称为让刀运动。一般新型号的插齿机通过刀具主轴座的摆动来实现让刀运动，这样可以减少让刀产生的振动。

图 7-7 所示为插齿机的传动原理，其中"电动机 M-1-2-置换机构 u_v-3-5-4-曲柄偏心轮-插齿刀"为主运动传动链，置换机构 u_v 用于改变插齿刀每分钟往复行程数。

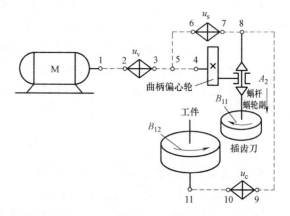

图 7-7　插齿机的传动原理

"曲柄偏心轮-4-5-6-u_s-7-8-蜗杆蜗轮副-插齿刀"为圆周进给运动传动链，u_s 为调整插齿刀圆周进给量的置换机构。

"插齿刀-蜗杆蜗轮副-8-9-u_c-10-11-工件"为展成运动传动链，u_c 为调节插齿刀与工件之间传动比的置换机构，当刀具转 $1/z_刀$ 转时，工件转 $1/z_工$ 转。

由于让刀运动及径向进给运动不直接参加工件表面的成形运动，因此为突出重点，图 7-7 中没有表示出来。

在插齿加工中，一种模数的插齿刀可以加工出模数相同而齿数不同的各种齿轮。插齿多用于内齿轮、双联齿轮、三联齿轮等其他齿轮加工机床难以加工的齿轮加工工作。插齿加工的精度一般为 IT7~IT8 级，表面粗糙度 Ra 约为 $1.6\mu m$。

2. 插齿刀

标准直齿插齿刀有以下三种类型，如图 7-8 所示。

（1）盘形插齿刀（图 7-8a）　这种形式的插齿刀以内孔及内孔支承端面定位，用螺母紧固在机床主轴上，主要用于加工普通直齿外齿轮及大直径内齿轮。它的公称分度圆直径有四种：75mm、100mm、160mm、200mm，用于加工模数为 1~10mm 的齿轮。

（2）碗形插齿刀（图 7-8b）　主要用于加工多联直齿轮和带有凸肩的齿轮。它以内孔定位，夹紧用的螺母可容纳在刀体内。它的公称分度圆直径也有四种：50mm、75mm、100mm 和 125mm，用于加工模数为 1~8mm 的齿轮。

（3）锥柄插齿刀（图 7-8c）　主要用于加工直齿内齿轮。这种插齿刀为带锥柄（莫氏短锥柄）的整体结构，用带有内锥孔的专用接头与机床主轴连接。其公称分度圆直径有两种：25mm 和 38mm，用于加工模数为 1~3.75mm 的内齿轮。

总体而言，插齿刀的精度有三个等级：AA 等级，可加工 6 级齿轮；A 等级，可加工 7 级齿轮；B 等级，可加工 8 级齿轮。

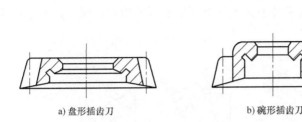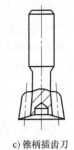

a) 盘形插齿刀　　　　　　b) 碗形插齿刀　　　　　　c) 锥柄插齿刀

图 7-8　插齿刀的类型

3. 插齿加工的工艺特点

插齿和滚齿相比，在加工质量、生产效率和应用范围等方面都有其特点。

（1）插齿的齿形精度比滚齿高　滚齿时，形成齿形包络线的切线数量只与滚刀容屑槽的数目和基本蜗杆的头数有关，不能通过改变加工条件而增减；但插齿时，形成齿形包络线的切线数量由圆周进给量的大小决定，并可以选择。此外，制造齿轮滚刀时是以近似造型的蜗杆来替代渐开线基本蜗杆，这就存在造型误差；而插齿刀的齿形比较简单，可通过高精度磨齿获得精确的渐开线齿形。所以，插齿可以得到较高的齿形精度。

（2）插齿后齿面的表面粗糙度比滚齿小　滚齿时，滚刀在齿向方向上做间断切削，会形成鱼鳞状波纹；而插齿时，插齿刀沿齿向方向的切削是连续的。所以，插齿时齿面的表面粗糙度较小。

（3）插齿的运动精度比滚齿差　插齿机的传动链比滚齿机多了一个蜗杆蜗轮副，即多了一部分传动误差；另外，插齿刀的一个刀齿相应切削工件的一个齿槽，因此插齿刀本身的周节累积误差必然会反映到工件上。而滚齿时，因为工件的每一个齿槽都是由滚刀上相同的2~3圈刀齿加工出来的，故滚刀的齿距累积误差不影响被加工齿轮的齿距精度。所以，滚齿的运动精度比插齿高。

（4）插齿的齿向误差比滚齿大　插齿时的齿向误差主要决定于插齿机主轴回转轴线与工作台回转轴线的平行度误差。插齿刀工作时往复运动的频率较高，使得主轴与套筒之间的磨损大，因此插齿的齿向误差比滚齿大。

（5）插齿的生产效率视加工对象而定　切制模数较大的齿轮时，插齿速度要受到插齿刀主轴往复运动惯性和机床刚性的制约，切削过程又有空程的时间损失，故生产效率不如滚齿高。只有在加工小模数、多齿数，并且齿宽较窄的齿轮时，插齿的生产效率才比滚齿高。

综上，就加工精度来说，对运动精度要求不高的齿轮，可直接用插齿来进行齿形精加工；而对于运动精度要求较高的齿轮和剃前齿轮（剃齿不能提高运动精度），则用滚齿较为有利。

六、齿面精加工

对于6级精度及以上的齿轮，或者淬火后的硬齿面加工，往往需要在滚齿、插齿之后经过热处理再进行精加工，常用的齿面精加工方法有剃齿、珩齿和磨齿。

1. 剃齿

剃齿是用剃齿刀对齿轮的齿面进行精加工的方法。剃齿的工作原理如图7-9所示。剃齿时，刀具与工件做一种自由啮合的展成运动。安装时，剃齿刀轴线与工件轴线倾斜一个角 Σ。剃齿刀的圆周速度可以分解为沿工件齿向的切向速度和沿工件齿面的法向速度，从而带动工件旋转和轴向运动，使刀具在工件表面上剃下一层极薄的切屑。同时，工作台带动工件做往复运动，以剃削轮齿的全长。

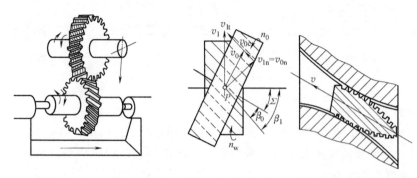

图 7-9　剃齿工作原理

剃齿加工应具备以下运动：

1）剃齿刀的正、反旋转运动。

2）工件沿轴向的往复运动。

3）工件往复一次后的径向进给运动。

剃齿的工艺特点有如下三点：

1）剃齿精度可达 6~7 级，表面粗糙度 $Ra0.4 \sim 0.8 \mu m$。

2）剃齿主要用于提高齿形精度和降低表面粗糙度。

3）生产效率高，适用于大批量的齿轮精加工。

2. 珩齿

淬火后的齿轮轮齿表面有氧化皮，影响齿面质量，热处理的变形也会影响齿轮的精度。由于工件已淬硬，除用磨削加工外，也可以采用珩齿进行精加工。

珩齿原理与剃齿相似，珩齿时，珩轮与工件类似于一对螺旋齿轮呈无侧隙啮合，利用啮合处的相对滑动，并在齿面间施加一定的压力来进行珩齿。根据珩齿加工原理，珩轮可以做成齿轮式珩轮来加工直齿和斜齿圆柱齿轮，如图 7-10 所示。

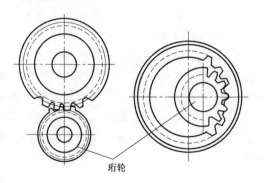

珩齿运动和剃齿相同，即珩轮带动工件高速正、反向转动，工件沿轴向往复运动并具有径向进给运动。与剃齿不同的是，珩齿在开车后会一次径向进给到预定位置，故开始时齿面压力较大，随后逐渐减小，直到压力消失时珩齿便结束。

图 7-10　齿轮式珩齿法

珩轮由磨料（通常采用 P80~P180 粒度的白刚玉）和环氧树脂等原料混合后在铁芯上浇铸而成。珩齿是齿轮热处理后的一种精加工方法。

与剃齿相比较，珩齿具有以下工艺特点：

1）珩轮结构和磨轮相似，但珩齿速度很低（通常为 $1\sim3\mathrm{m/s}$），加之磨粒粒度较细、珩轮弹性较大，所以珩齿过程实际上是一种低速磨削、研磨和抛光的综合过程。

2）珩齿时，工件表面粗糙度可从 $Ra1.6\mu\mathrm{m}$ 降到 $Ra0.4\sim0.8\mu\mathrm{m}$。

3）珩轮弹性较大，对珩前齿轮的各项误差修正作用不强。因此，珩齿对珩轮本身的精度要求不高，珩轮误差一般不会反映到被珩齿轮上。

4）珩轮主要用于去除热处理后齿面上的氧化皮和毛刺。珩齿余量一般不超过 $0.025\mathrm{mm}$，珩轮转速可达到 $1000\mathrm{r/min}$ 以上，纵向进给量为 $0.05\sim0.065\mathrm{mm/r}$。

5）珩齿效率甚高，一般一分钟珩一个，通过 $3\sim5$ 次往复即可完成。

3. 磨齿

磨齿是目前齿形加工中加工精度最高的一种方法。它既可磨削未淬硬齿轮，也可磨削淬硬的齿轮。磨齿精度可达 $4\sim6$ 级，齿面的表面粗糙度为 $Ra0.2\sim0.8\mu\mathrm{m}$；对齿轮误差及热处理变形有较强的修正能力。磨齿多用于硬齿面高精度齿轮及插齿刀、剃齿刀等齿轮刀具的精加工；其缺点是生产效率低、加工成本高，故适用于单件小批生产。

一般磨齿机都采用展成法来磨削齿面，常见的有大平面砂轮磨齿机、碟形双砂轮磨齿机、锥面砂轮磨齿机和蜗杆砂轮磨齿机等。其中，大平面砂轮磨齿机的加工精度最高，可达 3 级精度，但效率较低；蜗杆砂轮磨齿机的效率最高，被加工齿轮的精度为 6 级。

磨齿原理如图 7-11a 所示，采用两个碟形砂轮的棱边形成假想齿条的两个侧面。在磨削过程中，砂轮高速旋转，形成磨削加工的主运动；工件则严格按照与固定齿条相啮合的关系做展成运动，使工件被砂轮磨出渐开线齿面。其中，被磨齿轮的展成运动由滚圆盘的钢带机构实现，如图 7-11b 所示。

横向滑板 11 可沿横向导轨往复运动，上面装有工件 2 和心轴 3，后端通过分度机构 4 和滚圆盘 6 连接；两条钢带 5 和 9，一端固定在滚圆盘 6 上，另一端固定在支架 7 上，并沿水平方向拉紧，当横向滑板 11 由曲柄盘 10 带动做往复运动时，滚圆盘则带动工件沿假想齿条

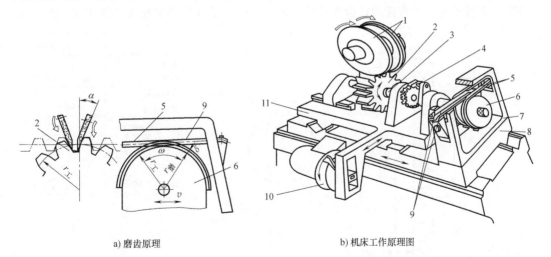

a) 磨齿原理　　　　　　b) 机床工作原理图

图 7-11　碟形双砂轮磨齿原理及机床工作原理图

1—砂轮　2—工件　3—心轴　4—分度机构　5、9—钢带　6—滚圆盘
7—支架　8—纵向滑板　10—曲柄盘　11—横向滑板

节线做纯滚动，实现展成运动。纵向滑板 8 沿床身导轨做往复直线运动，可磨出整个齿的宽度。工件在完成一个或两个齿面的磨削后继续滚动至脱离砂轮，由分度机构带动进行分齿，之后再进行下一个齿槽的磨削。

由于滚圆盘能够制造得很精确，且传动链短，这种加工方法传动误差小，所以展成运动精度高，被加工齿轮精度可达 4 级。但是，砂轮的刚性差、磨削用量小、生产效率低。

在大批量生产中，目前广泛采用蜗杆砂轮磨齿法。这种加工方法的原理与滚齿相似，砂轮为蜗杆状。磨齿时，砂轮与工件两者保持严格的速比关系，为磨出全齿宽，砂轮还需沿工件轴线方向进给。由于砂轮的转速很高（约 2000r/min），工件相应的转速也较高，因此，磨削效率高。被磨削齿轮的精度主要取决于机床传动链的精度和蜗杆砂轮的形状精度。

磨齿加工有如下特点：

1）加工精度高，一般加工精度可达 IT4～IT6，表面粗糙度 $Ra0.2～0.8\mu m$。

2）可以加工硬度高的齿轮。

3）由于采用强制啮合，修正误差的能力强。

4）机床结构复杂，调整困难，加工成本高。

5）适用于齿轮精度要求高的场合。

七、圆柱齿轮加工工艺制定

圆柱齿轮的加工工艺过程一般应包括以下内容：齿轮毛坯加工、齿面加工、热处理工艺及齿面的精加工。在编制齿轮加工工艺过程中，常因齿轮的结构、精度等级、生产批量以及生产环境的不同，而采用各种不同的方案。要编制出一份切实可行的工艺过程卡，必须具备以下条件：

1）零件图样上所规定的各项技术要求应明确无误。

2）了解国内外工艺现状、设备能力、技工技术水平及今后的发展方向。

3）根据生产批量、生产环境，制订切实可行的生产方案。

图 7-12 所示为一个直齿圆柱齿轮简图，表 7-3 列出了该齿轮的机械加工工艺过程。从

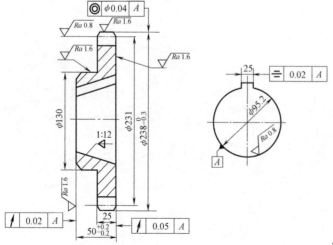

模数	m	3.5mm
齿数	z	66
齿形角	α	20°
变位系数	x	0
精度等级		766KM GB/T 10095.1—2008
公法线长度变动公差	F_w	0.036
径向综合公差	F_x''	0.08
一齿径向综合公差	f_t	0.016
齿向公差	F_β	0.009
公法线平均长度	$W=80.72^{-0.14}_{-0.19}$	

技术条件

1.1:12锥度塞规检查,接触面积不小于75%。
2.材料:45钢。
3.热处理:整体淬火。

图 7-12　直齿圆柱齿轮简图

表 7-3　齿轮加工工艺过程

工序	工序内容及要求	定位基准	设备
1	锻造		
2	正火		
3	粗车各部,均布余量 1.5mm	外圆、端面	转塔车床
4	精车各部,内孔至锥孔塞规刻线外露 6~8mm,其余达到图样要求	外圆、内孔、端面	卧式车床
5	滚齿,保证 $F_W = 0.036$mm, $F_i'' = 0.10$mm $f_i'' = 0.022$mm, $F_\beta = 0.009$mm, $W = 80.72_{-0.19}^{-0.14}$mm,齿面 $Ra2.5\mu$m	内孔、B 端面	滚齿机
6	倒角	外圆、B 端面	倒角机
7	插键槽,达到图样要求	内孔、B 端面	插床
8	去毛刺		
9	剃齿	内孔、B 端面	剃齿机
10	热处理:整体淬火		
11	磨内锥孔,磨至锥孔塞规小端平	外圆、B 端面	内圆磨床
12	珩齿,达到图样要求	内孔、B 端面	剃齿机
13	终结检验		

中可以看出,编制齿轮加工工艺大致可划分为如下几个阶段。

1) 齿轮毛坯的形成:锻件、棒料或铸件。

2) 粗加工:切出较多的余量。

3) 半精加工:车削、滚齿、插齿。

4) 热处理:正火、齿面高频淬火。

5) 精加工:精修基准、精加工齿面(磨、剃、珩、研、抛)。

下面从以下四个方面进行齿轮加工工艺过程分析。

1. 定位基准的选择

齿轮定位基准的选择常因齿轮的结构形状不同而有所差异。带轴齿轮常采用顶尖定位,孔径大时则采用锥堵。顶尖定位精度高,且能做到基准重合。带孔齿轮常采用以下两种定位、夹紧方式。

(1) 以内孔和端面定位　即以工件内孔和夹具心轴之间的配合决定中心位置,再以端面作为定位基准,并对着端面进行夹紧。这种定位方式可使定位基准、设计基准、装配基准和测量基准重合,定位精度高,适于批量生产;但对夹具的制造精度要求较高。

(2) 以外圆和端面定位　工件和夹具心轴的配合间隙较大时,用千分表校正工件外圆以决定中心位置,并以端面作为定位基准;对另一端面施以夹紧力。这种定位方式因每个工件都需校正,故生产效率低;同时对齿坯内、外圆的同轴度要求高,但对夹具精度要求不高,适于单件、小批生产。

综上所述,为减小定位误差,提高齿轮的加工精度,加工时应满足以下要求:

1) 应使定位基准与设计基准重合、统一。

2）内孔定位时，配合间隙应尽可能小。

3）定位端面与定位孔（或外圆）应在一次装夹中加工出来，以保证同轴度和垂直度要求。

2. 齿轮毛坯的加工

齿面加工前进行的齿轮毛坯加工，在整个齿轮加工工艺过程中占有很重要的地位，因为齿面加工和检测所用的基准必须在此阶段加工出来；同时，齿坯加工所占的工时比较大，无论提高效率，还是保证齿轮的加工质量，都必须重视齿轮毛坯的加工。

在齿轮加工的技术要求中，若规定以分度圆弦齿厚或固定弦齿厚的减薄量来测定齿侧间隙，应注意齿顶圆的精度要求，因为齿厚的检测是以齿顶圆为测量基准的，齿顶圆精度太低，必然使测量出的齿厚数值无法正确反映齿侧间隙的大小。所以，在这一加工过程中应注意下列三个问题：

1）当以齿顶圆作为测量基准时，应严格控制齿顶圆的尺寸精度。

2）保证定位端面与定位孔（或外圆）的垂直度。

3）提高齿轮内孔的制造精度，减小与夹具心轴的配合间隙。

3. 齿面及齿端的加工

（1）齿面加工　齿面加工是齿轮加工的关键，其方案的选择取决于多方面的因素，如设备条件、齿轮精度、生产批量、表面粗糙度、硬度等。常用的齿面加工方案如下：

1）对于8级及以下精度的不淬硬齿轮，可用铣齿、滚齿或插齿直接达到加工精度要求。

2）对于8级及以下精度的淬硬齿轮，需在淬火前将精度提高一级，其加工方案可采用：滚（插）齿—齿端加工—齿面淬硬—修正内孔。

3）对于6~7级精度的不淬硬齿轮，其齿面加工方案：滚齿-剃齿。

4）对于6~7级精度的淬硬齿轮，其齿面加工一般有两种方案：

①剃-珩磨方案。滚（插）齿—齿端加工—剃齿—齿面淬硬—修正内孔—珩齿。

②磨齿方案。滚（插）齿—齿端加工—齿面淬硬—修正内孔—磨齿。

剃-珩磨方案生产效率高，广泛用于7级精度齿轮的成批生产中。磨齿方案生产效率低，一般用于6级精度的齿轮。

5）对于5级及以上精度的齿轮，一般采用的加工方案：粗滚齿—精滚齿—齿端加工—淬火—修正内孔—粗磨齿—精磨齿。

6）对于大批量生产，采用"滚（插）齿—冷挤齿"的加工方案，可稳定地获得7级精度齿轮。

在选择圆柱齿轮齿面加工方案时，可参考表7-4。

（2）齿端加工　齿轮的齿端加工有倒圆、倒尖、倒棱和去毛刺等方式，如图7-13所示。倒圆、倒尖后的齿轮在变速时容易进入啮合位置，减少冲击现象。倒棱可除去齿端尖边和毛刺。

a) 倒圆

b) 倒尖

c) 倒棱

图 7-13　齿端加工方式

表 7-4　圆柱齿轮齿面加工工艺

类型	不淬火齿轮					淬火齿轮			
精度等级	3	4	5	6	7	3~4	5	6	7
表面粗糙度 Ra/μm	0.1~0.2	0.2~0.4	0.2~0.4	0.4~0.8	0.8~1.6	0.1~0.4	0.2~0.4	0.4~0.8	0.8~1.6
滚齿或插齿	·	·	·	·	·	·	·	·	·
剃齿		·	·	·			·	·	·
挤齿					·				
热处理:淬火或渗碳淬火				①		③	·	③	·
精整基面			·	·		·	·	·	·
珩齿或研齿			·	·	·	·	·	·	·
粗磨齿			·			·	·	·	·
定性处理			·			·	·	·	·
精整基面	·	·	·			·	·	·	·
精磨齿	·	·	·		②	·	·	②	·

① 定性处理在剃齿前进行。
② 淬火后用硬质合金滚刀精滚代替磨齿。
③ 热处理采用渗氮处理。

图 7-14 所示为用指状铣刀对齿端进行倒圆加工的示意图。倒圆时，铣刀高速旋转，并沿圆弧摆动，加工完一个齿后，工件退离铣刀，分度后再快速接近铣刀，加工下一个齿的齿端。

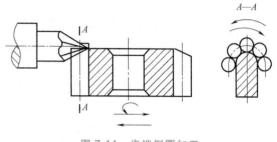

齿端加工必须在淬火之前进行，通常都在滚（插）齿之后、剃齿之前安排齿端加工。

图 7-14　齿端倒圆加工

4. 齿轮加工中的热处理工序

在齿轮加工工艺过程中，热处理工序位置的安排十分重要，它直接影响齿轮的力学性能及切削加工的难易程度。一般齿轮加工过程中的热处理工序有以下两种。

（1）毛坯热处理　为了消除锻造和粗加工造成的残余应力，及改善材料内部金相组织和切削加工性能，在齿坯加工前后安排预备热处理——正火或调质。

（2）齿面热处理　为了提高齿面硬度、增加齿轮的承载能力和耐磨性，常进行齿面高频感应淬火、渗碳、渗氮或碳氮共渗等热处理，安排在滚、插、剃齿之后，珩齿、磨齿之前。

任务 2　箱体类零件加工工艺制订

一、箱体类零件概述

1. 箱体类零件的功用

箱体是各类机器的基础零件，它将机器和部件中的轴、套、齿轮等有关零件连接成一个整体，并使之保持正确的位置，传递转矩或改变转速来完成规定的运动。

2. 箱体类零件的分类

常见箱体类零件如图 7-15 所示。

1）按功用分，箱体类零件可分为主轴箱、变速器、进给箱、操纵箱等。

2）汽车上的箱体类零件，按其结构形状可分为两大类：一类是回转型壳体零件，如水泵壳体、差速器壳体及某些后桥壳体；另一类是平面型箱体零件，如气缸体（机体）、变速器壳体。

3. 箱体类零件的结构特点

箱体类零件的结构一般比较复杂，壁薄且壁厚不均匀，多为铸件，且以空型腔为主；加工部位多，既有一个或数个基准面及一些支承面，又有一对或数对加工难度大的轴承支承孔，也有精度要求不高的紧固孔和用于螺栓连接的孔加工。由于在加工时需要的工序和刀具比较多，因此可在加工中心上完成。汽车、飞机、船舶等运输工具中使用箱体类零件较多。

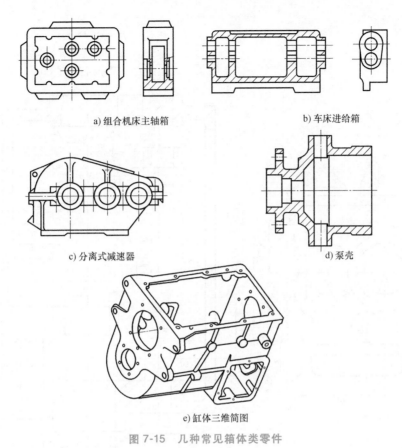

a) 组合机床主轴箱   b) 车床进给箱

c) 分离式减速器   d) 泵壳

e) 缸体三维简图

图 7-15 几种常见箱体类零件

二、箱体类零件加工工艺分析

1. 箱体类零件的主要技术要求分析

以图 7-16 所示的某车床主轴箱为例，其主要技术要求包括以下几个方面。

1）轴承支承孔的尺寸精度、形状精度及表面粗糙度要求等。

2）孔与平面的位置精度，包括孔系轴线之间的距离尺寸精度和平行度，同一轴线上各孔的同轴度以及孔端面对孔轴线的垂直度等。

3）为满足箱体加工中的定位需要及箱体与机器总装要求，箱体的装配基准面与加工中的定位基准面应有一定的平面度和表面粗糙度要求，各支承孔与装配基准面之间应有一定距离尺寸精度的要求。

2. 箱体类零件的材料及毛坯分析

箱体毛坯制造方法有两种，一种是采用铸造方法，汽车上的箱体类零件，由于形状较为复杂，通常采用铸造毛坯。铸铁具有成形容易、可加工性良好、吸振性好、成本低等优点，所以一般都采用铸铁毛坯。另一种是采用焊接方法，对于单件小批生产，可缩短生产周期。对于承受重载和冲击的工程机械、锻压机床的一些箱体，可采用铸钢或钢板焊接。近年来，随着轻量化技术的成熟，轿车上的一些箱体件及变速器壳体已采用铝合金压铸。

箱体材料采用最多的是各种牌号的灰铸铁，如 HT200、HT250、HT300 等。一些要求较高的箱体，可采用耐磨合金铸铁，以提高铸件质量。

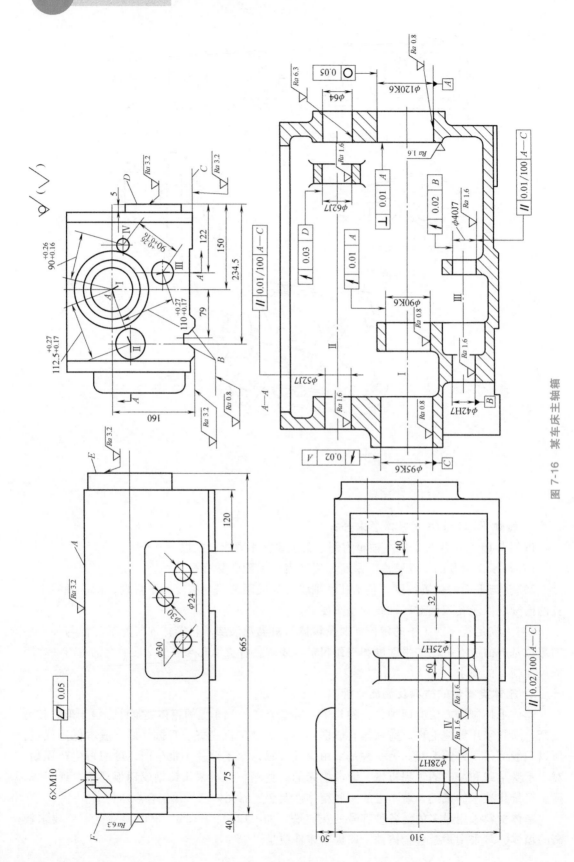

图 7-16 某车床主轴箱

3. 箱体类零件的结构工艺性分析

（1）箱体零件主要孔的基本形式及其工艺性　箱体零件主要孔的基本形式如图 7-17 所示，可概括为通孔（图 a~f）、阶梯孔（图 g）及不通孔（图 h）三大类。

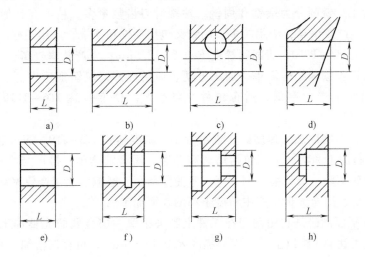

图 7-17　箱体零件主要孔的基本形式

（2）箱体上同轴孔的工艺性　此种情况的孔径排列方式有三种，如图 7-18 所示。图 7-18a 所示为孔径大小沿一个方向递减，且相邻两孔直径之差大于孔的毛坯加工余量；图 7-18b 所示为孔径大小从两边向中间递增；图 7-18c 所示为孔径大小不规则的排列，其工艺性差，应尽量避免。

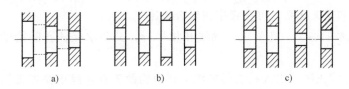

图 7-18　同轴孔径的排列方式

（3）箱体上孔中心距安排的工艺性　在单件小批生产时，箱体上各孔是用一把镗刀逐个进行加工的，故孔中心距大小不受限制。但成批大量生产时，孔中心距就不能太小，如图 7-19 所示。

（4）箱体上孔与平面布置的工艺性　若孔与平面不垂直，在用定尺寸刀具进行加工时，由于刀具所承受的径向力不均衡，刀具容易引偏，从而会影响孔的位置精度。因此，孔轴线最好与平面垂直，以利于工件安装和加工，并使机床与夹具结构简单。

（5）箱体端面的工艺性　箱体外端面加工工艺性好，内端面工艺性差。其中，端面尺寸小于刀具穿过孔径尺寸的，工艺性较好，反之较差。

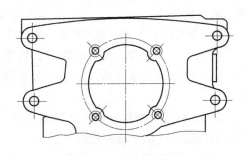

图 7-19　轴承座孔系布置

（6）箱体装配基面的工艺性　箱体装配基面的尺寸应尽量大，形状简单，便于加工、装配和检验。箱体中工艺孔的尺寸应尽量一致，以减少换刀次数。

4．箱体类零件中平面加工方法的分析

（1）铣削加工　铣削分为端铣和周铣，端铣时刀齿数量多、精度高、加工表面粗糙度值小、刚性好、生产效率高，应用较多。周铣又包括顺铣和逆铣，通用性好，适用于单件小批加工，精度可达 IT6~IT10，表面粗糙度 $Ra0.8~12.5\mu m$，生产效率较高。

（2）刨削加工　刨床结构简单、加工方便、通用性好，但切削速度低、有空行程，属于单刃加工，因此生产效率低，适合单件小批生产。精度可达 IT6~IT10，表面粗糙度 $Ra1.6~12.5\mu m$。

（3）磨削加工　磨削加工速度高、进给量小、精度达到 IT5~IT9，表面粗糙度 $Ra0.2~1.6\mu m$，适合半精加工和精加工。包括周磨和端磨，周磨发热小、排屑与冷却好、精度高、间断进给，生产效率低；端磨磨头刚性好、弯曲变形小、磨粒多，生产效率高，但冷却条件差，磨削精度较低，适合大批生产中精度不高的表面加工。

（4）刮研　平面刮研是利用刮刀在工件上刮去很薄一层金属的光整加工方法。适用于未淬火件，精度可达 IT5 级以上，表面粗糙度 $Ra0.1~1.6\mu m$，可存润滑油，粗刮为 1~2 点/cm^2，半精刮为 2~3 点/cm^2，精刮可达 3~4 点/cm^2。特点是劳动强度大、生产效率低、切削力小，但变形小、表面质量高，适于单件小批加工。

在选择平面加工方案时，除了要考虑平面的精度和表面粗糙度要求外，还应考虑零件的结构和尺寸、热处理要求和生产规模等因素。

5．箱体类零件中孔系的加工分析

箱体类零件上一般均有一系列有位置精度要求的孔的组合，称为孔系。孔系可分为平行孔系、同轴孔系和交叉孔系，可在镗床或组合镗床上加工。

（1）平行孔系的加工　既要求孔轴线互相平行，又要求保证孔的精度。可以有以下几种加工方法：

1）找正法。找正法是工人在通用机床上利用辅助工具来找正要加工孔的正确位置的加工方法。包括以下三种方法。

划线找正法：其特点是设备简单，操作难度大，生产质量低，受工人技术水平限制。

量块心轴找正法：其特点是精度较高，效率低，适于小批生产。

样板法：其特点是操作迅速，精度高，成本低。

2）镗模法。如图 7-20 所示，其加工精度取决于模具精度，镗杆刚性大，效率高，生产周期长，成本高，适用于大批量生产。

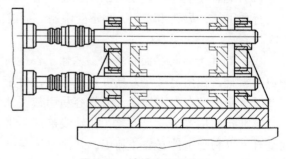

图 7-20　镗模法加工孔系

3）坐标法。操作复杂，孔距精度高，生产周期长，适用于精密孔加工。

（2）同轴孔系的加工　有导向法、模具法和找正法。

（3）交叉孔系的加工　有镗模法和找正法。

6. 定位基准的选择

加工箱体类零件时，各轴承座孔的加工余量应均匀；装入箱体内的全部零件（轴、齿轮等），与不加工的箱体内壁要有足够的间隙；要尽可能使基准重合、统一，以减少定位误差和避免加工过程中的误差积累，从而保证箱体零件的加工精度。

（1）精基准的选择　最常见的有两种方案，一种方案是利用一个平面和该平面上的两个工艺孔定位，即通常所说的"一面两孔"定位，一般工艺孔孔径公差采用 H7～H9，两工艺孔中心距偏差±（0.03～0.05）mm；另一种方案是利用三个互相垂直的平面作定位基准，如图7-21 所示，该方案适用于不具备一面两孔定位基准条件的一些箱体件。

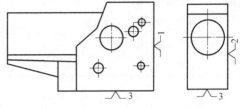

图 7-21　三个相互垂直的平面作定位基准

（2）粗基准的选择

1）中小批量生产时，由于毛坯精度较低，一般采用划线找正。

2）大批量生产时，毛坯精度较高，可直接以主要孔为基准在夹具上定位，采用专用夹具装夹。

三、箱体类零件加工工艺制订示例

表7-5、表7-6分别列出了某轿车发动机缸体加工自动线粗、精加工工艺过程。

表7-5　某轿车发动机缸体加工自动线粗加工工艺过程

零件材料：灰铸铁	毛坯状态：铸件	毛坯硬度：（195±40）HBW	毛坯质量：45kg		零件质量：33.5kg	总成号：06AI	每车件数：1
工序号	工序内容	质控点号	设备型号		设备名称		夹具
200	粗镗主轴配合半圆孔，精铣缸体顶面、底面		500687		粗铣缸体顶面、底面自动线		随机夹具
210	钻定位销孔、运输孔，镗缸体孔，铣瓦盖结合面	01A	500688		钻定位孔，铣瓦盖结合面自动线		随机夹具
220	铣过滤面、起动器面，粗铣控制面与离合器面		500689		铣离合器面及控制面自动线		随机夹具
230	钻、攻离合器结合面和控制面孔	02A	500690		钻、攻离合器面、控制面孔自动线		随机夹具
240	钻、攻缸体顶面、底面孔	03B	500691		钻、攻顶面、底面孔自动线		随机夹具
250	钻、攻过滤面、起动器面各孔		500692		钻、攻左、右侧面孔自动线		随机夹具
260	粗铣缸体		10466		预清洗机		随机夹具
270	油道密封检查		E4494-3		油道密封试验机		随机夹具

表7-6　某轿车发动机缸体加工自动线精加工工艺过程

零件材料：灰铸铁		毛坯状态：铸件	毛坯硬度：（195±40）HBW	毛坯质量：45kg
工序号	工序内容		设备名称	夹具
10	安装曲轴瓦盖		十字定转矩拧紧机	随机夹具
20	钻控制面、离合器面配合孔及镗曲轴孔		前、后面定位孔精加工自动线	随机夹具
30	精铣底面、顶面、控制面、离合器面，精镗水泵孔		前后、顶、底面精加工自动线	随机夹具

（续）

零件材料:灰铸铁	毛坯状态:铸件		毛坯硬度:(195±40)HBW	毛坯质量:45kg
工序号	工序内容		设备名称	夹具
40	半精镗、精镗缸体孔		精加工镗孔自动线	随机夹具
50	缸体孔与曲轴主轴承孔珩磨		珩磨机	随机夹具
60	最终清洗缸体		最终清洗机	随机夹具
70	水套与油道水下密封检查		—	随机夹具
80	缸体主轴承孔分级		试漏仪	随机夹具
90	终检		—	—

任务3 连杆加工工艺制订

一、连杆的结构特点及结构工艺性分析

1. 连杆的结构特点

汽车发动机连杆结构如图 7-22 所示，连杆由大头、小头和杆身等部分组成。大头为分开式结构，连杆体与连杆盖用螺栓连接。大头孔和小头孔内分别安装了轴瓦和衬套。为了减轻质量并保证连杆体具有足够的强度和刚度，连杆的杆身横截面多为工字形，其外表面不需

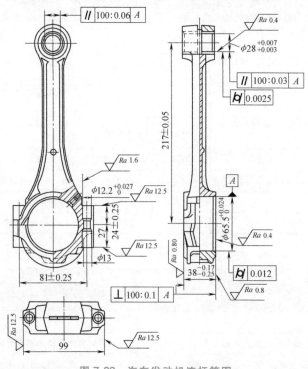

图 7-22　汽车发动机连杆简图

要机械加工。连杆的大头和小头端面通常相对杆身纵向截面对称，有些连杆在结构上设计有工艺凸台、中心孔等，作为机械加工时的辅助基准。

2. 连杆的结构工艺性分析

连杆结构工艺性除一般的结构工艺性外，还要考虑以下几点。

（1）连杆盖和连杆体连接的定位方式　连杆盖和连杆体连接的定位方式有连杆螺栓定位、套筒定位、齿形定位和凸肩定位4种，如图7-23所示。

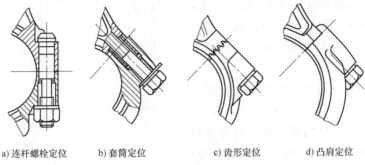

a) 连杆螺栓定位　　b) 套筒定位　　c) 齿形定位　　d) 凸肩定位

图 7-23　连杆盖和连杆体连接的定位方式

（2）连杆大头、小头的厚度　考虑到加工时的定位和加工过程中的传输等，连杆大头、小头的厚度应相等。

（3）连杆杆身油孔的大小和深度

二、连杆的机械加工工艺制订

1. 材料与毛坯选择

连杆通常采用钢质模锻件毛坯，材料一般采用40Cr、45Mn2等合金结构钢，轿车整件精锻连杆的材料通常为德国牌号C70S6BY。

连杆毛坯的锻造工艺方案有两种：整体锻造、连杆体和连杆盖分开锻造，目前多采用分体锻造工艺。

2. 主要技术要求制订

汽车发动机连杆机械加工的主要技术要求示例见表7-7。

表 7-7　连杆的主要技术要求

技术要求项目	具体要求和数值	可满足的主要性能
大、小孔尺寸精度	尺寸公差等级 IT6，圆度、圆柱度公差 0.004 ~ 0.006mm	保证与轴瓦的良好配合
两孔中心距	±(0.03 ~ 0.05) mm	保证气缸的压缩比
两孔轴线在两个互相垂直方向上的平行度	在连杆大、小孔轴线所在平面内的平行度为 100：(0.02 ~ 0.05)；在垂直连杆大、小孔轴线所在平面内的平行度为 100：(0.04 ~ 0.09)	使气缸壁磨损均匀，减少曲轴颈边缘磨损
大头孔两端面对其轴线的垂直度	100：0.1	减少曲轴颈边缘的磨损
两螺孔（定位孔）的位置精度	在两个垂直方向上的平行度为 100：(0.02 ~ 0.04)；相对结合面的垂直度为 100：(0.1 ~ 0.2)	保证正常承载能力，保证大头孔轴瓦与曲轴颈的良好配合
连杆组内各连杆的质量差	±2%	保证运转平稳

3. 定位基准的选择

连杆外形较复杂，不易定位，大、小头由细长的杆身连接，刚度差，容易变形。连杆加工的大部分工序都采用统一的定位基准：一个端面、小头孔及工艺凸台，如图 7-24 所示。

为保证大头孔和端面垂直，加工大、小头孔时应以一个端面为定位基准，如图 7-24a 所示；为保证两孔位置公差要求，加工其中一孔时，常以另一孔为定位基准，即两孔互为基准。

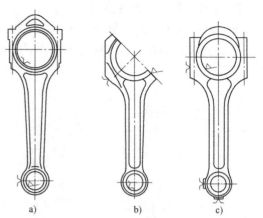

图 7-24 连杆的定位基准

4. 加工阶段的划分和加工顺序的安排

连杆的主要加工表面为大、小头内孔，端面、连杆盖和连杆体的接合面，以及连杆螺栓孔；次要加工表面为油孔、锁口槽等；辅助基准为工艺凸台或中心孔。非机械加工的技术要求有探伤和称重，此外还有检验、清洗、去毛刺等。

连杆加工的工艺过程可划分为 3 个阶段：粗加工阶段、半精加工阶段、精加工阶段。各表面加工方法及加工顺序安排示例见表 7-8，表中列出了大量生产分开锻造连杆的机械加工工艺过程。

表 7-8 大量生产分开锻造连杆的机械加工工艺过程

工序号	工序内容	设备	工序号	工序内容	设备
1	粗磨两端面	立式双轴平面磨床	13	扩大头孔	八轴钻床
2	钻小头孔	立式钻床	14	精磨两端面	立式双轴平面磨床
3	拉小头孔	立式拉床	15	精镗大头孔	金刚镗床
4	拉接合面、侧面及半圆孔	连续式拉床	16	称重、去重	特种秤、立式钻床
5	拉螺栓头接合面	立式拉床	17	珩磨大头孔	珩磨机
6	铣小头油槽	卧式铣床	18	清洗	清洗机
7	铣锁口槽	卧式铣床	18J	中间检验	
8	钻阶梯油孔	组合机床	19	小头孔两端压衬套	气动压床
9	去毛刺	钳工台	20	挤压衬套	压床
10	粗磨接合面	立式双轴平面磨床	21	精镗小头衬套孔	金刚镗床
10J	中间检验		22	去毛刺、清洗	—
11	钻铰连杆盖和连杆体螺栓孔	组合机床	22J	最终检验	—
12	装配连杆盖和连杆体	钳工台			

5. 整体精锻加工工艺

在半精加工后采用连杆盖与连杆体裂解工艺，这样产生的断面凸凹不平，连杆盖与连杆体再组装时的位置唯一。因此，连杆盖与连杆体之间只需要用螺栓连接，即可保证相互之间的位置精度。这样既简化了连杆的加工工艺，保证了连杆盖与连杆体的装配精度，又保证了连杆的强度。

轿车发动机连杆的裂解工艺采用六工位回转台式组合裂解专用机床，通过6个工位完成裂解、装配螺栓及预拧紧、定力矩拧紧到屈服点、压装小头衬套并精整等工序。表7-9列出了大量生产汽车发动机整体精锻连杆的机械加工工艺过程，加工自动线示意图如图7-25所示。

表7-9　整体精锻连杆机械加工工艺过程卡

机械加工工艺过程卡		零件名称:连杆			车型:捷达1.6L	
路线	坯料-连杆-装配	材料:C70S6BY(德)	毛坯状态:精锻件	硬度:263HBW	每车件数:4	
工序号	工序内容		设备名称		夹具	
10	上料,粗磨连杆两端面		立式双轴数控平面磨床		随机夹具	
20	粗加工大、小头孔,铣连杆螺栓座面,钻螺栓孔,攻螺纹		四工位回转台式组合机床		随机夹具	
30	激光切割裂解槽,裂解连杆盖,装配连杆螺栓和衬套		六工位回转台式裂解与装配机床		随机夹具	
40	钻深油道孔		深油道孔钻床		随机夹具	
50	精磨连杆两端面		卧式双轴数控平面磨床		随机夹具	
60	铣阶梯及楔形部,半精镗、精镗大头及小头孔		六工位加工自动线		随机夹具	
70	清洗、高压清洗,干燥,冷却		清洗机		随机夹具	
80	测量连杆全部尺寸,称重,刻号,分组		全自动测量分选自动线		随机夹具	

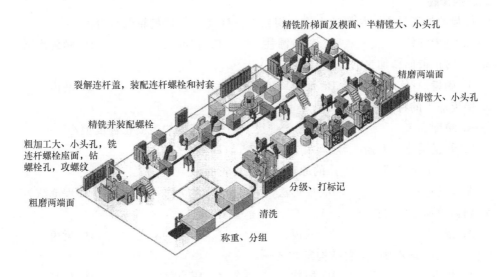

图7-25　连杆加工自动线示意图

项目小结

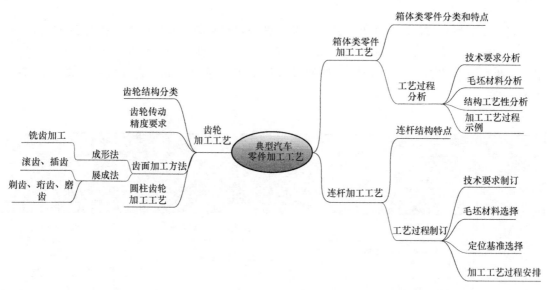

练习思考题

一、填空题

1. 滚刀轴线与被加工齿轮端面之间的夹角称为_____。

2. 滚齿时，滚刀转一转，工件应相应转过_____。

3. 成形法加工齿轮是利用与被加工齿轮_____形状一致的刀具加工齿轮的方法。

4. 在机器中，应用最广的齿轮是_____。

5. 实际生产中，是将_____的齿轮，按其齿数不同分为 8 组，每组只有一把铣刀。

二、选择题

1. 插齿的加工过程，从原理上讲，相当于一对（   ）齿轮的啮合。

    A. 直齿圆柱   B. 斜齿圆柱   C. 直齿锥   D. 螺旋齿圆柱

2. （多选）齿面精加工的方法有（   ）。

    A. 剃齿   B. 滚齿   C. 珩齿   D. 磨齿

3. 磨齿加工的特点有（   ）。

    A. 精度高   B. 获得的表面粗糙度值小

    C. 修正误差能力强   D. 效率高

4. 滚齿加工是按照（   ）的原理来加工齿轮的。

    A. 轨迹法   B. 成形法   C. 相切法   D. 展成法

5. 内齿轮加工应选择（   ）。

    A. 滚齿   B. 插齿   C. 剃齿   D. 珩齿

6. （   ）是滚刀的主要结构参数之一。

    A. 齿数   B. 模数   C. 压力角   D. 外径

7. 普通的单齿圈齿轮（   ）。

A. 精度最高　　　　B. Ra 值最小　　　　C. 工艺性最好　　　　D. 加工效率最高

8. 利用一对齿轮啮合或齿轮齿条啮合的原理，将其中一个作为刀具，在啮合过程中加工另一个零件的方法叫（　　　）。

　　A. 轨迹法　　　　　B. 成形法　　　　　C. 相切法　　　　　D. 展成法

9. 铣削人字齿齿轮应选择（　　　）铣刀。

　　A. 立　　　　　　　B. 键槽　　　　　　C. 盘形　　　　　　D. 指状

10. 铣削模数为 10mm 的直齿圆柱齿轮应选择（　　　）铣刀。

　　A. 立　　　　　　　B. 键槽　　　　　　C. 盘形　　　　　　D. 指状

11. （多选）目前，齿面的主要加工方法有（　　　）。

　　A. 切削加工　　　　B. 滚压加工　　　　C. 磨削加工　　　　D. 抛光

12. （多选）按加工原理的不同，齿面加工的方法有（　　　）。

　　A. 轨迹法　　　　　B. 成形法　　　　　C. 相切法　　　　　D. 展成法

13. （多选）对齿轮传动提出的要求有（　　　）。

　　A. 传动的准确性　　　　　　　　　　　B. 载荷均匀性

　　C. 工作平稳性　　　　　　　　　　　　D. 齿侧间隙

14. 加工箱体类零件时常选用"一面两孔"定位，这种方法一般符合（　　　）。

　　A. 基准重合原则　　B. 基准统一原则　　C. 互为基准原则　　D. 自为基准原则

15. 箱体上（　　　）基本孔的工艺性最好。

　　A. 不通孔　　　　　B. 通孔　　　　　　C. 阶梯孔　　　　　D. 交叉孔

16. 箱体零件的材料选用最多的是（　　　）。

　　A. 各种牌号的灰铸铁　B. 45 钢　　　　　C. 40Cr　　　　　　D. 65Mn

17. 铣床上用的平口钳属于（　　　）。

　　A. 通用夹具　　　　B. 专用夹具　　　　C. 组合夹具　　　　D. 成组夹具

18. 无支承镗模加工工件上的孔时，被加工孔的位置精度由（　　　）保证。

　　A. 机床精度　　　　B. 刀具精度　　　　C. 镗套的位置精度　D. 三者皆有影响

19. 下列刀具中，属于单刃刀具的有（　　　）。

　　A. 麻花钻　　　　　B. 普通车刀　　　　C. 砂轮　　　　　　D. 铣刀

三、判断题

1. （　　　）若滚刀螺旋角与工件螺旋角大小相等、旋向相同，则安装滚刀时，滚刀不需扳转安装角。

2. （　　　）齿轮滚刀的应用范围很广，可以加工外啮合的直齿轮、斜齿轮、标准及变位齿轮。

3. （　　　）一般来说，滚刀外径增大能使孔径增大，有利于提高刀杆刚性及滚齿效率。

4. （　　　）插齿的主运动是插齿刀的旋转运动。

5. （　　　）插齿的生产效率比滚齿低。

6. （　　　）剃齿常用于淬火后的圆柱齿轮的精加工。

7. （　　　）剃齿加工精度等级为 6~8 级。

8. （　　　）珩齿与剃齿同属齿轮自由啮合，因而修正齿轮切向误差的能力极强。

9. （　　　）磨齿加工不仅精度高，而且生产效率也很高。

四、简答题

1. 简述齿轮加工工艺过程一般包括哪些内容。
2. 简述 6~7 级精度齿轮大批量生产时的加工工艺方案。
3. 简述连杆的工艺特点。
4. 简述连杆的主要技术要求。
5. 简述连杆加工的定位基准应如何选择。
6. 简述连杆加工工艺过程。

项目8
CHAPTER 8

机床夹具设计

【学习目标】

1. 知识目标

1) 掌握典型的定位方式。

2) 掌握各种定位元件对工件自由度的限制情况。

3) 掌握定位误差的分析与计算方法。

4) 掌握典型夹具的结构特点。

2. 技能目标

1) 掌握定位误差的分析与计算。

2) 能够进行机床夹具夹紧装置的选择。

3) 掌握典型定位方案的设计。

任务 1　机床夹具基本认知

一、机床夹具在机械加工中的作用

在机械加工过程中，为了保证工件的加工精度，使之相对于机床、刀具占有确定的位置，能够迅速、可靠地夹紧工件，以接受加工或检测的工艺装备称为机床夹具，简称夹具。典型地，如车床上的自定心卡盘和单动卡盘（图 8-1）、铣床上的机用虎钳（图 8-2）等，都

a) 自定心卡盘　　　　　b) 单动卡盘

图 8-1　车床上自定心卡盘与单动卡盘　　　　图 8-2　铣床上机用虎钳

是机床夹具。

机床夹具在机械加工中的作用体现为以下几个方面。

1. 保证加工精度

采用夹具装夹工件，工件相对刀具、机床的位置由刀具保证，基本不受人工技术水平的影响，因而能稳定地保证工件的加工精度。图 8-3 所示楔块零件的斜孔加工就是用图 8-4 所示的专用钻孔夹具完成的。

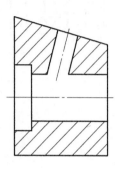

图 8-3　楔块零件

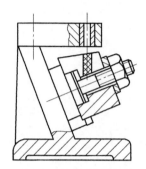

图 8-4　专用钻孔夹具

2. 提高生产效率

采用图 8-4 所示专用钻孔夹具，工件就不需要划十字中心线，节省了在十字中心线上冲孔的时间，工件装夹迅速方便，也节省了很多辅助时间，提高了加工效率。

3. 扩大加工范围

使用专用夹具可以改变机床的用途和扩大机床的加工范围，实现一机多能。例如，在卧式铣床上安装镗模，可以将铣床作为镗床用，如图 8-5 所示。

4. 减轻劳动强度

夹具装夹工件省时省力，在提高加工效率的同时，还大大减轻了操作者的劳动强度，优化了加工环境。

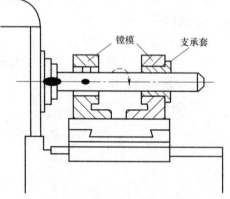

图 8-5　铣床上安装镗模

二、机床夹具的分类

机床夹具通常有三种分类方法，如图 8-6 所示。

1. 通用夹具

通用夹具是指结构、尺寸已标准化，且具有一定通用性的夹具。如自定心卡盘、单动卡盘、机用虎钳、万能分度头、顶尖、中心架、电磁吸盘等都是通用夹具。其特点是适用范围大，已成为机床附件；但生产效率较低，适用单件小批量生产。

2. 专用夹具

专用夹具是指针对某一工件某一工序的加工要求专门设计和制造的夹具。其特点是针对性极强，没有通用性，且设计制造周期较长。常用于批量较大的生产中，可获得较高的生产效率和加工精度。专用夹具示例结构如图 8-7 所示。

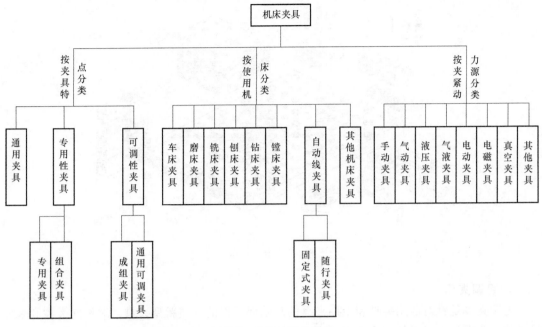

图 8-6　机床夹具的分类

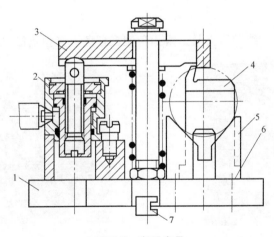

图 8-7　专用夹具

1—夹具体　2—锁紧套　3—压板　4—对刀块　5—V形块　6—固定螺栓　7—定向键

3. 组合夹具

如图 8-8 所示，组合夹具是一种模块化的专用夹具。标准的模块元件有较高的精度和耐磨性，可组装成各种夹具；组合夹具用完后可进行拆卸，留待组装新的夹具。组合夹具常用在单件，中、小批的多品种生产和数控加工中，是一种较为经济的夹具。组合夹具也已商品化。

4. 成组夹具

成组夹具是指采用成组加工工艺，将工件按形状、尺寸和工艺的共性进行分组，再为每组工件设计的组内通用专用夹具。

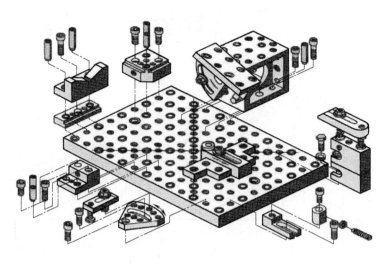

图 8-8　组合夹具

5. 可调夹具

可调夹具是针对通用夹具和专用夹具的缺陷而开发的一类新型夹具。对不同类型和尺寸的工件，只需调整或更换原来夹具上的个别定位元件和夹紧元件便可使用，实物示例如图 8-9 所示。

6. 随行夹具

如图 8-10 所示为自动线随行夹具，既担负装夹任务，又担负沿自动线输送工件的任务。

图 8-9　可调夹具

图 8-10　随行夹具

三、机床夹具的组成

机床夹具一般可以分为四个部分，现以钻床夹具为例，如图 8-11 所示。

1）定位元件。用于确定工件在夹具中的位置。

2）夹紧装置。将工件压紧夹牢，并保证工件在加工过程中的位置不变。

3）夹具体。夹具体是夹具的基座和骨架，用来配置、安装各夹具元件及装置。其中，连接元件用于确定夹具与机床主轴、工作台或导轨的相对位置。

4）其他装置或元件。定向键、操作件、分度装置、靠模装置、上下料装置、平衡块等，以及标准化了的其他连接元件，如用于确定夹具与机床主轴、工作台或导轨的相对位置的连接元件。

四、现代机床夹具的发展方向

1）精密化。如要求夹具精密分度、高精度自定心。

2）高效化。缩短加工的基本时间和辅助时间，以提高劳动生产率，减轻工人的劳动强度。

3）柔性化。通过调整、组合等方式，适应工艺可变因素。

4）标准化。按夹具零件及部件的国家标准，以及各类通用夹具、组合夹具标准进行制造，有利于夹具的商品化生产，有利于缩短生产周期、降低生产总成本。

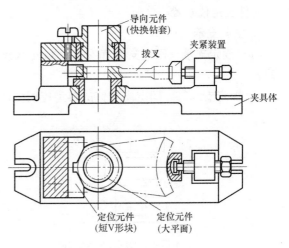

图 8-11　钻床夹具的组成

任务 2　典型定位方案设计

一、工件以平面定位

在机械加工中，大多数工件都以平面作为主要定位基准，如箱体、机体、支架、圆盘等工件。

当工件以未加工平面作为定位基准时，由于定位平面粗糙不平，因此一般不以一个完整的大平面作为定位元件与毛坯表面接触的接触面，而是采用三点支承的方式与未加工的定位基准面接触，并尽可能使各支承点彼此相距较远，使接触点构成的支承三角形面积尽可能大，以增强定位的稳定性，如图 8-12 和图 8-13 所示。

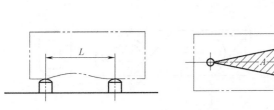

图 8-12　工件的粗基准定位

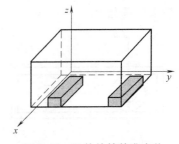

图 8-13　工件的精基准定位

工件定位时，夹具上的定位元件受到来自切削力、夹紧力的作用，因此定位元件需要有一定的刚性和强度；同时，定位元件与工件的定位表面接触，所以要有足够的精度、硬度和耐磨性；为了便于制造和清除切屑，要求有较好的工艺性。下面介绍几种典型的定位方式、定位元件及定位装置。

1. 主要支承

（1）固定支承　固定支承有支承钉和支承板两种形式，它们在使用过程中都是固定不动的。

1）固定支承钉。固定支承钉的典型应用如图8-14所示。

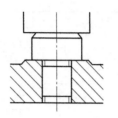

a)固定支承钉用于精基准定位

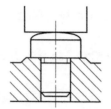

b)固定支承钉用于粗基准定位

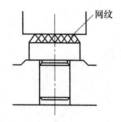

c)齿纹头支承钉用在工件的侧面定位

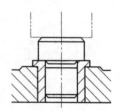

d)固定支承钉用于大量生产且需要更换的场合

图8-14　固定支承钉

2）支承板。图8-15a所示的支承板，结构简单，但是孔边切屑不易清除，适用于侧面与顶面定位。图8-15b所示的支承板，便于清除切屑，适用于底面定位。

（2）可调支承　若支承钉的高度可以调整，即为可调支承，如图8-16所示。

可调支承主要用于工件以粗基准定位，或定位基面的形状复杂，以及各毛坯尺寸、形状变化较大的情况。

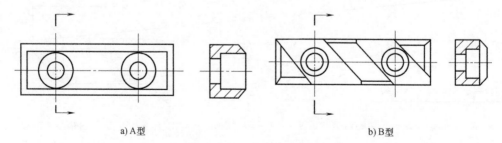

a) A型　　　　　　　　　　　　　　　b) B型

图8-15　支承板

（3）自位支承　自位支承也称浮动支承，指支承本身可随工件定位基准面的变化而自

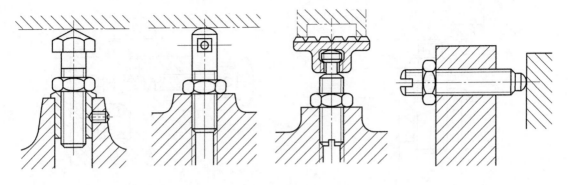

图 8-16 可调支承

动适应，一般只限制一个自由度，即一点定位，如图 8-17a~d 所示。

若工件定位表面有宏观几何形状误差，或当定位表面是断续表面、阶梯表面时，采用浮动支承可以增加与工件的接触点，提高刚度，又可避免过定位。

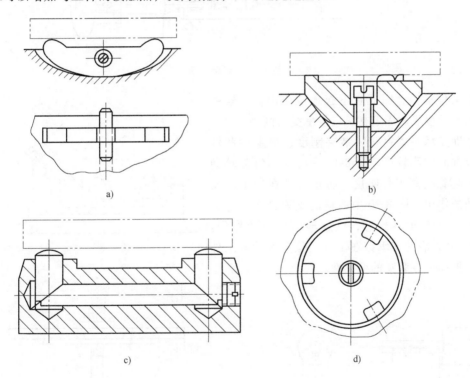

a)

b)

c)

d)

图 8-17 自位支承

2. 辅助支承

辅助支承不起定位作用，只起提高工件的装夹刚度、稳定性或辅助定位的作用。

辅助支承的形式有螺旋式、自位式和推引式。图 8-18a 所示为螺旋式辅助支承，图 8-18b 所示为自位式辅助支承，图 8-18c 所示为推引式辅助支承。

辅助支承与可调支承的区别在于，辅助支承是在工件定位后才参与支承的元件，其支承

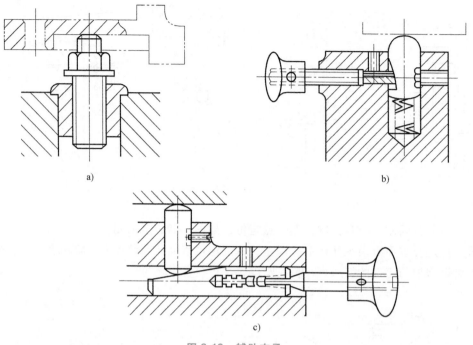

a)

b)

c)

图 8-18 辅助支承

高度由工件确定，因此它不起定位作用，但辅助支承锁紧后就成为固定支承，能承受切削力。

  辅助支承在提高工件装夹刚度、稳定性和辅助定位方面应用较广。图 8-19 中的支承钉为辅助支承，起着提高工件刚度、防止工件在加工时发生振动的作用；图 8-20 中的辅助支承钉在工件定位夹紧后不与工件接触，仅起辅助定位的作用。图 8-21 中的辅助支承钉在工件定位夹紧后与工件接触，提高工件装夹的稳定性。

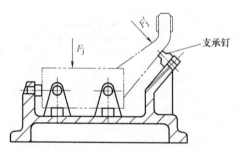

图 8-19 辅助支承提高工件装夹刚度

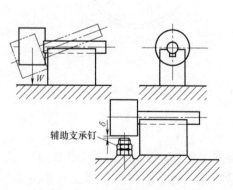

图 8-20 辅助支承辅助工件预定位

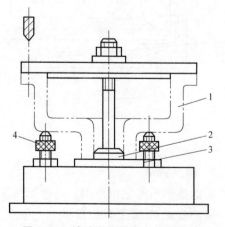

图 8-21 辅助支承提高工件稳定性

1—工件 2—短定位销 3—支承环 4—辅助支承钉

二、工件以外圆柱面定位

工件以外圆柱面定位常用的定位元件有 V 形块、定位套、半圆套和圆锥套。

1. V 形块

V 形块的结构类型如图 8-22 所示。V 形块的对中性好，能使工件的定位基准轴线（外圆柱面的轴线）位于 V 形块两斜面的对称平面上，而不受定位基准面（外圆柱面）直径误差的影响，并且安装方便，可用于粗、精基准定位。V 形块还可用于轴类零件的检验、校正、划线，以及用于检验工件垂直度、平行度等几何公差项目。

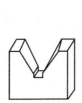  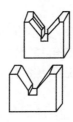 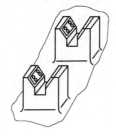

图 8-22　V 形块的结构类型

长 V 形块限制 4 个自由度，短 V 形块限制 2 个自由度，两个短 V 形块的组合相当于 1 个长 V 形块，共限制 4 个自由度。V 形块限制工件自由度的情况见表 8-1。

表 8-1　V 形块限制工件自由度的情况

定位情况	1 个短 V 形块	两个短 V 形块	1 个长 V 形块
图示			
限制自由度	$\vec{x}$　$\vec{z}$	$\vec{x}$　$\vec{z}$　$\hat{x}$　$\hat{z}$	$\vec{x}$　$\vec{z}$　$\hat{x}$　$\hat{z}$

V 形块的结构形式有固定式和活动式，其中，活动式兼有夹紧作用。活动 V 形块的应用实例如图 8-23 所示。

2. 定位套

定位套结构简单，制造容易，但定心精度不高。常用的定位套有完整定位套和半圆定位套两种。如图 8-24 所示，短定位套限制 2 个自由度，长定位套限制 4 个自由度。半圆定位套适用于大型轴类零件，如图 8-25 所示。

图 8-23　活动 V 形块的应用

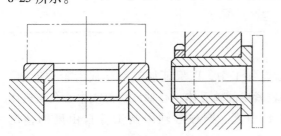

图 8-24　短定位套与长定位套　　　图 8-25　半圆定位套应用

三、工件以圆孔定位

工件以圆孔定位时，常用的定位元件有圆柱销、圆柱心轴和圆锥销。

1. 圆柱销

圆柱销又称定位销，有短销和长销之分，短销限制 2 个自由度，长销限制 4 个自由度。典型圆柱销如图 8-26a~d 所示。

图 8-26a 所示圆柱销用于孔径较小（$D = 3 \sim 10\text{mm}$）时，为增加定位销刚度，避免销受冲击而折断或热处理时发生淬裂，通常把根部倒成圆角。这时，夹具体应有沉孔，使销的圆角部位沉入孔而不妨碍定位。

对于大批量生产，为便于更换，定位销可采用图 8-26d 所示的带衬套的结构形式。为便于工件顺利装入，定位销的头部应有 15° 倒角。

圆柱销限制工件自由度的情况见表 8-2。

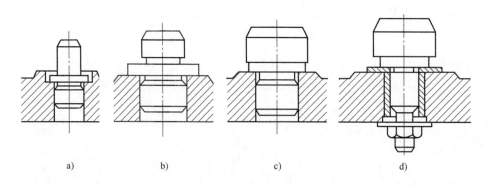

a)　　　　　　　b)　　　　　　　c)　　　　　　　d)

图 8-26　圆柱销

表 8-2　圆柱销限制工件自由度的情况

定位情况	短圆柱销	长圆柱销	两段短圆柱销
图示			
限制自由度	$\vec{y}$　$\vec{z}$	$\vec{y}$　$\vec{z}$　$\widehat{y}$　$\widehat{z}$	$\vec{y}$　$\vec{z}$　$\widehat{y}$　$\widehat{z}$

2. 圆柱心轴

心轴常用于盘套类零件的车削、磨削和齿轮加工中，以保证加工面（或齿轮分度圆）对内孔的同轴度公差。心轴是夹具中一种结构较紧凑的单元体，心轴以柄部或中心孔与机床连接。心轴在定位过程中一般限制工件 4 个自由度。圆柱心轴限制工件自由度的情况见表 8-3。

表 8-3　圆柱心轴限制工件自由度的情况

定位情况	长圆柱心轴	短圆柱心轴	小锥度心轴
图示	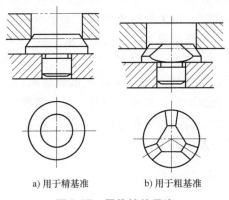		
限制自由度	$\vec{x}$ $\vec{z}$ $\hat{x}$ $\hat{z}$	$\vec{x}$ $\vec{z}$	$\vec{x}$ $\vec{z}$ $\vec{y}$

3. 圆锥销

圆锥销可限制工件的 3 个自由度，在加工套筒类工件时，常用圆锥销定位，如图 8-27 所示。圆锥销分为固定锥销和浮动锥销。

a) 用于精基准　　b) 用于粗基准

图 8-27　圆锥销的用途

圆锥销限制工件自由度的情况见表 8-4。

表 8-4　圆锥销限制工件自由度的情况

定位情况	固定锥销	浮动锥销	固定锥销与浮动锥销组合
图示			
限制自由度	$\vec{x}$ $\vec{y}$ $\vec{z}$	$\vec{y}$ $\vec{z}$	$\hat{x}$ $\hat{y}$ $\hat{z}$ $\vec{y}$ $\vec{z}$

四、工件以锥面定位

工件以锥面定位时，常用的定位元件有固定顶尖、浮动顶尖和锥度心轴。各种定位元件限制工件自由度的情况见表 8-5。

表 8-5　锥面定位元件限制工件自由度的情况

定位情况	固定顶尖	浮动顶尖	锥度心轴
图示			
限制自由度	$\vec{x}$　$\vec{y}$　$\vec{z}$	$\vec{y}$　$\vec{z}$	$\vec{x}$　$\vec{y}$　$\vec{z}$　$\overset{\frown}{y}$　$\overset{\frown}{z}$

任务 3　工件定位误差的分析计算

一批工件逐个在夹具上定位时，由于工件及定位元件存在误差，因此各个工件所占据的位置不完全一致，即定位不准确，加工后形成的加工尺寸不一致，形成加工误差。这种只与工件定位有关的加工误差，称为定位误差，用 ΔD 表示。

定位误差指设计基准（或工序基准）在工序尺寸方向上的最大位置变动量。造成定位误差的原因有两个：一个是定位基准与设计基准不重合引起的，称为基准不重合误差 ΔB；另一个是由定位副制造误差引起的定位基准的位移，称为基准位移误差 ΔY。

在加工时存在多种误差的影响，在分析定位方案时，根据工厂的实践经验，定位误差应控制在所要保证的加工尺寸公差的 1/3 以内。

一、基准不重合误差 ΔB

基准不重合误差是由定位基准与设计基准不重合而产生的误差。现以图 8-28 为例进行说明。图 8-28a 所示为零件设计图，图 8-28b 所示为加工面 2 的工序图，图 8-28c 所示是加工面 1 的工序图。

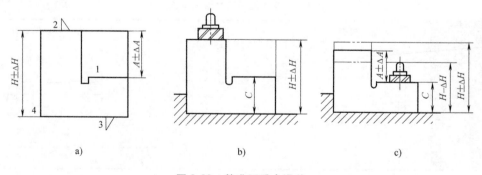

图 8-28　基准不重合误差

加工顶面 2 时，以底面定位，此时定位基准和设计基准都是底面 3，即基准重合。定位误差：$\Delta D = 0$。

加工台阶面 1 时，定位基准为底面 3，而设计基准为顶面 2，即基准不重合。即使本工序中刀具以底面为基准调整得绝对准确，且无其他加工误差，仍会存在上一工序加工后顶面 2 的加工误差（在 $H \pm \Delta H$ 范围内变动），导致加工尺寸 $A \pm \Delta A$ 变为 $A \pm \Delta A \pm \Delta H$，其允许的误差为 $2\Delta H$。

基准不重合误差 $\Delta B = 2\Delta H$，即基准不重合误差的允许大小应等于定位基准与设计基准之间所有尺寸的公差和。通常可在工序图上寻找这些尺寸的公差。

当设计基准的变动方向与要保证的加工尺寸的方向不一致，存在一定夹角时，基准不重合误差等于定位基准与设计基准之间所有尺寸的公差之和在加工尺寸方向上的投影。

1. 基准不重合误差计算实例 1

如图 8-29 所示，以面 A 定位加工 ϕ20H8 孔，求加工尺寸（40±0.1）mm 的定位误差。

解：$\Delta D = \Delta B + \Delta Y$，由于是平面定位，所以 $\Delta Y = 0$。要保证（40±0.1）mm 加工尺寸，孔的设计基准是面 B，而定位基准面是面 A，所以存在基准不重合误差，$\Delta B =$ 定位基准与设计基准之间的尺寸公差；面 A 到面 B 之间的尺寸的公差等于 0.15mm（0.1mm + 0.05mm），所以，$\Delta B = 0.15$mm。

2. 基准不重合误差计算实例 2

如图 8-30 所示，求加工尺寸 A 的定位误差。

解：设计基准是孔的中心 O，定位基准是底面，定位尺寸为（50±0.1）mm，其公差为 $\delta_s = 0.2$mm，设计基准的位移方向与加工尺寸的方向夹角为 $45°$。存在基准不重合误差，$\Delta B = \delta_s \cos\alpha = 0.2$mm × cos45° = 0.1414mm，$\Delta Y = 0$，所以 $\Delta D = \Delta B + \Delta Y = 0.1414$mm。

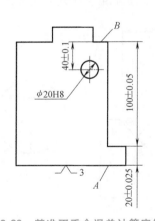

图 8-29 基准不重合误差计算实例 1

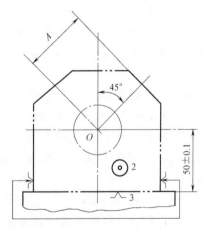

图 8-30 基准不重合误差计算实例 2

二、基准位移误差 ΔY

工件定位面与夹具定位元件的限位表面共同构成定位副，由定位副制造不准确和定位副间的配合间隙引起的工件定位基准的最大位置变动量，称为基准位移误差 ΔY。

如图 8-31 所示，工件用心轴定位，以内孔中心 O 为定位基准，将工件套在心轴上，铣上平面，工序尺寸为 $H_{0}^{+\Delta H}$，理想情况下从定位角度看，孔心线与轴心线重合，即设计基准与定位基准重合，$\Delta B = 0$，$\Delta Y = 0$。但实际上，定位心轴和工件内孔都有制造误差，而且为了便于将工件套在心轴上，还应留有间隙，故安装后孔和轴的中心必然不重合，使得两个基准发生相对位置变动。因为 $OO_1 + D_{max}/2 = d_{min}/2 + (D_{max} - d_{min})$，所以此时基准位移误差 $\Delta Y =$

$OO_1 = (D_{\max} - d_{\min})/2$，其中，$D_{\max}$ 是孔的上极限尺寸，$d_{\min}$ 是轴的下极限尺寸。

若定位基准与限位基准的最大变动量为 Δi，定位基准的变动方向与加工尺寸方向相同时，有

$$\Delta Y = \Delta i \qquad (8\text{-}1)$$

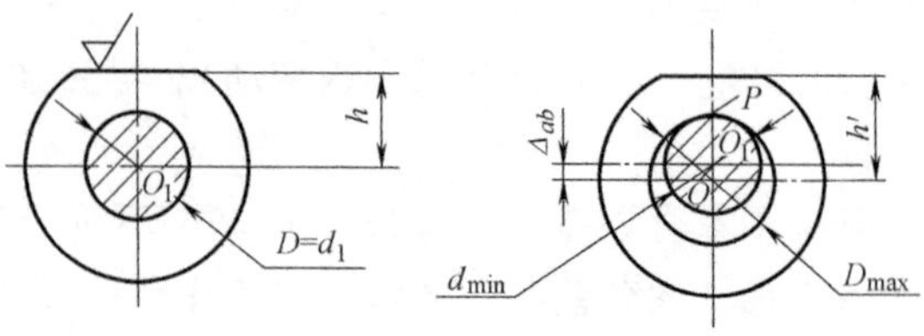

定位基准的变动方向与加工尺寸方向不一致，两者之间存在夹角时，基准位移

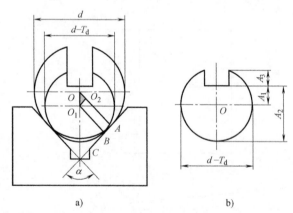

a) 孔和定位心轴不存在间隙时　　b) 孔和定位心轴存在间隙时

图 8-31　基准位移产生的定位误差

误差等于定位基准的变动范围在加工尺寸方向上的投影，即

$$\Delta Y = \Delta i \cos\alpha \qquad (8\text{-}2)$$

如图 8-32 所示，由于工件外圆直径公差 T_d 的影响，工件中心从 O 点移到 O_1 点，即基准位移量为

$$OO_1 = \frac{T_d}{2\sin(\alpha/2)} \qquad (8\text{-}3)$$

$$\Delta_Y = \frac{T_d}{2\sin(\alpha/2)} \qquad (8\text{-}4)$$

三、定位误差的计算

定位误差的常用计算方法是合成法。定位误差通常是基准不重合误差与基准位移误差的合成。计算时，可先分别算出基准不重合误差和基准位移误差，然后再将两者合成。

合成时，若设计基准不在定位基面上，如图 8-32a 所示，设计基准与定位基面为两个独立的表面，即基准不重合误差与基准位移误差无相关公共变量。表达式为

$$\Delta D = \Delta Y + \Delta B \qquad (8\text{-}5)$$

合成时，若设计基准在定位基面上，如图 8-32b 所示，即基准不重合误差与基准位移误差有相关的公共变量。表达式为

图 8-32　设计基准与定位基面的关系

$$\Delta D = \Delta Y \pm \Delta B \qquad (8\text{-}6)$$

在式（8-6）中，加号、减号确定方法如下：

1）定位基准与定位基面接触，假设定位基面直径由小变大（或由大变小），分析定位基准变动方向。定位基准不变，假设定位基面直径同前变化，分析工序基准的变动方向。

2）在上述过程中，ΔY（或定位基准）与 ΔB（或工序基准）的变动方向相同时，式（8-6）取"+"号；变动方向相反时，式（8-6）取"−"号。

下面以铣削工件上的键槽为例，说明加号、减号的确定过程。图 8-33 所示键槽尺寸的标记有三种情况：以轴中心线为工序基准，工序尺寸为 A_1；以上素线为基准，工序尺寸为

A_3；以下素线为基准，工序尺寸为 A_2。

1. 工序尺寸 A_1 的定位误差计算

如图 8-33 所示，用 V 形块定位加工槽，保证尺寸 A_1，试求定位误差。

解：工序基准是工件的中心线 O，定位基准是 V 形块的对称中心线，二者重合，所以不存在基准不重合误差。

（1）基准不重合误差 ΔB

$$\Delta B = 0$$

（2）基准位移误差 ΔY

$$\Delta Y = \frac{T_d}{2\sin\dfrac{\alpha}{2}}$$

（3）定位误差 ΔD

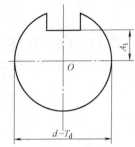

图 8-33　用 A_1 标注尺寸

$$\Delta D = \Delta B + \Delta Y = 0 + \frac{T_d}{2\sin\dfrac{\alpha}{2}} = \frac{T_d}{2\sin\dfrac{\alpha}{2}}$$

2. 工序尺寸 A_3 的定位误差计算

如图 8-34 所示，用 V 形块定位加工槽，保证尺寸 A_3，试求定位误差。

解：工序基准是工件的上母线 M_1，定位基准是 V 形块的对称中心线，二者不重合，所以存在基准不重合误差 ΔB；又由于毛坯存在制造误差，所以也存在位移误差 ΔY。当毛坯尺寸由大变小时，分析工序基准与定位基准变动方向：

（1）基准不重合误差 ΔB

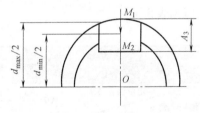

图 8-34　用 A_3 标注尺寸

$$\Delta B = M_1 M_2 = \frac{T}{2}$$

其方向由 M_1 指向 M_2，垂直向下。

（2）基准位移误差 ΔY

$$\Delta Y = \frac{T_d}{2\sin\dfrac{\alpha}{2}}$$

其方向垂直向下。

（3）定位误差 ΔD

$$\Delta D = \Delta B + \Delta Y = \frac{T_d}{2} + \frac{T_d}{2\sin\dfrac{\alpha}{2}} = \frac{T_d}{2}\left(1 + \frac{1}{\sin\dfrac{\alpha}{2}}\right)$$

3. 工序尺寸 A_2 的定位误差计算

如图 8-35 所示，用 V 形块定位加工槽，保证尺寸 A_2，试求定位误差。

解：工序基准是工件的下母线 C_1，定位基准是 V 形块的对称中心线，二者不重合，所以存在基准不重合误差 ΔB；又由于毛坯存在制造误差，所以也存在位移误差 ΔY。当毛坯尺寸由大变小时，分析工序基准与定位基准变动方向：

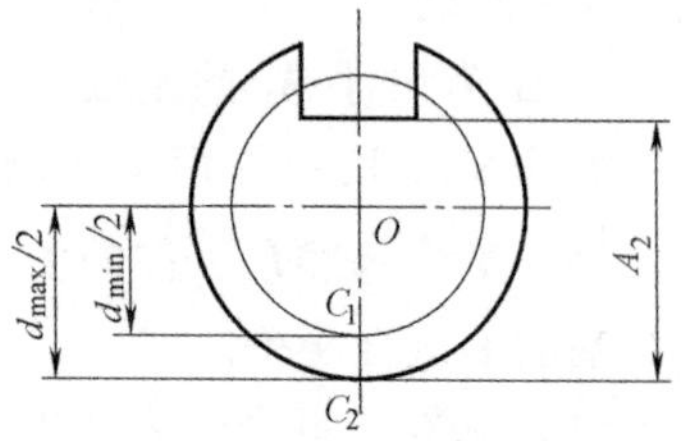

（1）基准不重合误差 ΔB

$$\Delta B = C_2 C_1 = \frac{T_d}{2}$$

其方向由 C_2 指向 C_1，垂直向上。

（2）基准位移误差 ΔY

$$\Delta Y = \frac{T_d}{2\sin\frac{\alpha}{2}}$$

其方向垂直向下。

（3）定位误差 ΔD

$$\Delta D = \Delta Y + \Delta B = \frac{T_d}{2\sin\frac{\alpha}{2}} - \frac{T_d}{2} = \frac{T_d}{2}\left(\frac{1}{\sin\frac{\alpha}{2}} - 1\right)$$

图 8-35　用 A_2 标注尺寸

综上所述，根据 V 形块定位下要保证的尺寸情况，总结出不同标注工序尺寸的定位误差值见表 8-6。

表 8-6　键槽加工工序尺寸的定位误差

工件尺寸及工序基准	A_1	A_3	A_2
	中心线	上母线	下母线
定位误差 ΔD　　V 形块夹角 α	$\Delta D = \frac{T_d}{2}\left(\frac{1}{\sin\alpha/2}\right)$	$\Delta D = \frac{T_d}{2}\left(\frac{1}{\sin\alpha/2}+1\right)$	$\Delta D = \frac{T_d}{2}\left(\frac{1}{\sin\alpha/2}-1\right)$
60°	T_d	$1.5T_d$	$0.5T_d$
90°	$0.707T_d$	$1.207T_d$	$0.207T_d$
120°	$0.577T_d$	$1.077T_d$	$0.077T_d$

由表 8-6 可知，当工序尺寸以下素线为基准时，其定位误差最小；当工序尺寸以上素线为基准时，其定位误差最大；V 形块工作夹角 α 越大，其垂直方向定位误差越小。

任务4　机床夹具实例

一、钻床夹具

钻床夹具的明显特点是设有引导钻头的钻套，钻套安装在钻模板上，习惯上将钻床夹具称为"钻模"。

1. 钻模的主要类型及其结构特点

根据工件上被加工孔的分布情况和工件的生产类型，钻模有固定式、回转式、翻转式、滑柱式和盖板式等多种形式。

（1）固定式钻模　固定式钻模是指加工过程中钻模板相对于工件和机床的位置保持不变的钻模。图 8-36 所示为用于加工拨叉轴孔的固定式钻模。

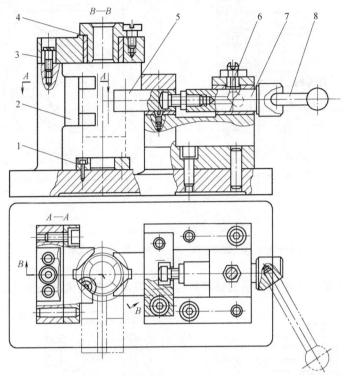

图 8-36　固定式钻模

1—圆支承板　2—长 V 形块　3—钻模板　4—钻套　5—V 形压头　6—螺钉　7—转轴　8—手柄

（2）回转式钻模　回转式钻模用于加工分布在同一圆周上的平行孔系或径向孔系。图 8-37 所示是用来加工扇形工件上三个等分径向孔的回转式钻模。

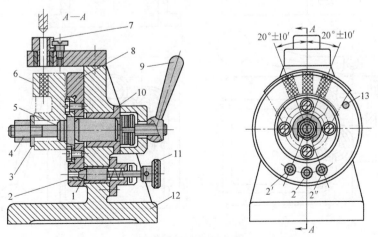

图 8-37　回转式钻模

1—定位销　2—定位套　3—开口垫圈　4—螺母　5—定位销　6—工件　7—钻套
8—分度盘　9—手柄　10—衬套　11—捏手　12—夹具体　13—挡销

（3）翻转式钻模　翻转式钻模主要用于加工小型工件上几个不同方向的孔。图 8-38 所示是用于钻锁紧螺母径向孔的翻转式钻模。

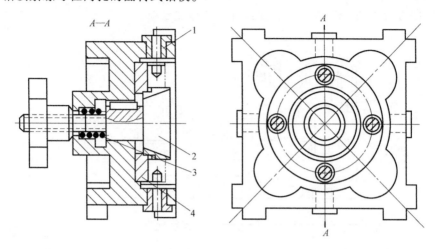

图 8-38　翻转式钻模

1—钻套　2—倒锥螺栓　3—弹簧涨套　4—圆支承板

（4）滑柱式钻模　滑柱式钻模的钻模板可上下升降，其结构已规格化，如图 8-39 所示。

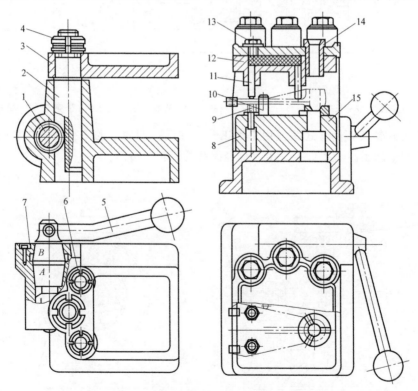

图 8-39　滑柱式钻模

1—齿轮轴　2—斜齿条滑柱　3、12—钻模板　4—螺母　5—手柄　6—导向柱　7—锥套环　8—定位支承
9—可调支承　10—挡销　11—自位压柱　13—螺钉　14—钻套　15—定位元件

滑柱式钻模具有结构简单、操作快速方便、自锁可靠、其结构已通用化等优点，被广泛用于成批生产和大量生产中。

（5）盖板式钻模　盖板式钻模的特点是，定位元件、夹紧装置及钻套均设在钻模板上，钻模板在工件上夹紧。盖板式钻模常用于床身、箱体等大型工件上的小孔加工，其结构简单，制造方便，成本低，加工孔的精度高。

盖板式钻模结构如图 8-40 所示。

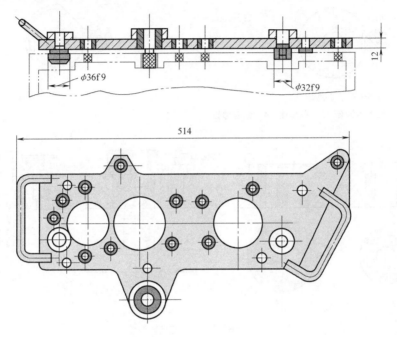

$\phi36f9$　$\phi32f9$　12　514

图 8-40　盖板式钻模

2. 钻套

钻套是钻床夹具上特有的元件，用来引导刀具以保证被加工孔的位置精度和提高工艺系统的刚度。

（1）钻套的类型

1）固定钻套。固定钻套用于生产批量不大的产品。图 8-41a 所示为 A 型固定钻套，使用过程中磨损后不易拆卸，主要用于小批生产的单纯钻孔中。图 8-41b 所示为 B 型固定钻套，用于钻模板较薄或铸铁钻模板。

2）可换钻套。结构如图 8-42 所示，用于大批量固定直径的产品钻孔。

3）快换钻套。结构如图 8-43 所示，用于加工过程中需变换刀具的产品钻孔。

4）特殊钻套。结构如图 8-44a～d 所示，用于特殊形状的零件钻孔。

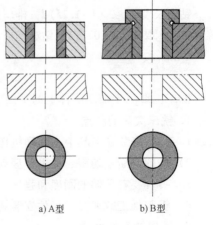

a) A型　b) B型

图 8-41　固定钻套

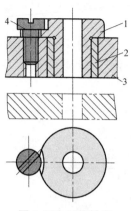

图 8-42 可换钻套

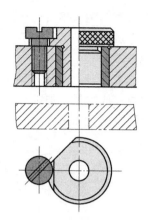

图 8-43 快换钻套

1—可换钻套　2—钻套用衬套　3—夹具体　4—钻套螺钉

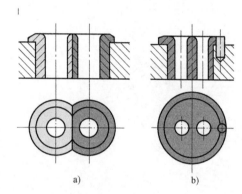

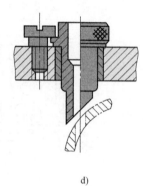

a)　　　　　　b)　　　　　　c)　　　　　　d)

图 8-44 特殊钻套

（2）钻套的尺寸、公差及材料　一般导向孔的基本尺寸取刀具的上极限尺寸，公差钻孔时取 F7 或 F8，粗铰时取 G7，精铰时取 G6。

若被加工孔公差为 H7 或 H9，钻套导向孔的基本尺寸可取被加工孔的基本尺寸，公差取 F7 或 F8；铰 H7 孔时取 F7，铰 H9 孔时取 E7。

钻套长度 H 取 $(1\sim1.25)d$，排屑空间 h 指钻套底部与工件表面之间的距离。钻易排屑的铸铁时，h 取 $(0.3\sim0.7)d$；钻难排屑的钢时，h 取 $(0.7\sim1.5)d$；工件精度高时，h 为 0。

二、铣床夹具

铣床主要用于加工零件上的平面、凹槽、花键及各种型面。

1. 铣床夹具的特点

1）工件安装在夹具上，随同机床工作台一起做进给运动。

2）铣削为断续切削，冲击、振动大，要求夹紧力较大，且要求有较好的自锁性能。

3）夹具要有足够的刚度和强度，本体应牢固地固定在机床工作台上。

4）铣削加工效率高，工件安装要迅速，要有快速对刀元件。

2. 铣床夹具的构造

铣床夹具主要由夹具体、定位板、夹紧机构、对刀块、定位键等组成，如图 8-45 所示。

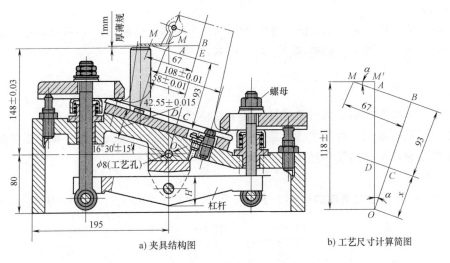

a) 夹具结构图　　　　b) 工艺尺寸计算简图

图 8-45　铣床夹具的组成

1) 对刀块和定位键是铣床夹具的特有元件。对刀块用来确定铣刀相对于夹具定位元件的位置关系，如图 8-46 所示。

2) 定位键可确保夹具与机床工作台的相对位置，在夹具的底面应设置定位键，如图 8-47 所示。

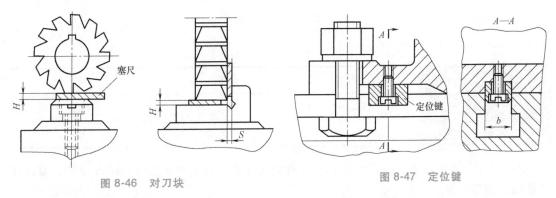

图 8-46　对刀块　　　　　　　　　　图 8-47　定位键

定位键的常用类型如图 8-48 所示。A 型用于定位精度要求不高的场合。尺寸 B 公差等

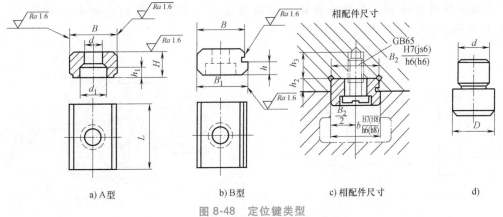

a) A型　　　　b) B型　　　　c) 相配件尺寸　　　　d)

图 8-48　定位键类型

级取 h6 或 h8。

　　B 型定位键的尺寸 B 按 H7/h6 装配，尺寸 B_1 按 H8/h6 装配，B_1 一般留有 0.5mm 磨量。圆形定位键制造容易，但磨损快，稳定性不好。

　　三、车床夹具

　　车床夹具一般用于加工回转类零件，其主要特点是：夹具装在机床主轴上，车削时，夹具带动工件做旋转运动。由于主轴转速一般都很高，在设计这类夹具时，要注意解决由夹具旋转带来的质量不平衡问题和操作安全问题。

　　1. 心轴

　　1）静配合圆柱心轴结构如图 8-49 所示，其尺寸关系见表 8-7，其中，D 表示工件孔径。

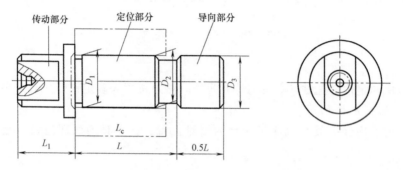

图 8-49　静配合圆柱心轴

表 8-7　静配合心轴尺寸关系

尺寸	D_1	D_2	D_3
$L/D<1$	(D_{max})r6	(D_{max})r6	(D_{min})
$L/D>1$	(D_{max})r6	(D_{min})	(D_{min})

　　2）动配合圆柱心轴如图 8-50 所示，工件以内孔在心轴上的动配合 H7/g6 定位，通过开口垫圈、螺母夹紧。

　　2. 鸡心夹头双顶尖夹具

　　心轴一般通过两顶尖孔装在车床前后两顶尖上，用拨叉或鸡心夹头传递动力，如图 8-51 所示。

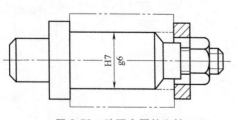

图 8-50　动配合圆柱心轴

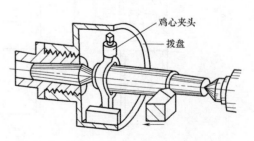

图 8-51　鸡心夹头双顶尖夹具

3. 卡盘类车床夹具

喷油嘴壳体尾部和法兰端面的卡盘类车床夹具如图 8-52 所示。

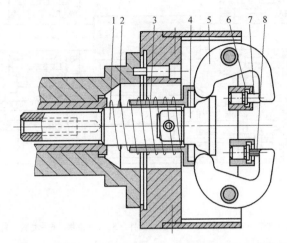

图 8-52 喷油嘴壳体尾部和法兰端面的卡盘类车床夹具

1—拉杆 2—弹簧 3—套筒 4—斜块 5—压板 6—支承板 7—圆柱销 8—菱形销

4. 花盘类车床夹具

典型的花盘角铁式车床夹具如图 8-53 所示。

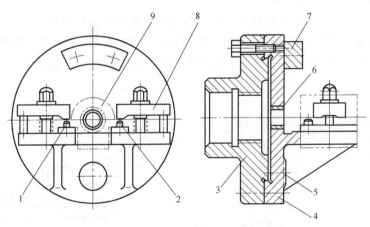

图 8-53 花盘角铁式车床夹具

1—削边销 2—圆柱销 3—过渡盘 4—夹具体
5—定程基面 6—导向套 7—平衡块 8—压板 9—工件

四、镗床夹具

镗床夹具又称"镗模"，是一种精密夹具，主要用于加工箱体类零件上的孔或孔系。镗模示例结构如图 8-54 所示。

1. 镗模的组成

镗模主要由定位元件、夹紧装置、镗套、镗模支架、镗模底座等部分组成。其中，镗套主要用来导引镗杆。

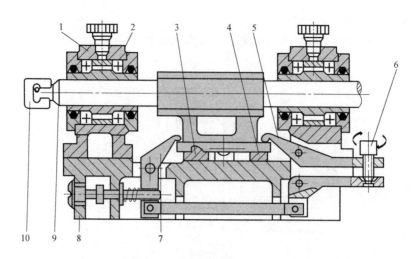

图 8-54　镗模

1—支架　2—导套　3、4—定位元件　5、7—压板　6—夹紧螺钉
8—镗模底座　9—镗杆　10-浮动接头

2. 镗套的分类

（1）固定式镗套　固定式镗套有 A 型和 B 型之分，结构如图 8-55 所示。固定式镗套具有外形尺寸小、结构紧凑、制造简单，易于保证镗套中心位置的准确性的特点，但与镗杆之间有摩擦，所以主要用于低速加工。

（2）回转式镗套　回转式镗套具有滑动镗套和滚动镗套两种形式。

1）滑动镗套示例如图 8-56 所示。镗套可以在滑动轴承支承下转动，镗杆与镗套之间用键连接，适合孔心距较小的孔系加工，且回转精度高，减振性好，也可用于承载能力大的低速精加工。

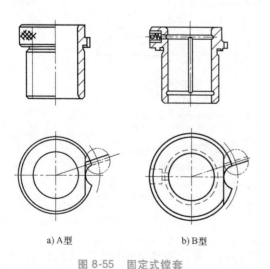

a) A型　　　　　b) B型

图 8-55　固定式镗套

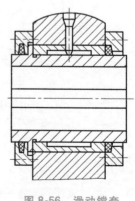

图 8-56　滑动镗套

2）滚动镗套是由滚动轴承支承的镗套，可分为外滚式和内滚式。

① 外滚式。如图 8-57 所示，轴承安装在镗套外，工作时镗杆与镗套有轴向相对移动，无相对转动，适合高速加工。

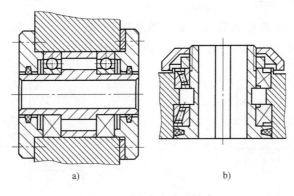

图 8-57　外滚式滚动镗套

② 内滚式。如图 8-58 所示，轴承安装在镗套内，工作时镗杆与镗套无轴向相对移动，但有相对转动。

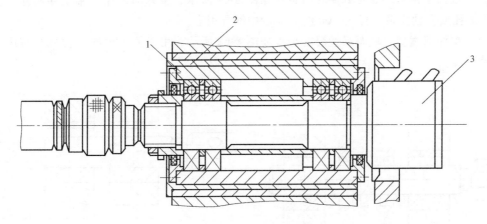

图 8-58　内滚式滚动镗套

1—导套　2—固定支承套　3—镗杆

3. 各种镗套的特点（表 8-8）

表 8-8　各类镗套的特点对比

镗套类型 项目	固定镗套	滑动镗套	滚动镗套
适应转速	低	低	高
承载能力	较大	大	低
润滑要求	较高	高	低
径向尺寸	小	较小	大
加工精度	较高	高	低
应用	低速、一般镗孔	低速、孔距小	高速、孔距大

4. 镗套的布置方式

镗套的布置方式取决于镗孔直径 D 和深度 L。

（1）单面前镗套　单面前镗套的布置如图 8-59 所示，用于 $D>60$mm、$L<D$ 的通孔，其

中，$h=(0.5\sim1)D$，h 一般不小于 20mm。

（2）单面后镗套　单面后镗套的布置如图 8-60 所示，用于 $D<60$mm、$L<D$ 的通孔、不通孔，其中镗杆与机床主轴是刚性连接、莫氏锥度连接。

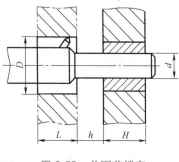

图 8-59　单面前镗套

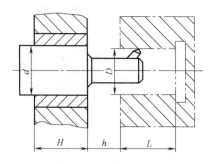

图 8-60　单面后镗套

（3）双面单镗套　双面单镗套的布置如图 8-61 所示，镗杆与机床主轴是浮动连接。用于加工通孔或同轴孔系，当 $S>10d$ 时，应设中间导引套。

（4）单面双镗套　单面双镗套的布置如图 8-62 所示，用于 $L_1<5d$ 时，镗杆与机床主轴是浮动连接。

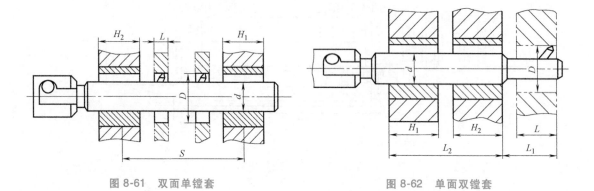

图 8-61　双面单镗套　　　　　　　　　　图 8-62　单面双镗套

5. 镗套的尺寸精度（表 8-9）

表 8-9　镗套常用的尺寸精度

镗套尺寸及要求	粗镗	精镗
镗套与镗杆的配合	H7/g6(H7/h6)	H6/g5(H6/h5)
镗套与衬套的配合	H7/g6(H7/j6)	H6/g5(H6/j5)
衬套与支架的配合	H7/n6	H7/n5
镗套内外圆同轴度	$\phi0.01$mm	镗套外径≥85mm：$\phi0.01$mm；镗套外径<85mm：$\phi0.005$mm

6. 镗套材料

镗套常用 20 钢或 20Cr 钢渗碳制造，渗碳深度为 $0.8\sim1.2$mm，淬火硬度为 55～60HRC。

7. 镗杆

镗杆导引部分结构如图 8-63 所示。镗杆常用的浮动接头结构如图 8-64 所示。

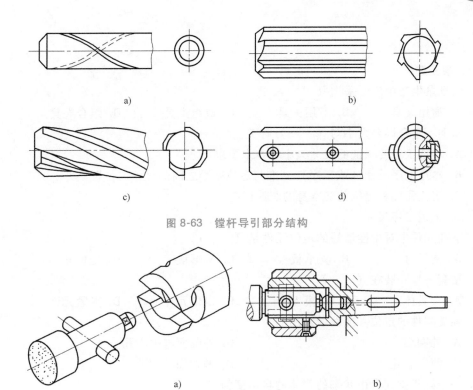

图 8-63　镗杆导引部分结构

图 8-64　浮动接头结构

项目小结

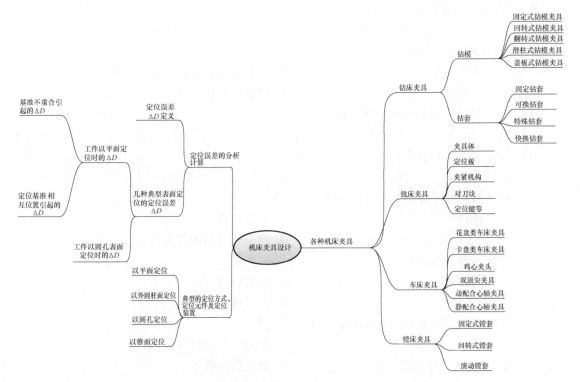

练习思考题

一、填空题

1. 大批量生产中广泛采用（　　）。

A. 通用夹具　　　　B. 专用夹具　　　　C. 成组夹具　　　　D. 组合夹具

2. 基准不重合误差大小与（　　）有关。

A. 本道工序要保证的尺寸大小和技术要求

B. 本道工序设计（或工序）基准与定位基准之间的尺寸与位置误差

C. 定位元件和定位基准本身的制造误差

D. 上道工序尺寸

3. 下列元件中对中性最好的定位元件是（　　）。

A. 支承钉　　　　B. 支承板　　　　C. V 形块　　　　D. 定位套

4. 钻套一般安装在（　　）。

A. 夹具体上　　　B. 钻模板上　　　C. 定位元件上　　　D. 夹紧元件上

5. 轴类零件的定位基准面最常用的为（　　）。

A. 外圆面　　　　　　　　　　　B. 外圆面与中心孔

C. 两中心孔　　　　　　　　　　D. 两端面

6. 一个处于空间自由状态的物体的自由度为（　　）。

A. 1 个　　　　　B. 2 个　　　　　C. 3 个　　　　　D. 6 个

7. 主要定位基准面限制的自由度数是（　　）。

A. 1 个　　　　　B. 2 个　　　　　C. 3 个　　　　　D. 6 个

8. 导向定位基准面限制的自由度数是（　　）。

A. 1 个　　　　　B. 2 个　　　　　C. 3 个　　　　　D. 6 个

9. 辅助支承的作用是增加工件的刚性，（　　）。

A. 不起定位作用　　　　　　　　B. 一般来说只限制一个自由度

C. 限制两个自由度　　　　　　　D. 限制三个自由度

10. 短 V 形块限制的自由度数量是（　　）。

A. 1 个　　　　　B. 2 个　　　　　C. 4 个　　　　　D. 6 个

11. 长锥度心轴限制的工件自由度数是（　　）。

A. 1 个　　　　　B. 5 个　　　　　C. 3 个　　　　　D. 6 个

12. 按夹具的通用特性，夹具可分为（　　）。

A. 通用夹具　　　　　　　　　　B. 专用夹具

C. 成组专用（可调）夹具　　　　D. 组合夹具与随行夹具

13. 机床夹具的组成有（　　）。

A. 定位元件　　　　　　　　　　B. 夹紧装置

C. 连接元件　　　　　　　　　　D. 夹具体

14. 机床夹具在机械加工中的作用是（　　）。

A. 保证加工精度　　　　　　　　B. 提高生产效率

C. 扩大机床的工艺范围　　　　　D. 减轻劳动强度

15. 现代机床夹具的发展方向是（　　　）。

　　A. 精密化　　　　　　　　　B. 高效化

　　C. 柔性化　　　　　　　　　D. 标准化

　　E. 轻便化

二、填空题

1. 夹紧力的方向应朝向＿＿＿＿＿＿定位面。

2. 偏心夹紧机构的夹紧动作快、＿＿＿＿＿＿高。

3. 螺旋夹紧机构的特点是增力大、＿＿＿＿＿＿性能好。

4. 楔块夹紧时，增大 α 可加大行程，但＿＿＿＿＿＿变差。

5. 楔块夹紧时，α 越小，＿＿＿＿＿＿作用越大。

三、简答题

1. 对定位元件的基本要求是什么？

2. 工件以外圆、平面、内孔定位时，分别可选哪几种定位元件？

3. 简述夹紧机构的种类。

4. 夹紧力作用方向如何选择？

5. 车床夹具的设计要点是什么？

6. 铣床夹具应具有哪些特点？

7. 钻床夹具的结构类型有哪几种？

8. 钻套有哪几种类型？

9. 用钻模加工一批工件的 $\phi20H7$ 孔，其工步为：① 用 $\phi18mm$ 麻花钻孔；② 用 $\phi19.8mm$ 扩孔钻扩孔；③ 用 $\phi19.94mm$ 铰刀粗铰孔；④ 用 $\phi20mm$ 铰刀精铰孔达到要求。试确定各工步使用的钻套内孔直径及偏差。

10. 镗套有哪几种布置形式？各用在什么场合？

四、计算题

1. 图 8-65 所示工件以外圆在 V 形块或心轴 $\phi30h6$ ($^{\ 0}_{-0.013}$) 中定位加工键槽，要求保证图示加工要求，试分析计算定位误差。

2. 图 8-66 所示工件以外圆在套筒中定位铣台阶面，要求保证图示加工要求，试分析计算定位误差。

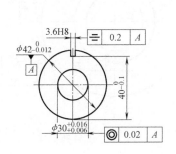

图 8-65　工件以外圆在 V 形块或心轴中定位

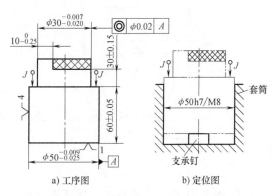

a) 工序图　　　　　b) 定位图

图 8-66　工件以外圆在套筒中定位

3. 如图 8-67 所示，工件以外圆双支承定位加工键槽，保证对称度、H_1、H_2 和 H_3，试分析计算定位误差。

4. 如图 8-68 所示，铣垂直两平面，保证 A、B 尺寸，其余表面均已加工，试设计定位方案并计算定位误差。

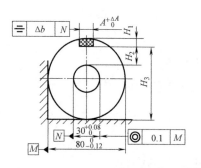

图 8-67　工件以外圆双支承定位

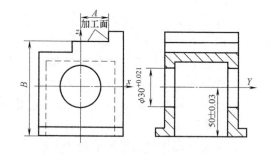

图 8-68　铣垂直两平面

5. 图 8-69 所示工件定位加工 3 个孔，保证尺寸 A、B、C，试分析计算定位误差。

6. 图 8-70 所示工件铣键槽，保证图示加工要求，其余表面均已加工，试设计定位方案并计算定位误差。

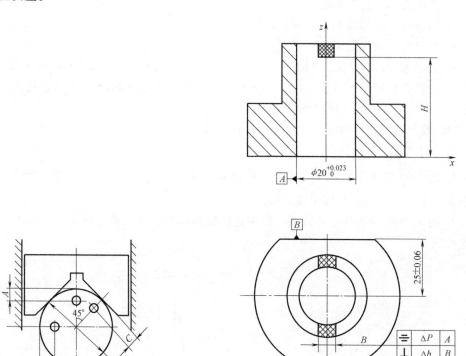

图 8-69　加工孔

图 8-70　工件铣键槽

7. 图 8-71 所示工件钻孔，保证图示加工要求，其余表面均已加工，试设计定位方案并计算定位误差。

8. 图 8-72 所示工件铣键槽，保证图示加工要求，其余表面均已加工，试设计定位方案并计算定位误差。

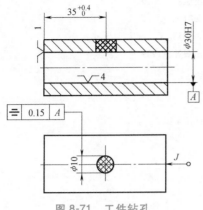

图 8-71　工件钻孔

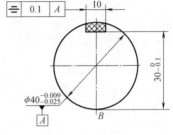

图 8-72　工件铣键槽

参 考 文 献

［1］ 吴慧媛，韩邦华. 零件制造工艺与装配 ［M］. 北京：电子工业出版社，2010.

［2］ 华茂发，谢骐. 机械制造技术 ［M］. 北京：机械工业出版社，2004.

［3］ 李益民，金卫东. 机械制造技术 ［M］. 北京：机械工业出版社，2013.

［4］ 朱正心. 机械制造技术：常规技术部分 ［M］. 北京：机械工业出版社，1999.